Jochen Schultheiß

Die Glockengießer aus Villingen

Jochen Schultheiß

Die Glockengießer aus Villingen

Von Hans Reble bis Franz Joseph Benjamin (VI) Grüninger

Die Geschichte der Villinger Gießhütte
von ihrer Gründung um 1580 bis zu ihrem Ende 1951

Über den Autor:

Jochen Schultheiß, geboren 1971 in St. Georgen im Schwarzwald, Abitur am Gymnasium in St. Georgen 1990, Studium der Betriebswirtschaft mit Fachrichtung Bank an der Berufsakademie in VS-Schwenningen 1992 bis 1995. Beschäftigt bei der Volksbank eG – Die Gestalterbank in Villingen. Ehrenamtlich engagiert in der katholischen Kirchengemeinde St. Georgen, als Autor und Fotograf zahlreiche geschichtliche Veröffentlichungen mit Schwerpunkt Kirchen- und Glockengeschichte.

Titelbild	Die Belegschaft der Firma Grüninger zeigt sich stolz mit neu gegossenen Glocken im Hof der Gießerei in der Bickenstraße in Villingen, vorne in der Mitte Joseph Benjamin (V) Grüninger. Die Aufnahme entstand vermutlich um 1920 (Foto: privat).
Titel	Die Glockengießer aus Villingen
Untertitel	Von Hans Reble bis Franz Joseph Benjamin (VI) Grüninger. Die Geschichte der Villinger Gießhütte von ihrer Gründung um 1580 bis zu ihrem Ende 1951
Autor	Jochen Schultheiß
Herstellung	verlag regionalkultur
Satz	Jochen Baumgärtner (vr), Charmaine Wagenblaß (vr)
Umschlaggestaltung	Jochen Baumgärtner (vr)

ISBN 978-3-95505-483-0

Bibliografische Information der Deutschen Nationalbibliothek
Die Deutsche Nationalbibliothek verzeichnet diese Publikation in der Deutschen Nationalbibliografie; detaillierte bibliografische Daten sind im Internet über http://dnb.dnb.de abrufbar.

Diese Publikation ist auf alterungsbeständigem und säurefreiem Papier (TCF nach ISO 9706) gedruckt entsprechend den Frankfurter Forderungen.

Heidelberg • Ubstadt-Weiher • Stuttgart • Speyer • Basel

Verlag Regionalkultur GmbH & Co. KG
Bahnhofstraße 2 • D-76698 Ubstadt-Weiher
Tel. 07251 36703-0 • *Fax* 07251 36703-29
E-Mail kontakt@verlag-regionalkultur.de • *Internet* www.verlag-regionalkultur.de

LISTE DER SPONSOREN

Ein ganz herzlicher Dank gilt den nachfolgend genannten Sponsoren, die durch ihre finanzielle Unterstützung den Druck dieses Buches erst ermöglicht haben. Ohne diese Geldgeber wäre die Herausgabe der Geschichte der Glockengießer aus Villingen nicht zu verwirklichen gewesen.

Erzbischof Hermann Stiftung

Erzbischof Hermann Stiftung der Erzdiözese Freiburg

Volksbank eG

Die Gestalterbank

Volksbank eG – Die Gestalterbank

Geschichts- und Heimatverein Villingen e.V.

Sparkasse Schwarzwald-Baar

Sparkasse Schwarzwald-Baar

Benedikt Grammer, Fridingen an der Donau

INHALTSVERZEICHNIS

GRUSSWORT

Jochen Schultheiß ist uns schon seit Jahren als Autor von Beiträgen bekannt, mit denen er unsere Schriftenreihe („Villingen im Wandel der Zeit“) sowie den „Almanach, Heimatbuch des Schwarzwald-Baar-Kreises“ bereichert. Als Schwerpunkt seiner Forschungsarbeit gibt er die Kirchenbaugeschichte zu erkennen, wobei er einen deutlichen Fokus auf die Glockengeschichte als eigenständiges Wissensgebiet legt. Mit diesem Detail schließt der Kreis seines literarischen Schaffens an die lokale Wirtschaftsgeschichte an, die in diesem Kontext mit dem Namen der Glockengießerfamilie Grüninger untrennbar verbunden ist.

So ist es eigentlich nicht überraschend, dass er einen weiteren Beleg seines einschlägigen breiten Wissens der Öffentlichkeit vorlegt. Und dennoch überrascht er mit einem opulenten Werk, mit dem er in einer bisher nicht bekannten Breite und Tiefe einen Bogen zwischen der Geschichte kirchlicher Anlagen einerseits und der Firmengeschichte Grüninger andererseits spannt und damit eine spezielle lokale Wirtschaftsgeschichte beleuchtet.

Beginnend mit der Gründung der Villinger Gießhütte durch Hans und Christoph Reble im 16. Jahrhundert stellt der Autor die Geschlechterfolge der Glockengießerfamilien Grüninger in neun Generationen dar, deren Inhaber ab der vierten Generation stets den Vornamen Benjamin als Leitnamen enthielten; einer von ihnen, der auch Zunftmeister war, wurde daher in alemannischer Mundart der „Glockenbenne“ genannt. Die Monographie von Jochen Schultheiß gibt tiefe Einblicke in das Leben und Wirken jeder Generation, wobei neben technischen Einzelheiten der Produktion – vor allem – die Bestimmungsorte der einzelnen Artefakte einen guten Einblick in die geographische Leistungsbreite geben: Schon früh kamen die Villinger Kunstwerke in die Kirchtürme weit außerhalb der Stadt.

Mit dem Kapitel „Betriebsstätten der Villinger Gießhütte“ zeigt Schultheiß auf, in welchen Villinger Adressen die Glockengießerei ihre Standorte hatte; es waren nicht wenige, wobei bei deren Lage stets auch die von der Produktion ausgehende Brandgefahr zu beachten war und sie deswegen eher am Siedlungsrand zu finden waren. Man darf annehmen, dass kaum eine Familie oder Unternehmen in so vielen Villinger Gebäuden Spuren hinterlassen hat, wenngleich die meisten von ihnen nur noch in archivalischen Quellen nachweisbar sind. Die „Villa Grüninger“ in der Güterbahnhofstraße ist immerhin ein noch existierendes Beispiel für die einstige Bedeutung der Familie und ein Zeugnis ihres Wohlstandes.

In dem reich bebilderten Buch – die „Bilderbogen“ und eine Sammlung weiterer Abbildungen im Bildteil stellen eine seltene geschlossene

Bilddokumentation dar – bietet der Autor in weiteren Kapiteln eine Auflistung von „Abnahmegutachten von Grüninger-Geläuten" an. Dieser Katalog an kirchenamtlichen Prüfzeugnissen und die Abbildungen – besonders der nicht mehr existierenden Geläute – bieten ein Nachschlagewerk für zahlreiche Kirchengemeinden und sind eine Fundgrube für kunst- und kirchengeschichtliche Fragestellungen.

Diese Monographie stellt eine wertvolle Bereicherung der lokalen und standortbezogenen Geschichtsschreibung dar. Der Geschichts- und Heimatverein Villingen e.V., der das Entstehen dieser Monographie mit Aufmerksamkeit begleitet und gemeinsam mit der Sparkasse Schwarzwald-Baar mit einem Zuschuss gefördert hat, gratuliert dem Autor für das überaus gelungene Werk. Wir wünschen dem Autor für sein weiteres Schaffen alles Gute und dem heute vorgelegten Buch eine große und interessierte Leserschaft.

VS-Villingen, im Juni 2024
Geschichts- und Heimatverein Villingen e.V.
Für den Vorstand:

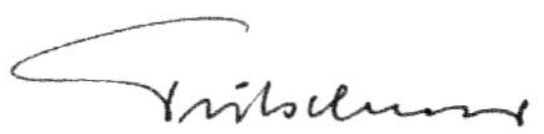

Prof. Edgar H. Tritschler

ZUM GELEIT

Nach rund vierjähriger Arbeit ist es nun fertig – das Buch über die Geschichte der Villinger Glockengießer. Dabei hatte ich eigentlich nie vor, zu diesem Thema ein Buch zu schreiben. Es hat sich sozusagen einfach so ergeben. Seit vielen Jahren beschäftige ich mich intensiv mit Kirchen-, Kunst- und Heimatgeschichte. Hierbei ist mir natürlich, wenn es um die Glocken einer Kirche ging, immer wieder der Name „Grüninger" begegnet. Hierbei stellte ich fest, wie wenig ich eigentlich über diese einstmals sehr bedeutende Glockengießerei wusste. Insbesondere wunderte mich, dass die Geschichte der Glockengießerei 1951 so abrupt endete, also in einer Zeit, in der so viele Glocken gegossen wurden wie noch nie in der Geschichte. Es galt, die im Zweiten Weltkrieg abgelieferten Glocken zu ersetzen. Zudem entstanden viele neue Kirchen, die ebenfalls Glocken benötigten. Warum also endete ausgerechnet in dieser Hochphase des Glockengusses die Geschichte der Firma Grüninger? Und in welchen Kirchen sind heute noch Glocken dieser Gießerei vorhanden?

Ich versuchte, ein wenig mehr über die lange Historie der Villinger Glockengießer herauszufinden. In entsprechenden heimatgeschichtlichen Publikationen war hierzu jedoch kaum etwas zu finden. Also führte mich mein Weg ins Stadtarchiv Villingen-Schwenningen. Hier wurde ich mit vielen interessanten Dokumenten fündig. Auch einige dort archivierte Zeitungsartikel ergaben ein erstes grobes Bild und beantworteten einige meiner Fragen. Diese interessanten Informationen weckten mein Interesse und fortan ließ mich dieses Thema nicht mehr los. Zahlreiche Besuche in weiteren Archiven folgten, insbesondere im Erzbischöflichen Archiv Freiburg und im Diözesanarchiv Rottenburg.

Erschwert wurde die Arbeit dadurch, dass es einen Nachlass der Firma nicht gibt. Insbesondere ein vollständiges Verzeichnis der von Grüninger nach dem Zweiten Weltkrieg gegossenen Glocken konnte nirgendwo aufgefunden werden. Um dennoch ein halbwegs umfassendes Bild vom aktuellen Bestand der in der Villinger Gießhütte entstandenen Glocken zu zeichnen, bedurfte es umfassender Nachforschungen. Vollständigkeit konnte nicht erreicht werden. Sicherlich hängen am einen oder anderen Ort noch Glocken von Grüninger, die ich nicht recherchieren konnte. Aber der allergrößte Teil konnte in detektivischer Arbeit aufgespürt werden. Und das ist deutlich mehr, als ursprünglich vermutet.

Im Laufe der Zeit war meine Materialsammlung zu diesem Thema so umfangreich, dass mehr und mehr der Gedanke reifte, hieraus eine Veröffentlichung in Form eines Buches zu machen. Von vielen Menschen wurde ich dazu ermutigt, meine Erkenntnisse nicht in einer Schublade verschwinden zu lassen, sondern dieses wichtige Kapitel der Villinger Geschichte niederzuschreiben und der interessierten Öffentlichkeit zugänglich zu machen.

Bedanken möchte ich mich ganz herzlich bei den Mitarbeiterinnen und Mitarbeitern des Erzbischöflichen Archivs Freiburg und des Diözesanarchivs Rottenburg, des Stadtarchivs in Villingen-Schwenningen, verschiedenen Glockensachverständigen und bei vielen Pfarrämtern, die geduldig meine Wünsche erfüllten, Akten herbeibrachten und nach alten Unterlagen und Bildern suchten. Hierfür ein ganz großer Dank. Ohne diese Mitwirkung hätte ich das Vorhaben nicht verwirklichen können. Erwähnt werden soll jedoch auch, dass einige Kirchengemeinden leider keinerlei Interesse zeigten und meine Anfragen ignorierten und unhöflich unbeantwortet ließen.

Aus dem Text- und Bildmaterial ein Buch zu machen, ist natürlich letztlich auch eine finanzielle Frage. Hier gilt mein großer Dank den Sponsoren, ohne deren finanzielle Unterstützung die Herausgabe dieses Buches nicht möglich gewesen wäre. Dies sind die Erzbischof Hermann Stiftung der Erzdiözese Freiburg, die Volksbank eG – die Gestalterbank, der Geschichts- und Heimatverein Villingen e. V., die Sparkasse Schwarzwald-Baar und Benedikt Grammer. Der passionierte Glockenfreund hat für dieses Buch auch zahlreiche Fotos von Kirchen und Glocken zur Verfügung gestellt, die er bei seinen Besuchen auf unzähligen Kirchtürmen angefertigt hat, und auch einen Beitrag über die Entwicklung der Grüninger-Glockenrippen beigesteuert. Von Michael Bohrer aus Villingen stammt das Kapitel über Joseph Benjamin (V) Grüninger und die Villinger Fastnacht. Auch hierfür ein Dankeschön. Weiterhin bereichert auch ein Beitrag über den Villinger Aussichtsturm, dessen Stahlkonstruktion von Grüninger gefertigte wurde, das Buch. Nicht zuletzt gilt mein Dank dem Verlag regionalkultur in Ubstadt-Weiher für die angenehme und engagierte Zusammenarbeit bei der Umsetzung des gesamten Projekts.

So freue ich mich, dass mit großer Unterstützung von vielen Seiten das fertige Buch nun vorliegt. Es ist mit Sicherheit kein wissenschaftliches Werk, das einen Anspruch auf absolute Vollständigkeit erhebt. Diese konnte aufgrund der schwierigen Quellenlage nicht erreicht werden. Und ein Werk zu verfassen, das wissenschaftlichen Ansprüchen genügt, war auch nie mein Ziel. Vielmehr will das Buch einfach erzählen aus der bewegten Geschichte und vom reichen Erbe der Villinger Gießhütte.

Anzumerken ist, dass es so manches gab, was in dem Buch keine Berücksichtigung finden konnte. So beispielsweise die lange und reiche Familiengeschichte der Grüninger-Dynastie und ihre Rolle im gesellschaftlichen und politischen Leben von Villingen, die Gegenstand einer eigenen genealogischen Untersuchung sein könnte. Der Fokus wurde im vorliegenden Buch nahezu ausschließlich auf die lange Geschichte der Glockengießerei gelegt.

Möge das Buch viele Leserinnen und Leser finden, die eintauchen in die spannende Geschichte der Villinger Glockengießer, die einstmals im wahrsten Wortsinn dem Namen der Stadt Villingen einen guten Klang verliehen haben. Noch heute hängen hunderte von Glocken der Gründerfamilie Reble und der Grüninger-Dynastie auf den Kirchtürmen und halten die Erinnerung wach an ein wichtiges Stück Stadt- und Kirchengeschichte.

Viel Spaß beim Lesen und Entdecken.

St. Georgen, im Sommer 2024

Jochen Schultheiß

EINFÜHRUNG

Glocken spielen seit vielen Jahrhunderten eine besondere Rolle im Leben der Menschen. Sie schlagen die Stunden und erklingen zu freudigen und traurigen Anlässen. Sie läuten an Sonntagen und an den hohen Festtagen, rufen zu Gottesdienst und Gebet, sie erklingen zur Taufe, zur Hochzeit und zum Begräbnis. Auch heute noch lassen sich viele Menschen emotional vom Klang der Glocken berühren. Selbst in unserer Zeit nachlassender Kirchenbindung haben die Glocken für viele Menschen ihre Bedeutung behalten und wenn irgendwo in einer Gemeinde neue Glocken beschafft werden müssen, sind auch heute noch viele bereit, dafür zu spenden.

Der Bedarf an neuen Kirchenglocken ist zwischenzeitlich gering. Die durch die beiden Weltkriege gerissenen Lücken im Glockenbestand sind weitgehend geschlossen, neue Kirchen werden so gut wie keine mehr gebaut. So verwundert es auch nicht, dass es heute nur noch wenige Firmen gibt, die der altehrwürdigen Handwerkskunst des Glockengusses nachgehen. Waren es nach dem Zweiten Weltkrieg noch mehr als 20 Glockengießereien alleine in Deutschland, so sind es heute nur noch eine Hand voll.

Zu den traditionsreichsten deutschen Glockengießereien mit einer ungewöhnlich langen Geschichte zählte die Villinger Gießhütte Grüninger. Um 1570/80 durch Hans Reble (teilweise auch als Rebel oder Raeblin bezeichnet) gegründet, gelangte die Gießerei 1645 durch Heirat der Tochter seines Sohnes Christoph Reble, also seiner Enkelin, mit Johann Joachim Grieninger in die Familie Grieninger, später Grüninger, und blieb fortan mehr als 300 Jahre bis zur Einstellung des Betriebs 1951 in Familienbesitz. Tausende kleiner und großer Glocken für Kapellen, für Dorf-, Stadt- und Stiftskirchen und Kathedralen wurden hergestellt, von denen allerdings die Meisten in den beiden Weltkriegen eingeschmolzen wurden. Trotzdem ist noch eine stattliche Zahl von Glocken aus früheren Jahrhunderten vorhanden, sogar aus den Anfangsjahren der Gießerei unter Vater und Sohn Reble.

Der größte Teil der heute noch vorhandenen Grüninger-Glocken wurde jedoch zwischen 1948 und 1951 in Straß bei Neu-Ulm gegossen, wohin die Firma nach dem Zweiten Weltkrieg ihre Produktionsstätte verlegt hatte. Mit dem Konkurs Ende 1951 fand die lange Geschichte der Glockengießer aus Villingen ein unglückliches Ende.

Verlieren die Glocken ihre Gewalt über den Lärm, die Türme die Herrschaft über die Dächer, so ist keine Hoffnung und kein Leben mehr.

Reinhold Schneider, Das Inselreich

ZUM INHALT DES BUCHES UND DEN SCHWIERIGKEITEN DER ERFORSCHUNG

Nachfolgend soll die gesamte Firmengeschichte von der Gründung um 1570/1580 bis zu ihrem Ende 1951 nachgezeichnet werden. In diesem geschichtlichen Abriss werden sowohl Glocken aus früheren Jahrhunderten genannt, die heute noch vorhanden sind, wie auch viele große und bedeutende Geläute vorgestellt, die im Laufe der Jahrhunderte in Villingen gegossen wurden und heute leider nicht mehr existieren. Zudem wurde zumindest versucht, alle von den Gießereien Reble und Grüninger gegossenen und heute noch vorhandenen Glocken so vollständig wie möglich zu erfassen und im abschließenden Glockenkatalog zusammenzustellen.

Eine große Schwierigkeit hierbei ist die teilweise recht spärliche Quellenlage. Von anderen Glockengießereien, die heute ebenfalls nicht mehr bestehen, haben sich teilweise umfangreiche Firmenunterlagen und insbesondere die Lieferbücher erhalten, die das komplette Schaffen des Betriebs nachvollziehbar machen. Nicht so bei der Firma Grüninger. Firmenunterlagen sind keine mehr vorhanden und nur ein Lieferbuch für den Zeitraum zwischen 1879 und 1915 ist im Stadtarchiv Villingen-Schwenningen erhalten geblieben. Weiterhin enthält ein 1927 von der Gießerei Grüninger herausgegebener Firmenkatalog eine Aufstellung aller von um 1900 bis etwa 1927 gegossenen Glocken. Auch eine wohl Mitte 1950 herausgegebene Referenzliste nennt sämtliche von 1948 bis zu diesem Zeitpunkt gegossenen Glocken. Keine Unterlagen auffindbar waren für den Zeitraum von 1927 bis zum Zweiten Weltkrieg sowie für die Spanne zwischen Mitte 1950 bis zur Einstellung des Glockengusses Ende 1951.

Umfangreiche Recherchen haben trotzdem die allermeisten, wenn sicherlich auch nicht alle der heute noch vorhandenen Grüninger-Glocken aufgespürt und geben so ein gutes Bild über das Wirken der traditionsreichen Gießerei, von der heute noch deutlich mehr Glocken erklingen, als allgemein angenommen wird.

DIE GESCHICHTE DER VILLINGER GLOCKENGIESSEREI

Die Geschichte der Villinger Glockengießer umfasst einen Zeitraum von mehr als 370 Jahren von der Gründung der Gießerei bis zur Einstellung des Geschäftsbetriebs 1951. Wann der Betrieb seinen Anfang nahm und dort erstmals Glocken gegossen wurden, ist trotz umfangreicher Recherchen nicht mit letzer Sicherheit zu klären. Im Raum stehen meist die Jahreszahlen 1570 und 1580. In seiner 1913 veröffentlichten Glockenkunde gibt Karl Walter 1580 als Gründungsjahr an. Auch der 1985 erschienene Band „Deutscher Glockenatlas - Band 4 Baden" datiert die Entstehung

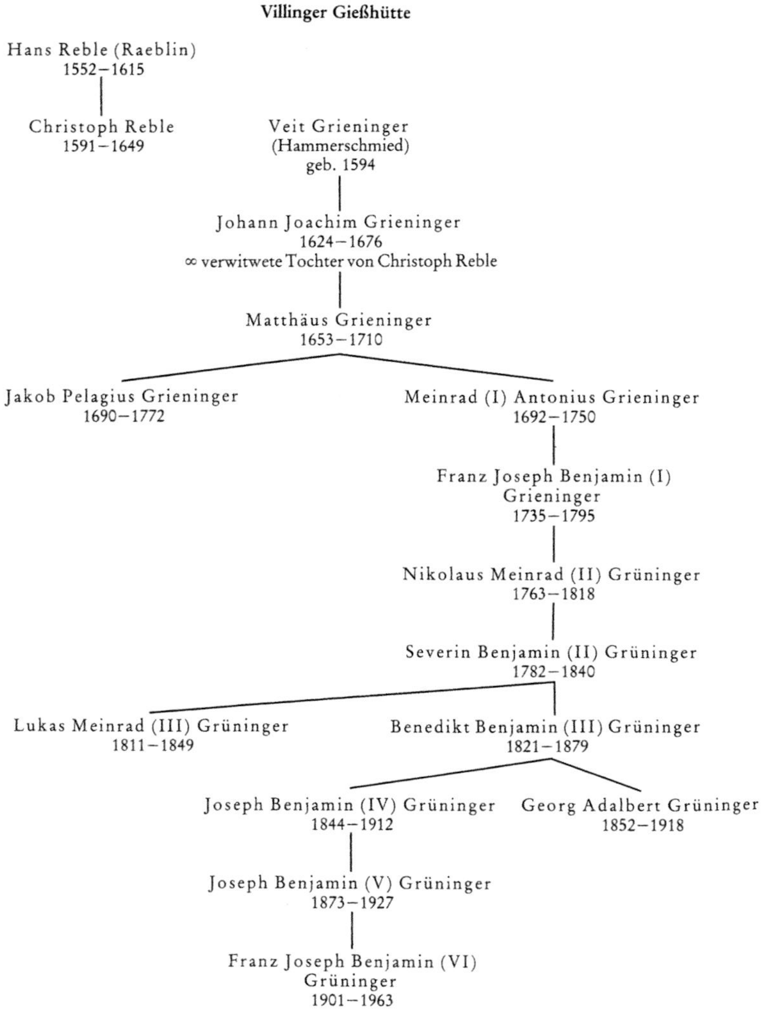

Stammbaum der Villinger Gießhütte von ihrer Gründung um 1580 bis zu ihrem Ende 1951 (Quelle: Deutscher Glockenatlas, Band 4 – Baden).

der Villinger Gießhütte auf 1580, ebenfalls das 1971 veröffentlichte Buch von Hans Brüstle und Josef Fuchs „Villingen – aus der Geschichte der Stadt“. Die Firma Grüninger selbst verwendete auf manchen Briefbögen den Zusatz „gegründet 1580“, auf anderen Briefköpfen wird hingegen 1570 als Gründungsjahr genannt. Eine 1927 zur Jahrhundertausstellung der Erzdiözese Freiburg aufgelegte umfangreiche Firmenbroschüre nennt gar 1575 als Gründungsjahr. So muss das genaue Datum des Ursprungs der Villinger Glockengießerei offen bleiben, auch wenn das Jahr 1580 als am wahrscheinlichsten angesehen werden kann.

Gründer der Gießhütte war Hans Reble (teilweise auch als Rebel oder Raeblin bezeichnet). Erst durch Heirat treten ab 1645 die Grieninger auf und gegen Ende des 18. Jahrhunderts wurde dann die Schreibweise Grüninger gängig. Ironie der Geschichte: Von der Gründung der Gießerei um 1580 bis zum Zweiten Weltkrieg wurden die Glocken jahrhundertelang in Villingen gegossen. Doch aufgrund der Glockenablieferungen in den beiden Weltkriegen sind aus dieser langen Zeitspanne nicht mehr allzu viele Glocken erhalten geblieben. Der weitaus größte Teil der heute noch läutenden Grüninger-Glocken wurde somit nicht in Villingen hergestellt, sondern in der kurzen Zeit von drei Jahren zwischen 1948 und 1951, in denen die Glocken im Werk in Straß bei Neu-Ulm gefertigt wurden.

1. Die Gründung der Gießhütte durch Hans Reble (1552 – 1615)

Hans Reble (teilweise auch als Rebel oder Raeblin bezeichnet) wurde 1552 in Villingen als Sohn des Torhüters am Riettor, Barthle Reble, ge-

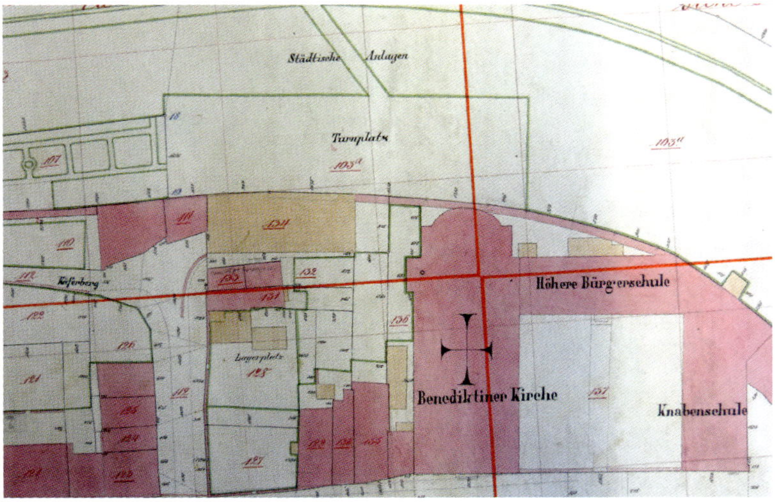

Von ihrer Gründung bis 1821 war die Glockengießerei auf dem hier mit Nr. 103a bezeichneten Flurstück beheimatet. Im Jahre 1900 wurde an dieser Stelle die alte Villinger Turnhalle errichtet. Heute steht in diesem Bereich das Münsterzentrum (Quelle: Stadtarchiv Villingen-Schwenningen in: Gemarkungsatlas Villingen I, Plan 3, 1894).

Im Bereich der 1900 errichteten und in den 1970er-Jahren abgebrochenen alten Turnhalle bei der Benediktinerkirche liegen die Ursprünge der Villinger Gießhütte. Aufnahme aus der Zeit um 1905 (Foto: privat).

Links unten: Die Glocke im Turm der Pfarrkirche in Riedlingen an der Donau stammt aus dem Jahre 1590 und wiegt rund 1600 Kilogramm. Sie hat somit eine ganz besondere Bedeutung als älteste erhaltene Glocke aus der Villinger Glockengießerei (Foto B. Grammer).

Rechts unten: In der Pfarrkirche St. Georg in Riedlingen an der Donau hängt noch eine Glocke aus den Anfangsjahren der Gießerei. Sie wurde von Hans Reble gemeinsam mit dem Riedlinger Meister Martin Stehelin gegossen (Foto: B. Grammer).

boren. Um 1570/1580 gründete Hans Reble in Villingen eine Glockengießerei. Was ihn hierzu bewog und woher er seine Kenntnisse und seine Ausbildung hatte, ist nicht mehr festzustellen. Der Standort der neu gegründeten Glockengießerei lag im Bereich des Käferbergs an der westlichen Stadtmauer, ziemlich genau dort, wo später die alte Turnhalle ihren Platz hatte und wo heute das Münsterzentrum steht.

Über die ersten Jahre des neu gegründeten Betriebs wissen wir wenig. Im Jahre 1590 war Hans Reble am Guss einer stattlichen, etwa 1600 Kilogramm schweren Glocke für die Pfarrkirche St. Georg in Riedlingen an der Donau beteiligt, die bis heute erhalten geblieben ist. Diese wurde vermutlich vor Ort in Riedlingen gemeinsam mit dem wahrscheinlich ortsansässingen Meister Martin Stehelin gegossen. Sie hat somit eine ganz besondere Bedeutung als älteste erhaltene Glocke aus der Villinger Glockengießerei.

Für das Münster in Villingen goss Hans Reble 1601 eine große Glocke, die leider nicht erhalten geblieben ist. Die Ansicht zeigt das Münster vor der großen Renovierung von 1905 bis 1909 (Foto: Archiv J. Schultheiß).

Ins Licht der Geschichte trat der Glockengießer dann im Jahre 1601, als er einen besonders großen und ehrenvollen Auftrag ausführte: Eine große Glocke für das Villinger Münster. Sie wurde am 12. November 1601 von Hans Reble gegossen und im September 1602 geweiht und anschließend auf den Münsterturm gezogen. Die Glocke wog stattliche 90 Zentner (nach anderen Quellen 80 Zentner) und hatte den Schlagton A.

Der Zeitraum von zehn Monaten zwischen dem Guss der Glocke sowie Weihe und Transport auf den Turm lässt sich vermutlich mit der großen Herausforderung begründen, in der damaligen Zeit eine solch große Glocke unbeschadet auf den Turm zu bringen. Hierzu hatte man sich auswärts in Nürnberg, Zürich und Straßburg Rat eingeholt.

Diese berühmte Glocke läutete gut 300 Jahre über Villingen. Im Zuge der umfassenden Renovation und Umgestaltung des Münsters 1905/09 wollten die Verantwortlichen das Werk auch mit einem großen, neuen Geläute krönen. Die historisch wertvollen, jahrhundertealten Glocken wurden 1909 von den Türmen genommen und zum Großteil eingeschmolzen. Auch die große Glocke von 1601 wurde damals dem neuen Münstergeläute geopfert. Im Nachhinein wurde von vielen Seiten der Verlust dieser wertvollen Glocke bedauert, die zu den schönsten im Land zählte. Auch der Landeskonservator beklagte, dass es nicht möglich war, die Glocke zu retten. Überlegungen, die Glocke zu erhalten und eventuell im Romäusturm aufzuhängen, scheiterten an fehlenden finanziellen Mitteln.
Hans Reble verstarb im Jahre 1615.

Von Hans Reble sind bis heute die genannte stattliche Glocke in Riedlingen an der Donau und ein kleines Glöckchen in der Palmbühlkirche von Schömberg erhalten geblieben, die somit die ältesten noch erhaltenen Zeugnisse aus den Anfangsjahren der Villinger Gießhütte sind:

* Riedlingen an der Donau, Pfarrkirche St. Georg, Gewicht 1600 kg, Durchmesser 129 cm, gegossen 1590 gemäß Inschrift von Hans Reble gemeinsam mit Martin Stehelin, Riedlingen
* Schömberg (Zollernalbkreis), Palmbühlkirche, Durchmesser 39 cm, gegossen 1605

2. Christoph Reble (1591 – 1649)

Noch vor seinem Tod übergab Hans Reble die Gießerei an seinen Sohn Christoph, der den Betrieb bis 1645 führte. Das Gebiet, in welches zu jener Zeit Glocken aus Villingen geliefert wurden, erstreckte sich in etwa im Süden bis in den Raum Singen, im Norden bis Wolfach, im Osten bis in die Gegend um Sigmaringen und im Westen bis in den Hochschwarzwald.

Christoph Reble starb 1649.

Aus seiner Schaffenszeit sind einige Glocken erhalten geblieben, die auch heute noch ihren Dienst versehen:

* Schluchsee, Pfarrkirche St. Nikolaus, Gewicht 280 kg, Durchmesser 78 cm, gegossen 1614
* Villingen, ehem. Kloster am Bickentor, Gewicht 175 kg, Durchmesser 67 cm, gegossen 1615
* Hilzingen, Pfarrkirche St. Peter und Paul, Gewicht 190 kg, Durchmesser 70 cm, gegossen 1619
* Wolfach, Pfarrkirche St. Laurentius, Gewicht 550 kg, Durchmesser 97 cm, gegossen 1624
* Rottweil, Pfarrkirche St. Pelagius, Gewicht 420 kg, Durchmesser 87 cm, gegossen 1625
* Jungnau bei Sigmaringen, Pfarrkirche St. Anna, Gewicht 230 kg, Durchmesser 72 cm, gegossen 1627
* Achdorf bei Blumberg, Pfarrkirche St. Nikolaus, Gewicht rd. 100 kg, Durchmesser 53 cm, gegossen 1632
* Hinterzarten, Pfarr- und Wallfahrtskirche Mariä Himmelfahrt, Gewicht 500 kg, Durchmesser 90 cm, gegossen 1645

Links: Die Pfarrkirche St. Nikolaus in Schluchsee beherbergt eine Glocke von Christoph Reble von 1614 (Foto: J. Schultheiß).

Rechts: Glocke in Schluchsee von Christoph Reble, gegossen 1614 und rund 280 Kilogramm schwer (Foto: J. Wittekind, Glockeninspektion des Erzbistums Freiburg).

Im Dachreitertürmchen des Bickenklosters in Villingen hängt eine kleine Glocke von Christoph Reble von 1615 (Foto: J. Wittekind, Glockeninspektion des Erzbistums Freiburg).

Eine 550 Kilogramm schwere Glocke, gegossen 1624 von Christoph Reble, hat sich in der Pfarrkirche St. Laurentius in Wolfach erhalten (Foto: J. Wittekind, Glockeninspektion des Erzbistums Freiburg).

Glocke von Christoph Reble, 1627 gegossen und 230 Kilogramm schwer, in der Pfarrkirche St. Anna in Jungnau bei Sigmaringen (Foto: J. Wittekind, Glockeninspektion des Erzbistums Freiburg).

Das Bickentor in Villingen mit der rechts daran anschließenden Klosterkirche auf einer Ansicht um 1900 (Foto: Archiv J. Schultheiß).

Glocke im Turm der Pfarrkirche Hinterzarten, rund 500 Kilogramm schwer und 1645 von Christoph Reble gegossen (Foto: J. Wittekind, Glockeninspektion des Erzbistums Freiburg).

In St. Pelagius in Rottweil läutet eine 420 Kilogramm schwere Glocke von Christoph Reble aus dem Jahre 1625 (Foto: B. Grammer).

Die Pfarrkirche St. Pelagius im Rottweiler Stadtteil Altstadt (Foto: B. Grammer).

3. Johann Joachim Grieninger (1624 – 1676)

Über 30 Jahre führte Christoph Reble die Glockengießerei in Villingen. 1645, also vier Jahre vor seinem Tod, übergab er den Betrieb an seinen Schwiegersohn Johann Joachim Grieninger. Dieser hatte die verwitwete Tochter von Christoph Reble geheiratet. Somit gelangte die Gießerei also 1645 in den Besitz der Familie Grieninger, später Grüninger, in welchem sie mehr als 300 Jahre bis zu ihrem Ende 1951 verbleiben sollte. Johann Joachim Grieninger kam 1624 zur Welt und war der Sohn des 1594 geborenen Hammerschmieds Veit Grieninger.

Aus seiner Ära sind folgende Glocken bis heute erhalten geblieben:

* Bad Schussenried, Friedhofskapelle St. Martin, Durchmesser 52 cm, gegossen 1655
* Villingen, ehem. aus St. Cyriakus in Fischbach am Schluchsee, heute im südlichen Münsterturm ausgestellt, Durchmesser 48 cm, gegossen 1660
* Gütenbach, Pfarrkirche St. Katharina, Gewicht 310 kg, Durchmesser 81 cm, gegossen 1664

Eine weitere, teilweise in der Literatur als heute noch vorhanden genannte Grieninger-Glocke von 1657 in der Pfarrkirche von Moosheim bei Bad Saulgau existiert jedoch seit Jahrzehnten nicht mehr. Sie musste im Zweiten Weltkrieg abgeliefert werden und kam nach dem Krieg zurück nach Moosheim. Sie war jedoch so stark beschädigt, dass sie als unbrauchbar wenige Jahre nach Kriegsende eingeschmolzen wurde.
Johann Joachim Grieninger verstarb 1676.

Wappen der Glockengießerei Grüninger. Mit der Übernahme der Gießerei durch Johann Joachim Grieninger 1645 gelangte die Firma in den Besitz der Familie Grieninger, später Grüninger, in welchem sie mehr als 300 Jahre bis zu ihrem Ende 1951 verbleiben sollte (Quelle: Stadtarchiv Villingen-Schwenningen.

Links: Die Pfarrkirche St. Katharina in Gütenbach (Foto: B. Grammer).

Rechts: Glocke in der Pfarrkirche in Gütenbach, gegossen 1664 von Johann Joachim Grieninger (Foto: B. Grammer).

4. Matthäus Grieninger (1653 – 1710)

Nachfolger von Johann Joachim Grieninger wurde sein zweitältester Sohn Matthäus, über dessen Leben und Werk nur wenig bekannt ist. Aus seiner Schaffenszeit sind nur zwei Glocken bekannt, welche heute noch vorhanden sind.

Die einzige von Matthäus Grieninger erhaltene Glocke in Baden hängt in der Friedhofskirche St. Martin in Gengenbach, wurde 1689 gegossen, hat den Schlagton fis', einen Durchmesser von 99 cm und wiegt 620 Kilogramm. Im württembergischen Landesteil hängt von ihm noch im Turm der Pfarrkirche St. Peter und Paul in Bieringen bei Horb eine Glocke von 1680 mit einem Durchmesser von 71 cm und einem Gewicht von 215 Kilogramm. Matthäus Grieninger ist 1710 gestorben.

Links: Glocke mit einem Gewicht von rund 620 Kilogramm in der Friedhofskirche St. Martin in Gengenbach, gegossen 1689 von Matthäus Grieninger (Foto: J. Wittekind, Glockeninspektion des Erzbistums Freiburg).

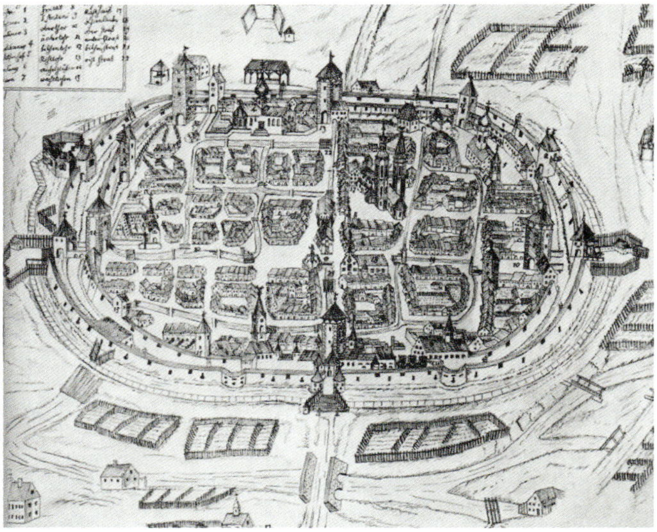

Rechts: Ansicht von Villingen um 1700 (Quelle: Stadtarchiv Villingen-Schwenningen).

5. Meinrad (I) Anton Grieninger (1692 – 1750) und Jakob Pelagius Grieninger (1690 – 1772)

Matthäus Grieninger hatte zwei Söhne, Meinrad (I) Anton und Jakob Pelagius.

Meinrad (I) Anton übernahm die Werkstatt von seinem Vater Matthäus, bisweilen unterstützt von seinem Bruder Jakob Pelagius. Von Meinrad (I) Anton sind im Schwarzwald einige kleine Kapellenglocken erhalten geblieben, alle kurioserweise rund um Titisee-Neustadt:

* Schildwende, Benediktenhof, Durchmesser 48 cm, gegossen 1718
* Schildwende, Knöpfleshof, Durchmesser 29 cm, gegossen 1721

* Jostal, Unterhöfenhof, Durchmesser 29 cm, gegossen 1721
* Unterschwärzenbach, Wilmeshof, Durchmesser 31 cm, gegossen 1721. Die Glocke wird wegen eines Sprunges im Hof gelagert.

Weiterhin sind von Meinrad (I) Anton noch vorhanden:

* Rottweil, Pfarrkirche St. Pelagius, Gewicht 246 kg, Durchmesser 77 cm, gegossen 1725
* Eutingen im Gäu, Friedhofskapelle, Gewicht rd. 50 kg, Durchmesser 44 cm, gegossen 1741
* Deißlingen, Pfarrkirche St. Laurentius, Gewicht rd. 50 kg, Durchmesser 44 cm, gegossen 1744

Glocke in der Pfarrkirche St. Pelagius in Rottweil, 1725 gegossen von Meinrad (I) Anton Grieninger und 246 Kilogramm schwer (Foto: B. Grammer).

Eine weitere erhaltene Glocke aus dieser Epoche wurde gemäß der Glockeninschrift von den beiden Brüdern Meinrad (I) Anton und Jakob Pelagius gemeinsam geschaffen:

* Friedenweiler, Pfarrkirche St. Johannes Baptist, Durchmesser 82 cm, gegossen 1726

Nach dem Tod von Meinrad (I) Anton im Jahre 1750 führte sein Bruder Jakob Pelagius den Betrieb alleine weiter. Aus dieser Zeit sind ebenfalls Glocken bis zum heutigen Tag erhalten geblieben:

* Tuningen, evang. Kirche, Gewicht 1120 kg, Durchmesser 121 cm, gegossen 1755
* Weigheim, Pfarrkirche St. Otmar, Gewicht 645 kg, Durchmesser 105 cm, gegossen 1756
* Gunningen, Pfarrkirche St. Georg, Gewicht 175 kg, Durchmesser 65 cm, gegossen 1757

Glocke von 1726 in der Pfarrkirche von Friedenweiler, gegossen von Meinrad (I) Anton und Jakob Pelagius Grieninger (Foto: J. Wittekind, Glockeninspektion des Erzbistums Freiburg).

Jakob Pelagius Grieninger starb 1772.

6. Franz Joseph Benjamin (I) Grieninger (1735 – 1795) und Nikolaus Meinrad (II) Grieninger (1763 – 1818)

Fortgeführt wurde der Betrieb von Franz Joseph Benjamin (I) Grieninger, dem Sohn von Meinrad (I) Anton. Zunächst führte er die Gießerei alleine

Die stattliche Glocke von 1770 in der Pfarrkirche St. Maria in Philippsburg wiegt 2000 Kilogramm und wurde von Franz Joseph Benjamin (I) Grieninger ursprünglich für die Klosterkirche in Schuttern in der Ortenau gegossen. Nach der Aufhebung des Klosters im Zuge der Säkularisation kam sie 1809 nach Philippsburg (Foto: J. Wittekind, Glockeninspektion des Erzbistums Freiburg).

weiter. Von 1783 bis zu seinem Tod 1795 arbeitete er mit seinem Sohn Nikolaus Meinrad (II) zusammen.

Auch in der Zeit von Franz Joseph Benjamin (I) wurden zunächst überwiegend kleinere Glocken gegossen, ehe aus der Heimatstadt Villingen ein großer Auftrag folgte. 1767 wurde ein Geläute mit sieben Glocken für die neu erbaute Klosterkirche der Benediktiner in Villingen geliefert. Nach der Auflösung des Klosters während der Säkularisierung kamen die Glocken 1814 in die evangelische Stadtkirche in Karlsruhe, wo sie dann den Glockenablieferungen der beiden Weltkriege zum Opfer fielen, bis auf die zweitgrößte Glocke, die heute in der Kleinen Kirche in Karlsruhe hängt.

1770 wurden vier Glocken für das Kloster in Schuttern (Ortenau) gegossen. Die größte davon ist bis heute erhalten geblieben. Nach der Aufhebung des Klosters im Zuge der Säkularisation kam sie 1809 nach Philippsburg bei Karlsruhe, wo sie heute noch in der Pfarrkirche St. Maria läutet. Einer der größten Aufträge der gesamten Firmengeschichte fiel ebenfalls in diese Zeitspanne. Von 1772 bis 1781 wurden insgesamt 17 Glocken für die Benediktinerabtei in St. Blasien gegossen.
Franz Joseph Benjamin (I) Grieninger verstarb 1795, sein Sohn Nikolaus Meinrad (II) im Jahre 1818.

Aus der Zeit von Franz Joseph Benjamin (I) haben gar nicht wenige Glocken die Zeiten bis heute überdauert:

* Ratshausen, Friedhof, Durchmesser 32 cm, gegossen 1759
* Breitnau, Bartles Hof, Durchmesser 42 cm, gegossen 1761
* Glottertal, Wuspenhof, Durchmesser 40 cm, gegossen 1763
* Dettingen bei Horb, Pfarrkirche St. Petrus, Durchmesser 46 cm, gegossen 1765 (heute in der Kirche aufgestellt)
* Karlsruhe, evang. Kleine Kirche, Durchmesser 112 cm, gegossen 1767 (ursprünglich im Benediktinerkloster Villingen, ab 1814 in der evang. Stadtkirche in Karlsruhe, nach dem Zweiten Weltkrieg in der Kleinen Kirche in Karlsruhe aufgehängt)
* Schörzingen, Pfarrkirche St. Gallus, Gewicht 385 kg, Durchmesser 90 cm, gegossen 1768
* Bisingen, Friedhofskapelle, Gewicht rd. 50 kg, Durchmesser 44 cm, gegossen 1768
* Gutmadingen, Marienkapelle, Durchmesser 38 cm, gegossen 1770
* Philippsburg, Pfarrkirche Mariä Himmelfahrt, Gewicht 2000 kg, Durchmesser 143 cm, gegossen 1770 (ursprünglich im Kloster Schuttern, 1809 der Kirchengemeinde Philippsburg zugewiesen)

* Gündelwangen, Pfarrkirche St. Maria, Gewicht 150 kg, Durchmesser 65 cm, gegossen 1775
* Dörlinbach, Pfarrkirche St. Johannes d. T., Durchmesser 65 cm, gegossen 1780 (auf dem Dachboden der Kirche gelagert)
* Oberndorf am Neckar, Pfarrkirche St. Michael, 2 Glocken, beide gegossen 1785, Gewicht 650 kg, Durchmesser 102 cm und Gewicht 350 kg, Durchmesser 87 cm
* Lausheim, Pfarrkirche St. Nikolaus, Gewicht 150 kg, Durchmesser 60 cm, gegossen 1788
* Niederbach bei Steinach, Wendelinskapelle, Durchmesser 35 cm, gegossen 1788

Von den Glocken, die von Franz Joseph Benjamin (I) gemeinsam mit seinem Sohn Nikolaus Meinrad (II) geschaffen wurden, läuten heute noch:

* Wittlekofen, Nikolauskapelle, Durchmesser 54 cm, gegossen 1783
* Horb am Neckar, Pfarrkirche Hl. Kreuz, Gewicht 920 kg, Durchmesser 117 cm, gegossen 1785
* Schluchsee Pfarrkirche St. Nikolaus, Gewicht 600 kg, Durchmesser 102 cm, gegossen 1787
* Hüfingen, Pfarrkirche St. Gallus und Verena, Gewicht 1100 kg, Durchmesser 122 cm, gegossen 1789
* Hornberg, Rathaus, Durchmesser 42 cm, gegossen 1792
* Hausach, ehem. Sixtuskapelle, heute Wohnhaus, Durchmesser 42 cm, gegossen 1794
* Ernatsreute, Nikolauskapelle, Durchmesser 39 cm, undatiert, 2. Hälfte des 18. Jahrhunderts

Links: Glocke in der Pfarrkirche in Schluchsee, 600 Kilogramm schwer und 1787 gegossen von Franz Joseph Benjamin (I) und Nikolaus Meinrad (II) Grieninger (Foto: J. Wittekind, Glockeninspektion des Erzbistums Freiburg).

Rechts: In der Pfarrkirche St. Verena und Gallus in Hüfingen hängt eine stattliche, 1100 Kilogramm schwere Glocke, die 1789 von Franz Joseph Benjamin (I) und Nikolaus Meinrad (II) Grieninger gegossen wurde (Foto: J. Wittekind, Glockeninspektion des Erzbistums Freiburg).

Nicht erhalten geblieben sind leider zwei besonders herausragende Geläute, die in dieser Zeit entstanden.

Glocken für die Benediktinerkirche in Villingen
(Geläute nicht erhalten)

Links: Für die barocke Benediktinerkirche in Villingen goss Franz Joseph Benjamin (I) Grieninger 1767 insgesamt sieben Glocken, von denen nur noch eine erhalten geblieben ist. Sie läutet heute allerdings nicht mehr in Villingen, sondern in der Kleinen Kirche in Karlsruhe (Foto: J. Schultheiß).

Rechts: Die sogenannte Kleine Kirche in Karlsruhe. Dort ist die mit 938 Kilogramm ehemals zweitgrößte Glocke des Villinger Benediktinergeläutes von 1767 bis heute erhalten geblieben (Foto: J. Schultheiß).

Nachdem die Mönche der Benediktinerabtei St. Georgen in der Folge der Reformation nach Villingen umgesiedelt waren und dort eine neue Klosterkirche im barocken Stil gebaut hatten, sollte das Gotteshaus auch mit einem entsprechenden Geläute ausgestattet werden. Nach dem Bau des Kirchturms 1756 waren allerdings die finanziellen Mittel erst einmal erschöpft, sodass es noch einige Jahre bis zur Anschaffung der Glocken dauern sollte. Das neue Geläute wurde dann in mehreren Etappen zwischen August und Oktober 1767 vom heimischen Meister Franz Joseph Benjamin (I) Grieninger gegossen mit folgenden sieben Glocken:

Dreifaltigkeitsglocke, gegossen am 27. August 1767. Ton d',
Gewicht 1975 kg
Sakramentsglocke, gegossen am 7. Oktober 1767, Ton fis',
Gewicht 938 kg
Georgsglocke, gegossen am 23. Oktober 1767, Ton a', Gewicht 588 kg
Erzengelglocke Gabriel, Michael, Raphael, gegossen am 23. Oktober
1767, Ton d'', Gewicht 252 kg

Josefsglocke, gegossen am 27. Oktober 1767, Ton fis'', Gewicht 113 kg sowie zwei kleine Glocken a'' (67 kg) und d''' (29 kg).

Als das Kloster im Zuge der Säkularisation zu Beginn des 19. Jahrhunderts aufgehoben wurde, wurden wie überall die klösterlichen Besitztümer durch den Staat beschlagnahmt. Die Villinger versuchten vergeblich, die Glocken zu retten. Im Jahre 1812 kamen sie zusammen mit der größten Glocke des ebenfalls aufgelösten Klosters St. Blasien in die neu erbaute evangelische Stadtkirche in Karlsruhe.

Von den 1767 gegossenen Glocken des ehemaligen Benediktinerklosters in Villingen ist heute noch die zweitgrößte fis' (938 kg) erhalten. Nach unserer heutigen Messung wird der Ton dieser Glocke mit f' angegeben. Nachdem sie seit 1812 auf dem Turm der evangelischen Stadtkirche in Karlsruhe hing, gelangte sie nach dem Zweiten Weltkrieg in den Turm der evangelischen Kleinen Kirche in der Karlsruher Kaiserstraße, wo sie heute noch erklingt. Sie ist somit das letzte Überbleibsel des ehemaligen Geläutes der Benediktinerkirche in Villingen.

Heute hängen im Turm der Benediktinerkirche fünf Glocken von Friedrich Wilhelm Schilling, Heidelberg, aus dem Jahr 1958.

Ein Großauftrag für St. Blasien (Geläute nicht erhalten)

Wenige Jahre nach dem Guss der Glocken für die Benediktinerkirche in Villingen erhielt die Gießerei einen der größten und bedeutendsten Aufträge der gesamten Firmengeschichte. Im Jahre 1768 hatte ein verheerender Brand das Kloster St. Blasien im Schwarzwald in Schutt und Asche gelegt. Auch sämtliche Glocken waren dabei zerstört worden. So galt es, im Zuge des Wiederaufbaus auch neue Glocken zu beschaffen. Die neue Stiftskirche war noch im Bau, als die Pläne für ein neues Geläute bereits Gestalt annahmen.

Um den Auftrag bewarben sich einige bedeutende Glockengießer, unter anderem Rosenlächer aus Konstanz, Edel aus Straßburg oder Koch aus Salem. Den Auftrag bekam jedoch schließlich die Glockengießerei Grüninger, damals noch Grieninger, in Villingen. Ihre Referenzen, die Geläute für die Klosterkirchen in Villingen 1767 und in Schuttern 1770 jeweils zur Zufriedenheit ihrer Auftraggeber gegossen zu haben, überzeugten wohl in St. Blasien.

Am 29. April 1772 wurde zwischen dem Kloster und Franz Joseph Benjamin (I) Grieninger ein Ver-

Für den berühmten Kuppeldom von St. Blasien goss Franz Joseph Benjamin (I) Grieninger 1772 und 1781 ein monumentales Geläute (Foto: J. Schultheiß).

trag abgeschlossen zum Guss von sieben kleineren Glocken, davon vier für die Klosterkirche, zwei für das Schlagwerk der Portaluhr und eine für die Kirche in Berau. Das vom Kloster gestellte Glockenmetall wurde nach Villingen geliefert, wo der Guss der Glocken erfolgte. Am 30. August 1772 meldete der Meister, dass die Glocken fertiggestellt seien. Die kleinste Glocke war Grieninger wohl nicht vollends gelungen, denn diese musste er noch mehrmals neu gießen.

Neun Jahre sollte es dauern, dann bekam Grieninger auch den Zuschlag für den zweiten, weitaus bedeutenderen Teil des Auftrags. Nachdem die neue große klassizistische Kuppelkirche, der berühmte Dom von St. Blasien, langsam der Vollendung entgegen ging, wurde am 21. Juni 1781 mit Grieninger ein Vertrag über den Guss der noch fehlenden großen Glocken geschlossen. Insgesamt sollten neun Glocken gegossen werden. Mit den Gesprächen und Vorbereitungen für das große Unterfangen muss jedoch schon vor dem Abschluss des Vertrages begonnen worden sein, denn bereits im Mai 1781 begann Grieninger in St. Blasien mit den Vorarbeiten zum Guss, denn diese Glocken sollten, so wurde es vereinbart, direkt vor Ort in St. Blasien gegossen werden. Ein Transport der großen Glocken von der Gießerei in Villingen durch den Schwarzwald hätte damals wohl erhebliche Schwierigkeiten verursacht. So wurde in St. Blasien ein eigenes Gießhaus mit zwei Öfen errichtet, und zwar direkt vor dem Eingang der Klosterkirche, damit es sozusagen im Wege stand und nach Erfüllung seiner Aufgabe zwingend wieder abgerissen werden musste. So wollten die Vertragsparteien verhindern, dass es im Anschluss eventuell von einem anderen Glockengießer hätte benutzt werden können.

Ein besonderes Ereignis war der Guss der großen Dreifaltigkeitsglocke am 18. September 1781. Dieser wäre fast missglückt, denn kurz vor dem Guss wurde eine undichte Stelle im Schmelzofen entdeckt, aus welcher bereits das Metall auszutreten begann. Daraufhin wurde der Ofen früher als geplant sofort angestochen und die große Glocke gelang ausgezeichnet. Einziger Wermutstropfen: Die zum großen Ereignis geladenen Festgäste verpassten wegen des früheren Anstichs des Ofens den Guss.

Die monumentale Glocke wog 6160 Kilogramm und war wohl die Größte, die in der gesamten Geschichte der Firma gegossen wurde. Als alle Glocken fertig waren, hatte Grieninger in zwei Etappen 1772 und 1781 für die Klosterkirche ein gewaltiges Geläute geschaffen, das bald einige Berühmtheit erlangte:

A (6160 kg), H (3500 kg), d' (2000 kg), e' (1595 kg), f' (1100 kg), g' (900 kg), a' (600 kg), h' (450 kg), c'' (340 kg), d'' (250 kg), e'' (214 kg), f'' (130 kg), g'' (108 kg), a'' (65 kg), c''' (44 kg).

Teilweise wird das Gewicht der großen Glocke auch mit 6500 Kilogramm angegeben, eine Differenz die heute nicht mehr zu klären ist. Der Glo-

Der Dom von St. Blasien auf einer alten Ansicht um 1935 (Foto: Archiv J. Schultheiß).

ckensachverständige Hans Rolli gibt den Schlagton der großen Glocke nach unserer heutigen Messung mit B an.

Nach der Aufhebung des Klosters im Rahmen der Säkularisierung wurde das berühmte Geläute aus den Türmen der Kirche genommen. Die größte Glocke kam 1812 in die evangelische Stadtkirche in Karlsruhe, wo sie im Zweiten Weltkrieg auf dem Turm zerschlagen und völlig zerstört wurde. Die fünf nächstgrößeren Glocken waren bereits 1808 in die katholische St. Stephanskirche in Karlsruhe gekommen, wo sie ebenfalls den Zeitläufen zum Opfer fielen.

Wie viele Glocken zu Beginn des 19. Jahrhunderts in St. Blasien zurückblieben und wohin die anderen kamen, ist nicht mehr im Detail nachvollziehbar. Jedenfalls wurde die letzte, noch in St. Blasien verbliebene Glocke mit einem Gewicht von 130 Kilogramm 1951 zum Metallpreis verkauft, als ein neues Geläute angeschafft wurde. Sie war gesprungen und konnte wohl schon seit längerer Zeit nicht mehr geläutet werden. So ist vom einstmals berühmten Großgeläute heute keine einzige Glocke mehr übrig geblieben.

Heute verfügt der Dom von St. Blasien wieder über ein monumentales Geläute von zehn Glocken. Fünf wurden 1951 und vier weitere 1961 von Friedrich Wilhelm Schilling in Heidelberg gegossen, darunter auch die größte mit einem Gewicht von 6152 Kilogramm. Eine weitere Glocke lieferte 2005 die Glockengießerei Bachert aus Karlsruhe.

Als die Glocken von Villingen und St. Blasien nach Karlsruhe kamen

Fast zeitgleich wurden zu Beginn des 19. Jahrhunderts in Karlsruhe die zentralen Kirchen der beiden großen Konfessionen nach Plänen von

Friedrich Weinbrenner gebaut. Der Grundstein zur evangelischen Stadtkirche wurde 1807 gelegt, nur ein Jahr später folgte 1808 die Grundsteinlegung für die katholische Pfarrkirche St. Stephan. Für die Ausstattung der beiden neuen Kirchen bediente man sich in der badischen Residenzstadt auch der Einrichtung der im Zuge der Säkularisation aufgehobenen Benediktinerklöster in Villingen und St. Blasien. Die Klöster existierten nicht mehr und so war nach damaliger Auffassung auch die Ausstattung der bisherigen Klosterkirchen entbehrlich geworden.

So gelangte die Silbermann-Orgel der Benediktinerkirche Villingen in die neue evangelische Stadtkirche in Karlsruhe, die Silbermann-Orgel der Abteikirche St. Blasien kam in die neue katholische Pfarrkirche St. Stephan. Den Weg nach Karlsruhe nahmen auch die Glocken dieser ehemaligen Klosterkirchen. Die Glocken aus Villingen kamen alle auf den Turm der neuen evangelischen Stadtkirche, ebenso die größte Glocke des ehemaligen Geläutes von St. Blasien. Die fünf nächstgrößeren Glocken aus St. Blasien erhielt die neue St. Stephanskirche.

So schrieb Großherzog Karl Friedrich am 4. September 1809: „*Wir Carl Friedrich von Gottes Gnaden Großherzog zu Baden … haben uns gnädigst bewogen gefunden, unserer evangelisch-lutherischen Gemeinde dahier zum behuf ihrer neuen Kirche, die sieben Glocken auf dem Thurm der St. Georgen Kirche zu Villingen, samt der dazu gehörigen, auf ein Glockenspiel eingerichteten Uhr, nebst der dortigen Silbermannschen Orgel, schenkungsweise als wahres Eigentum von nun an zu überlassen, behalten jedoch die Bestimmung der Abführungszeit dieser Gegenstände Unserem höheren Ermessen bevor …*“.

Die evangelische Stadtkirche in Karlsruhe. Nach der Aufhebung des Klosters kam die größte, mehr als 6000 Kilogramm schwere Glocke aus St. Blasien 1814 dorthin und erklang in Karlsruhe bis zur Ablieferung und Zerstörung im Zweiten Weltkrieg (Foto: J. Schultheiß).

In dem 1928 erschienenen Buch „100 Jahre Bauen und schauen – Ein Buch für jeden, der sich mit Architektur aus Liebe beschäftigt, oder weil sein Beruf es so will“ von Dr. Fritz Hirsch ist zum Umzug der Glocken von Villingen und St. Blasien nach Karlsruhe unter anderem zu lesen: „*Auch Glocken sind von St. Blasien und Villingen in die Karlsruher Stadtkirche gekommen. Am 5. Juli 1809 hat das Finanzministerium den Bauinspektor Fischer neben anderem beauftragt, die große Glocke in St. Blasien in Augenschein zu nehmen, ihre Beschaffenheit und ihren Ton zu prüfen und ihren Umfang zu messen und auf der Rückreise den Weg über Villingen zu nehmen, um zu ermessen, ob sie mit den hierher bestimmten Glocken der St. Georgen Stiftskirche daselbst harmonieren werde und mit denselben in den Thurm der neu erbaut werdenden dahiesigen Stadtkirche werde aufgehängt werden können, wobei empfohlen wurde, „diese Beaugenscheinigung besonders in Villingen, ohne dadurch Aufsehen*

Die gewaltige, 1781 gegossene große Glocke des ehemaligen Geläutes von St. Blasien im Turm der evangelischen Stadtkirche in Karlsruhe, wo sie seit 1814 hing, ehe sie dem Zweiten Weltkrieg zum Opfer fiel (Quelle: 100 Jahre Bauen und Schauen – Ein Buch für jeden, der sich mit Architektur aus Liebe beschäftigt, oder weil sein Beruf es so will, Karlsruhe 1928).

zu erregen, vorzunehmen". Fischer, der sich des Auftrages offenbar diskret entledigt hat, was damals allerdings leichter war als heute, da es noch keinen Landtag gab, der sich darüber hätte aufregen können, berichtet am 26. Juli 1809:

Das Glockengeläute der St. Georgs Stiftskirche zu Villingen besteht aus 7 Glocken von verschiedener Größe und Tönen. Der Guß derselben ist vollkommen, ihr Ton hell und in gehöriger Harmonie. Sämtliche Glocken sind von dem nemlichen Meister Grüninger gefertigt, welcher die große Glocke in St. Blasien gegossen hat. Wegen Abnahme der Glocken habe ich mit dem Glockengießer Grüninger von Villingen, ein Sohn des Verfertigers der großen Glocke in St. Blasien, vorläufig den Accord tentiert, vermöge welchem derselbe sämtliche Glocken vom Thurm herunterschaffen und zur Ladung auf die Straße transportieren will für und um 300 fl. Die daselbst befindliche Kirchenuhr ist von Eisen meisterhaft fleißig und gut bearbeitet, schlägt Viertel und Stunden jedesmal auf 3 verschiedenen Glocken aus, hat 4 Zifferblätter und wurde i. J. 1765 ferfertigt. Die Wiederaufstellung dahier (weil dieses Werk nothwendig und vorzusgsweise mit obigen Glocken vereinbahrt bleiben sollte) ist keinem Anstande unterworfen …

Bau-Conducteur Meßner und die Gottesauer Baufuhr-Stallknechte haben an Diget und Auslagen bei Abnahme und hierher Transportierung der großen Glocke von St. Blasien 434 fl. 16 Kr. und bei Abholung der Glocken von Villingen 143 fl. 39 Kr. erhalten. Die große St. Blasianer Glocke mit dem Bildnis des Abtes Martin Gerbert hat einen unteren Durchmesser von 1,92 m und mit Krone eine Höhe von 1,96 m. Die Inschrift lautet: MARTINVS II HOSANNA IN EXCELSIS MDCCLXXXI JOS BENIAMIN GRIENINGER BVRGER VND GLOGGENGYSSER ZV VILLINGEN".

7. Nikolaus Meinrad (II) Grüninger (1763 – 1818) und Severin Benjamin (II) Grüninger (1782 – 1840)

Nach dem Tod des Vaters Franz Joseph Benjamin (I) übernahm sein Sohn Nikolaus Meinrad (II) Grüninger die Gießerei und führte diese später gemeinsam wiederum mit seinem Sohn Severin Benjamin (II). In

Glocke in der Friedhofskapelle in St. Blasien, gegossen 1799 von Nikolaus Meinrad (II) und Severin Benjamin (II) Grüninger (Foto: J. Wittekind, Glockeninspektion des Erzbistums Freiburg).

dieser Zeit wird die Schreibweise des Familiennamens „Grüninger“ (anstatt bislang Grieninger) gebräuchlich.

Aus dieser Zeitepoche sind nur wenige Glocken erhalten geblieben.

Von Nikolaus Meinrad (II):

* Beckhofen bei Brigachtal, Kapelle, Durchmesser 43 cm, gegossen 1802

Von Nikolaus Meinrad (II) gemeinsam mit seinem Sohn Severin Benjamin (II):

* St. Blasien, Friedhofskapelle, Durchmesser 41 cm, gegossen 1799
* Gremmelsbach, Pfarrkirche St. Joseph, Gewicht 130 kg, gegossen 1815

Nikolaus Meinrad (II) Grüninger verstarb 1818.

Bemerkenswert ist, dass Nikolaus Meinrad (II) 1797 ein bis heute im Stadtarchiv Villingen-Schwenningen erhaltenes, handschriftliches Buch verfasst hat, in welchem er die Konstruktion und Herstellung von Glocken nach dem „Rezept“ der Familie Grüninger festgehalten hat. Der Band beinhaltet mehere Konstruktionszeichnungen sowie Ausführungen zur Zusammensetzung der Glockenbronze, zu Rippenkonstruktio-

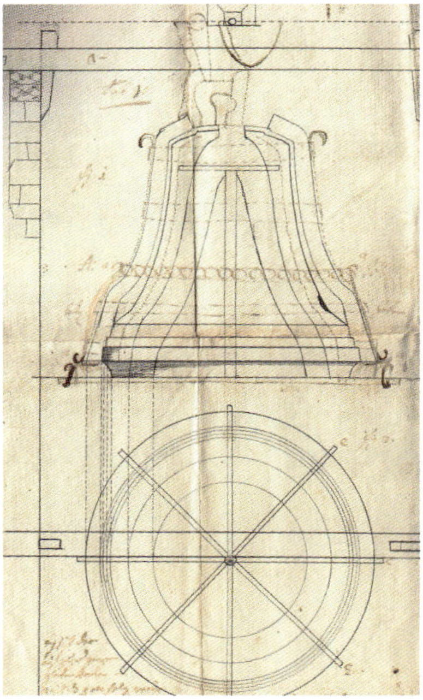

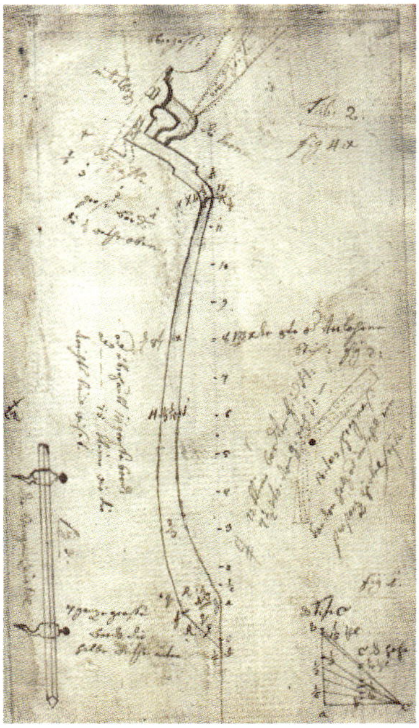

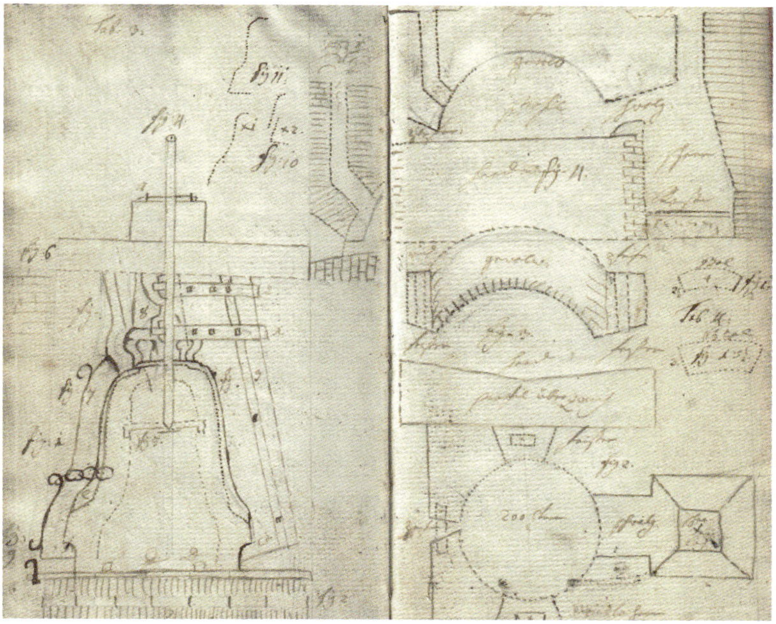

Seiten 38 unten und 39 oben: Nikolaus Meinrad (II) Grüninger verfasste 1797 ein handschriftliches Buch, in welchem er die Konstruktion und Herstellung von Glocken nach dem „Rezept“ der Familie Grüninger festgehalten und überliefert hat (Quelle: Stadtarchiv Villingen-Schwenningen).

nen, zu Gusstemperaturen und allerlei weitere Informationen über die Glockenherstellung in der Villinger Gießhütte. Das Buch ist auch insofern bemerkenswert, als dass diese Informationen zur damaligen Zeit meist nur mündlich innerhalb der Familie weitergegeben wurden und somit eine solche schriftliche Überlieferung Seltenheitswert hat.

8. Severin Benjamin (II) Grüninger (1782 – 1840)

Weitergeführt wurde die Gießerei von Severin Benjamin (II), dem Sohn von Nikolaus Meinrad (II). Zeitweise war auch Lukas Meinrad (III), der Sohn von Severin Benjamin (II) in den Werkstattbetrieb eingebunden.

Aus dieser Zeit existiert noch eine kleine Glocke von 1821 in der Filialkirche St. Bartholomäus in Wutach-Münchingen bei Waldshut, Gewicht 150 kg, Durchmesser 55 cm.

Severin Benjamin (II) Grüninger (Foto: Broschüre 380 Jahre Glockenguss B. Grüninger Söhne KG 1950).

Im Jahre 1821 wurde die Gießerei von ihrem bisherigen Standort am Käferberg, wo sie seit Gründung ihre Heimat hatte, auf das „Bügeleisen“ beim ehemaligen Pulverturm verlegt. Die Bezeichnung „Bügeleisen“ resultiert aus einer ehemals keilförmig aus der Stadtmauer heraustretenden Schanze, nach deren Abbruch 1813 sich der Name auf die Fläche zwischen Stadtmauer und Kalkofenweg am unteren Ende der Zinsergasse übertrug. Dass hier nun Glocken gegossen wurden, davon gibt das noch immer sogenannte „Glockenhäusle" hinter dem Romäusgymnasium Zeugnis.

Severin Benjamin (II) Grüninger ist 1840 gestorben.

In der Filialkirche St. Bartholomäus in Wutach-Münchingen hängt eine 150 Kilogramm schwere Glocke, die 1821 von Severin Benjamin (II) Grüninger gegossen wurde (Foto: J. Wittekind, Glockeninspektion des Erzbistums Freiburg).

Stadtplan von Villingen von Martin Blessing aus dem Jahr 1806. Links unten die keilförmig aus der Stadtmauer heraustretende Schanze mit dem heute noch bestehenden kleinen, halbrunden Wohnhaus, das noch immer den bezeichnenden Namen „Glockenhäusle" trägt und somit an den Zeitabschnitt seiner Geschichte erinnert, als die Grüningers hier Glocken gossen (Quelle: Stadtarchiv Villingen-Schwenningen).

Das Glockenhäusle an der Villinger Stadtmauer. In diesen Bereich wurde die Glockengießerei 1821 verlegt (Foto: Stadtarchiv Villingen-Schwenningen).

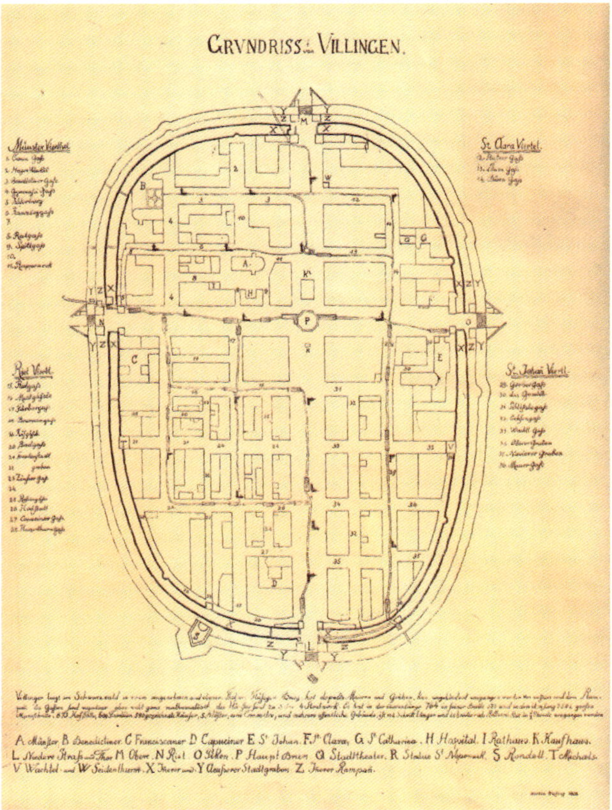

9. Benedikt Benjamin (III) Grüninger (1821 – 1879) und Joseph Benjamin (IV) Grüninger (1844 – 1912) und Georg Adalbert Grüninger (1852 – 1918)

Links: Benedikt Benjamin (III) Grüninger (Foto: Broschüre 380 Jahre Glockenguss B. Grüninger Söhne KG 1950).

Mitte: Joseph Benjamin (IV) Grüninger (Foto: Broschüre 380 Jahre Glockenguss B. Grüninger Söhne KG 1950).

Rechts: Georg Adalbert Grüninger (Foto: Broschüre 380 Jahre Glockenguss B. Grüninger Söhne KG 1950).

In nächster Generation gelangte die Gießerei dann in die Hände von Benedikt Benjamin (III) Grüninger, dem Sohn von Severin Benjamin (II) Grüninger. Aus seiner Schaffensperiode haben einige Glocken die Zeiten überdauert, unter anderem:

* Tennenbronn, Kapelle des Käppelehofes, Durchmesser 44 cm, gegossen 1850
* Löffingen, Wallfahrtskirche Schneekreuz, Gewicht 40 kg, Durchmesser 38 cm, gegossen 1853
* Tennenbronn, Oberer Friedhof, Durchmesser 43 cm, gegossen 1858
* Wolfach, Jakobuskapelle, Durchmesser 38 cm, gegossen 1859
* Eisenbach, St. Benedikt, Gewicht 25 kg, Schlagton cis''', gegossen 1859
* Hondingen, St. Martin, Schlagton gis'', gegossen 1865
* Königsfeld, evang. Kirchensaal, Schlagton d'', gegossen 1865
* Karlsruhe-Rüppurr, alte Nikolauskirche, Schlagton es'', gegossen 1866
* Breitnau, St. Johann Baptist, Gewicht 160 kg, Schlagton dis'', gegossen 1867

Benedikt Benjamin (III) führte die Firmenbezeichnung Grüninger und Söhne ein, als er ab 1872 die Gießerei gemeinsam mit seinen Söhnen Joseph Benjamin (IV) (*1844, †1912) und Georg Adalbert (*1852, †1918) betrieb. Die Söhne führten nach dem Tod des Vaters Benedikt Benjamin (III) 1879 die Firma unter verschiedenen Bezeichnungen weiter.

Von den vielen Glocken, die in dieser Zeit gegossen wurden, seien hier auszugsweise genannt:

Urach/Schwarzwald, Allerheiligen, 1883
4 Glocken
e' (1221 kg), gis' (640 kg), h' (363 kg), e'' (163 kg)

Schonach, St. Urban, 1884
3 Glocken
es' (1457 kg), b' (425 kg), c'' (186 kg)

Ottenhöfen, St. Anna, 1887
4 Glocken
des' (2160 kg), f' (1067 kg), as' (622 kg), des'' (289 kg)

Pforzheim, St. Franziskus, 1891
5 Glocken
H (2430 kg), cis' (1642 kg), dis' (1135 kg), fis' (661 kg), gis' (448 kg)

St. Georgen, St. Georg, 1891
3 Glocken
as' (606 kg), c'' (308 kg), es'' (177 kg)

Glocke 1, links und Glocke 2, rechts für die katholische Kirche in St. Georgen im Schwarzwald von 1891 (Foto: Pfarrarchiv der Kirchengemeinde St. Georg St. Georgen).

Königshofen (Main-Tauber), St. Mauritius, 1892
5 Glocken
c' (2601 kg), e' (1226 kg), g' (709 kg), c'' (315 kg), e'' (160 kg)

Walldürn, Basilika, 1894
5 Glocken
cis' (2129 kg), dis' (1469 kg), f' (1058 kg), gis' (594 kg), cis'' (255 kg)

Hardt bei Schramberg, St. Georg, 1894
4 Glocken
e' (931 kg), fis' (622 kg), gis' (448 kg), h' (301 kg)

Hausach, St. Mauritius, 1895
4 Glocken
des' (1663 kg), es' (1120 kg), f' (767 kg), as' (445 kg)

Aus diesem Zeitabschnitt der Firmengeschichte zwischen 1872 und 1897 sind unter anderem folgende Glocken heute noch vorhanden:

* Böhringen, St. Nikolaus, Gewicht 110 kg, Schlagton e'', gegossen 1882
* Urach, Allerheiligen, Gewicht 363 kg, Schlagton h', gegossen 1883
* Strittmatt, Herz Jesu, Gewicht 120 kg, Schlagton e'', gegossen 1885
* Gutmadingen, St. Konrad, Gewicht 300 kg, Schlagton c'', gegossen 1885
* Obrigheim, St. Laurentius, Gewicht 234 kg, Schlagton d'', gegossen 1886
* Waldshut-Tiengen, Allmutkapelle St. Wendelin, Schlagton c''', gegossen 1886
* Baden-Baden, Dreieichenkapelle, Schlagton es'', gegossen um 1890
* Rechberg (Klettgau), St. Franz Xaver, Gewicht 115 kg, Schlagton dis'', gegossen 1893
* Schwenningen, St. Franziskus, Gewicht 312 kg, Schlagton h', gegossen 1893
* Bermersbach, St. Antonius, Gewicht 220 kg, Schlagton des'', gegossen 1894
* Grunholz, Maria Königin, Gewicht 251 kg, Schlagton des'', gegossen 1894
* Dillendorf, St. Marien, 2 Glocken von 1894 f' und c''
* Glashütten, St. Antonius, 2 Glocken von 1894 e'' und g''
* Hardt, St. Georg, Gewicht 301 kg, Schlagton h', gegossen 1894

Nach gut 50 Jahren am Standort in der Zinsergasse auf dem „Bügeleisen“ wurde im November 1872 das ehemalige Amtshaus der Johanniter in der Bickenstraße 24 hinter der evangelischen Johanneskirche erworben und im Hof dahinter eine neue, größere Glockengießerei errichtet (später Landratsamt, heute Alten- und Pflegeheim am Kaiserring), die im Dezember 1875 in Betrieb ging.

Nachdem der Standort beim „Glockenhäusle" zu klein geworden war, wurde im November 1872 das ehemalige Amtshaus der Johanniter in der Bickenstraße 24 erworben und im Hof dahinter eine neue, größere Glockengießerei errichtet, die im Dezember 1875 fertiggestellt war (Bild: privat).

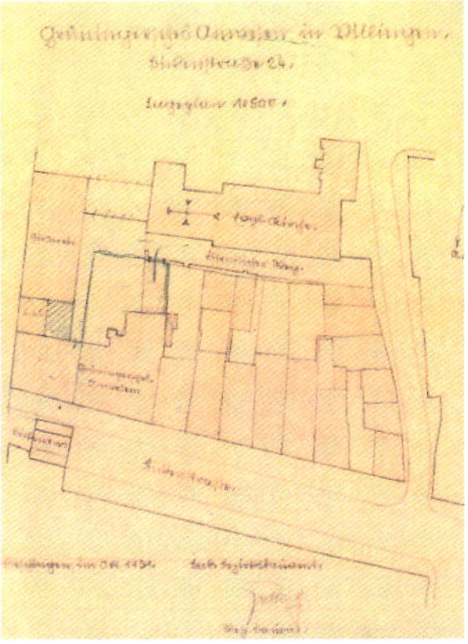

Lageplan der neuen Gießerei in der Bickenstraße links neben der evangelischen Johanneskirche (Quelle: Stadtarchiv Villingen-Schwenningen).

Joseph Benjamin (IV) Grüninger in Politik und Gesellschaft

Neben seiner Arbeit als Glockengießer war Joseph Benjamin (IV) Grüninger auch in verschiedenen politischen und gesellschaftlichen Funktionen aktiv. 1883 wurde er erstmals in Villingen in den Gemeinderat gewählt. Diesem gehörte er 29 Jahre bis zu seinem altersbedingten Ausscheiden 1912 an. Am 23. Oktober 1889 setzte er sich mit 87 gegen 44 Wählerstimmen gegen den Fabrikanten Haas aus St. Georgen durch und zog als erster Abgeordneter der Zentrumspartei des Bezirks in die zweite Kammer des badischen Landtags ein, dem er bis 1905 angehörte. Weiterhin war er in seiner Heimatstadt Mitglied der Kirchengemeindevertretung und Vorsitzender des katholischen Männervereins. Am 18. Dezember 1908 wurde ihm der Zähringer Löwenorden II. Klasse verliehen. Nach langer schwerer Krankheit verstarb Joseph Benjamin (IV) Grüninger am 21. Oktober 1912.

Dies statt besonderer Anzeige.

Todes-Anzeige.

Schmerzerfüllt machen wir Verwandten, Freunden und Bekannten die Mitteilung, daß unser lieber Gatte, Vater, Schwiegervater, Bruder, Großvater, Schwager und Onkel

Josef Benjamin Grüninger

Privatier

Ritter des Zähringer Löwenordens II. Kl.

heute Morgen 1/2 9 Uhr, nach langer, schwerer, in Geduld ertragener Krankheit, versehen mit den hl. Sterbsakramenten, im 69. Lebensjahr, sanft im Herrn entschlafen ist. (1652

Um stille Teilnahme bittet

Villingen, den 21. Oktober 1912.

Die trauernde Gattin:

Theresia Grüninger, geb. Thoma

nebst Kinder und Verwandten.

Die Beerdigung findet am Mittwoch, den 23. Oktober, nachmittags 1/4 5 Uhr, vom Trauerhause aus, Schwenningerstraße 2, statt.

Von Kondolenzbesuchen möge gütigst Abstand genommen werden.

Joseph Benjamin (IV) Grüninger verstarb 1912 (Quelle: Stadtarchiv Villingen-Schwenningen).

10. Joseph Benjamin (V) Grüninger (1873 – 1927)

Joseph Benjamin (V) Grüninger (Foto: Broschüre 380 Jahre Glockenguss B. Grüninger Söhne KG 1950).

1897 trat Joseph Benjamin (V) Grüninger in die Firma ein, der Sohn von Joseph Benjamin (IV). Joseph Benjamin (IV) trat 1911 aus der Firma aus, Georg Adalbert 1914. Fortan führte Joseph Benjamin (V) den Betrieb alleine.

In dieser Epoche erlebte die Gießerei einen ungeheuren Aufschwung. Die Firma galt bald als eine der renommiertesten und besten Glockengießereien im deutschen Südwesten und so verwundert es nicht, dass die Auftragsbücher voll waren. Hinzu kam, dass in diesem Zeitalter der Indusrialisierung zahlreiche neue Kirchen und Kirchtürme gebaut wurden, die allesamt Glocken benötigten. Zudem waren vielen Gemeinden ihre alten Glocken nicht mehr gut und groß genug. In dieser Zeit eines gewissen Wohlstands wurden zahlreiche neue, größere und repräsentativere Geläute angeschafft. Allein zwischen 1879 und 1915 wurden von Grüninger etwa 2150 Glocken gegossen. Ein im Stadtarchiv Villingen-Schwenningen verwahrtes Auftragsbuch verzeichnet alle Aufträge aus dieser Zeitspanne. Von diesen Glocken fielen die meisten den Glockenablieferungen im Ersten und im Zweiten Weltkrieg zum Opfer. Einzelne, meist kleinere Glocken sind noch aus dieser so produktiven Epoche der Firmengeschichte erhalten geblieben, die heute oft mit Glocken anderer Gießer zusammenklingen.

Nur ein großes Gesamtgeläute aus der Zeit vor dem Ersten Weltkrieg erklingt noch heute. Wie durch ein Wunder kehrte das 1902 gegossene Geläute von St. Bernhard in Karlsruhe 1947 vom Hamburger Glockenfriedhof zurück und gibt so heute noch Zeugnis von der großen Gießkunst jener Jahre. Es ist zudem das größte, heute noch erhaltene Geläu-

Briefkopf der Firma Grüninger um 1905 mit Bild der 1902 gegossenen großen Glocke für die Pfarrkirche St. Bernhard in Karlsruhe (Quelle: Stadtarchiv Villingen-Schwenningen).

te aus der gesamten Firmengeschichte. Somit kommt ihm schon alleine deswegen ein besonders hoher Denkmalwert zu.

Auszugsweise sollen hier nun eine ganze Reihe von Aufträgen jener Zeit genannt werden, die ein eindrucksvolles Zeugnis über die damalige Schaffenskraft der Grüninger-Werkstätte geben:

Vöhrenbach, St. Martin, 1897
6 Glocken
des' (2033 kg), es' (1432 kg), f' (1050 kg), as' (614 kg), b' (437 kg), des'' (248 kg)

Lottstetten, St. Valentin, 1898
5 Glocken
e' (1297 kg), fis' (832 kg), gis' (618 kg), h' (379 kg), e'' (164 kg)

Zell a.H., St. Symphorian, 1899
5 Glocken
des' (2105 kg), es' (1492 kg), f' (1045 kg), as' (626 kg), des'' (260 kg)

Freiburg, St. Johann, 1899
8 Glocken
B (3815 kg), des' (2127 kg), es' (1566 kg), f' (1055 kg), as' (656 kg), b' (420 kg), c'' (248 kg), des'' (258 kg)

Freiburg, Herz Jesu, 1900
6 Glocken
A (4246 kg), d' (1902 kg), e' (1235 kg), fis' (850 kg), a' (507 kg), h' (367 kg)

Spaichingen, St. Peter und Paul, 1900
4 Glocken
e' (1232 kg), fis' (834 kg), gis' (627 kg), h' (357 kg)

Sinzheim, St. Martin, 1901
5 Glocken
des' (2155 kg), es' (1485 kg), f' (1075 kg), as' (627 kg), des'' (259 kg)

Mannheim, Hl. Geist, 1901
4 Glocken
des' (2173 kg), es' (1511 kg), f' (1070 kg), as' (610 kg)

Neustadt/Schwarzwald, Münster St. Jakobus, 1902
6 Glocken
des' (2129 kg), es' (1526 kg), f' (1040 kg), as' (619 kg), b' (428 kg), des'' (252 kg)

Karlsruhe, St. Bernhard, 1902
7 Glocken
B (4172 kg), c' (2638 kg), d' (1865 kg), e' (1281 kg), g' (735 kg), a' (492 kg), c'' (317 kg)

Radolfzell, Münster Unserer Lieben Frau, 1903
5 Glocken
c' (1969 kg), es' (1157 kg), f' (807 kg), g' (571 kg), c'' (235 kg)

Unterkirnach, St. Jakobus, 1903
4 Glocken
fis' (867 kg), gis' (619 kg), ais' (410 kg), cis'' (250 kg)

Sigmaringen, St. Johann, 1904
5 Glocken
e' (1246 kg), fis' (846 kg), gis' (617 kg), h' (350 kg), e'' (161 kg)

Steißlingen, St. Remigius, 1905
5 Glocken
e' (920 kg), fis' (630 kg), gis' (450 kg), h' (296 kg), cis'' (197 kg)

Mexiko, Kathedrale in Mexiko-Stadt, 1905
3 Glocken
A (4186 kg), d' (1816 kg), fis' (875 kg)

Ostrach, St. Pankratius, 1906
5 Glocken
cis' (2085 kg), e' (1234 kg), fis' (828 kg), gis' (593 kg), h' (359 kg)

Kappelrodeck, St. Nikolaus, 1906
6 Glocken
H (3030 kg), e' (1188 kg), fis' (832 kg), gis' (576 kg), h' (351 kg), e'' (150 kg)

Ettlingen, Herz Jesu, 1906
7 Glocken
AS (5408 kg), des' (2114 kg), es' (1474 kg), f' (1038 kg), as' (614 kg), b' (434 kg), des ''(246 kg)

Schönau im Wiesental, Mariä Himmelfahrt, 1907
4 Glocken
des' (1555 kg), ges' (599 kg), b' (335 kg), des'' (205 kg)

Steinbach bei Baden-Baden, St. Jakobus, 1907
5 Glocken
es' (1418 kg), f' (995 kg), g' (594 kg), b' (377 kg), es'' (155 kg)

Muggensturm, Maria Königin, 1907
5 Glocken
des' (2104 kg), es' (1437 kg), f' (2084 kg), as' (585 kg), des'' (246 kg)

Mannheim-Neckarau, St. Jakobus, 1907
6 Glocken
H (3179 kg), d' (1756 kg), e' (1187 kg), g' (698 kg), a' (490 kg), h' (350 kg)

Glottertal, St. Blasius, 1908
4 Glocken
d' (1850 kg), fis' (840 kg), a' (485 kg), h' (352 kg)

Lenzkirch, St. Nikolaus, 1908
5 Glocken
c' (2774 kg), e' (1224 kg), g' (707 kg), a' (509 kg), c'' (317 kg)

Biberach im Kinzigtal, St. Blasius, 1908
4 Glocken
fis' (838 kg), gis' (625 kg), ais' (432 kg), cis'' (249 kg)

St. Märgen, Mariä Himmelfahrt, 1908
6 Glocken
des' (2152 kg), es' (1434 kg), f' (1001 kg), as' (627 kg), b' (435 kg), des'' (248 kg)

Mannheim-Lindenhof, St. Josef, 1908
5 Glocken
c' (1955 kg), f' (784 kg), g' (558 kg), a' (399 kg), c'' (236 kg)

Villingen, Münster Unserer lieben Frau, 1909
7 Glocken
AS (5293 kg), des' (2115 kg), es' (1446 kg), f' (1015 kg), as' (606 kg), b' (456 kg), des'' (257 kg)

Fützen, St. Vitus, 1909
5 Glocken
d' (1747 kg), e' (1202 kg), g' (698 kg), a' (500 kg), h' (370 kg)

Ottersweier, St. Johannes d.T., 1909
5 Glocken
des' (2152 kg), es' (1458 kg), f' (1042 kg), as' (598 kg), des'' (259 kg)

Gailingen, St. Dionysius, 1909
5 Glocken
H (3161 kg), e' (1222 kg), fis' (837 kg), gis' (627 kg), h' (365 kg)

St. Peter im Schwarzwald, St. Peter und Paul, 1910
5 Glocken
H (3211 kg), e' (1196 kg), fis' (847 kg), gis' (592 kg), h' (372 kg)

Die neuen Glocken von St. Peter 1910 (Foto: Pfarreichronik St. Peter, Beitrag zur 900-Jahr-Feier 1993, hrsg. von Josef Läufer, Freiburg 1992).

Die ehemalige Klosterkirche von St. Peter bekam 1910 fünf neue Glocken von Grüninger (Foto: J. Schultheiß).

Kollnau, St. Josef, 1910
5 Glocken
d' (1794 kg), e' (1214 kg), g' (699 kg), a' (483 kg), h' (365 kg)

Für die Pfarrkirche St. Josef in Kollnau lieferte Grüninger 1910 fünf Glocken (Foto: Stadtarchiv Waldkirch, Sammlung Paul Kaltenbach, Kollnau Nr. 284).

Glockenweihe in Kollnau 1910 (Foto: Stadtarchiv Waldkirch, Sammlung Paul Kaltenbach, Kollnau Nr. 422).

Odenheim, St. Michael, 1911
5 Glocken
d' (1807 kg), e' (1222 kg), fis' (865 kg), a' (520 kg), h' (380 kg)

Singen, Herz Jesu, 1911
5 Glocken
H (3204 kg), e' (1182 kg), fis' (859 kg), gis' (602 kg), h' (387 kg)

Hockenheim, St. Georg, 1911
5 Glocken
H (3228 kg), dis' (1443 kg), fis' (835 kg), gis' (587 kg), h' (392 kg)

Eine große, 4246 Kilogramm schwere Glocke wurde 1911 für die Jesuitenkirche in Mannheim geliefert (Foto: Erzbischöfliches Archiv Freiburg B2-38/19 in: Broschüre Bronceglockengießerei Benjamin Grüninger Söhne, 1927).

Mannheim, Jesuitenkirche, 1911
B (4246 kg) zu fünf weiteren vorhandenen Glocken anderer Gießer

Emmendingen, St. Bonifatius, 1912
6 Glocken
c' (2602 kg), f' (990 kg), g' (695 kg), a' (495 kg), c'' (299 kg), f'' (124 kg)

Nußloch, St. Laurentius, 1912
5 Glocken
des' (1562 kg), es' (1067 kg), f' (767 kg), as' (422 kg), b' (310 kg)

Mannheim, St. Bonifatius, 1914
5 Glocken
c' (2610 kg), f' (1014 kg), g' (690 kg), a' (500 kg), c'' (300 kg)

Reute bei Bad Waldsee, St. Peter und Paul, 1914
5 Glocken
d' (1720 kg), e' (1333 kg), fis' (876 kg), g' (712 kg), a' (514 kg)

Baden-Baden, St. Bernhard, 1914
4 Glocken
des' (2037 kg), es' (1479 kg), f' (983 kg), as' (586 kg)

Kehl, St. Johannes Nepomuk, 1914
5 Glocken
cis' (1500 kg), fis' (598 kg), gis' (415 kg), ais' (309 kg), cis'' (189 kg)

Fast alle dieser genannten Glocken sind den großen Glockenablieferungen in den beiden Weltkriegen zum Opfer gefallen.

Briefkopf der Firma Grüninger um 1910 mit Bild der großen Glocke der Pfarrkirche Herz Jesu in Ettlingen (Quelle: Stadtarchiv Villingen-Schwenningen).

In den folgenden Jahren des Ersten Weltkriegs kam die Produktion zum Erliegen. Nach Kriegsende lief dann der Gussbetrieb wieder an. Es galt, die zu Kriegszwecken abgelieferten Glocken zu ersetzen. Bald waren die Auftragsbücher wieder voll und bis Ende der 1930er-Jahre wurden in Villingen wieder hunderte von Glocken gegossen. Auch große und bedeutende Geläute entstanden, die jedoch das gleiche Schicksal hatten wie die meisten der vor dem Ersten Weltkrieg gefertigten Glocken. Diesen Glocken aus der Zwischenkriegszeit war meist nur eine kurze Lebensdauer vergönnt. Nur wenige Jahre erklangen sie von den Kirchtürmen, ehe sie im Dritten Reich dem großen Glockensterben im Zweiten Weltkrieg zum Opfer fielen.

Ein vollständiges Verzeichnis für die zwischen den beiden Weltkriegen entstandenen Glocken existiert nicht mehr. An Geläuten dieser Zeit seien hier in Auswahl einige genannt:

Nendingen bei Tuttlingen erhielt 1919 drei neue Glocken des' – as' – des'' mit Gewichten von 1600 kg, 440 kg und 200 kg.

Glockengießerei B. Grüninger Söhne, Villingen i. B.

Fernruf 216 — **Inhaber: Glockengießermeister J. Benjamin Grüninger** — Telegramme: Glockengießerei Villingen

Gegründet 1570 — **Aelteste Glockengießerei Süddeutschlands** — Gegründet 1570

Villingen, Postdatum 1918.

Hochwürdiger, sehr geehrter Herr!

Die Beschaffung neuer Glocken und die Möglichkeit, sie zu liefern, wird in der Uebergangszeit (nach dem Kriege) eine beschränkte sein.

So viel es sich bis jetzt übersehen läßt, wird das Reich während der Uebergangszeit Rohstoffe u. s. w. den einzelnen Zweigen zuweisen; so sämtlichen Glockengießern ein bestimmtes Quantum für eine bestimmte Zeit. Bei der Verteilung an die einzelnen Glockengießer werden die bereits erhaltenen Aufträge beziehungsweise Vormerkungen von großer Bedeutung sein. Bis heute haben wir uns um solche nicht bemüht, trotzdem aber sind uns schon mehrere Geläute bestellt, darunter 5 Geläute in Mannheim, 2 Geläute in Karlsruhe, 1 Geläute in Durlach, Mugensturm, Gernsbach und noch mehr.

Seither hatte unsere Firma nicht notwendig, die Werbetrommel für ihre Erzeugnisse zu rühren. Die vielen Glocken, welche wir im Laufe der Jahre gegossen, besorgten die Arbeit für uns. Daß die Arbeit eine gute war, beweist die Zurückstellung vieler erstklassiger Geläute durch die Musiksachverständigen anläßlich des Glockenausbaues. Zeugnisse umseitig.

Auch heute wollen wir mit diesem Schreiben weiter nichts als angesichts anderweitiger Anpreisungen feststellen, daß wir nicht weniger leistungsfähig als früher sind, nichts weiter als mitteilen, daß wir nach dem Kriege einen Neubau ausführen um den weitgehendsten Ansprüchen auf dem Gebiete des Glockengusses gerecht werden zu können.

Es dürfte allerdings im Interesse der einzelnen Pfarrgemeinden liegen, um schon jetzt eine Uebersicht zu bekommen und um bei der Staatsregierung, wegen Freigabe des Metalles Schritte unternehmen zu können, eine vorläufige Bestellung zu erteilen. Nach den Vormerkungen werden die einzelnen Gemeinden berücksichtigt, wenn sie eine Berücksichtigung verlangen. In der Vormerkung soll das zu berücksichtigende Gewicht angeführt sein, jedoch ist dasselbe nicht bindend und kann einer späteren Prüfung und Aenderung überlassen werden.

Von gewisser Seite werden augenblicklich Gußstahlglocken empfohlen. Diese können sich jedoch in keiner Beziehung mit den Bronzeglocken messen darin sind sich alle Fachleute einig. Gußstahlglocken sind wohl etwas billiger im Preise als Bronzeglocken, jedoch weniger schön im Ton und weniger haltbar, das Material ist ein sehr minderwertiges.

Von anderer Seite werden Terzenreine Geläute als besondere Errungenschaft der Neuzeit angepriesen, allerdings wird dabei nicht angegeben, daß **zweierlei Rippen in einem Geläute verwendet werden,** was die einheitliche Klangfarbe des Geläutes doch beeinträchtigen dürfte. **Auch wir sind in der Lage, solche Geläute zu liefern,** entgegen unserer Gewohnheit, verschieden gestaltete Rippen in einem Geläute zu verwenden. Laut umstehender Gutachten haben wir mehrfach Terzenreine Geläute bei **gleicher Rippe** gegossen.

Hochwürdiger, sehr geehrter Herr!

Sollten Sie ein Geläute oder einzelne Glocken bestellen, oder in die Vormerkungsliste unserer Firma eingetragen wissen wollen, so bitten wir um gütigen Bescheid. Sollten Sie in den angeführten Fragen irgend eine Auskunft wünschen, so sind wir gerne bereit, Ihnen schriftlich oder mündlich eine solche zu geben. Weitere Gutachten über gelieferte Geläute stehen zu Diensten.

Mit dem Ausdruck unserer ausgezeichneten Hochachtung.

Euer Hochwürden ergebenste

B. Grüninger Söhne.

Werbeschreiben der Firma Grüninger von 1918 (Quelle: Stadtarchiv Villingen-Schwenningen).

Für die Pfarrkirche St. Michael in Lauterbach im Schwarzwald wurden 1920 vier Glocken d' – e' – fis' – a' zu einer vorhandenen Glocke fis'' von 1873 gegossen. Das Besondere daran: Die größte Glocke mit dem Schlagton d', einem Durchmesser von 140 cm und einem Gewicht von 1772 Kilogramm ist bis heute erhalten geblieben. Sie gehört damit zu

In der Pfarrkirche St. Michael in Lauterbach (links) hängt noch eine 1920 von Grüninger gegossene, 1772 Kilogramm schwere Glocke (rechts). Die Glocke von Lauterbach gehört zu den ganz wenigen größeren Glocken aus der Zwischenkriegszeit, die den Zweiten Weltkrieg überstanden haben (Fotos: B. Grammer).

den ganz wenigen größeren Glocken aus der Zwischenkriegszeit, die den Zweiten Weltkrieg überstanden haben. Die vier kleineren Glocken mussten 1942 abgeliefert werden und wurden 1946 durch vier neue Glocken e' – fis' – a' – h' von Kuhn-Wolfart ersetzt.

Ebenfalls 1920 erhielt St. Gallus in Hofweier ein stattliches Geläute mit fünf Glocken d' – e' – g' – a' – h' und einem Gesamtgewicht von 4450 Kilogramm.

Für St. Ulrich in Obereschach bei Villingen goss Grüninger 1920 e' (1257 kg), g' (692 kg) und h' (391 kg) zu einer vorhandenen Grüninger-Glocke von 1914 a' (500 kg).

Für St. Laurentius in Schramberg-Sulgen wurden 1921 vier Glocken geliefert e' (1230 kg), g' (699 kg), a' (518 kg) und h' (357 kg).

Auch die Pfarrkirche St. Martinus in Dunningen bei Rottweil erhielt 1921 von Grüninger vier neue Glocken d' (1250 kg), e' (900 kg), g' (500 kg) und a' (400 kg) zu einer verbliebenen Glocke c' (1800 kg, 1905 von Kiesel, Heilbronn).

St. Cyriak in Oberkirch bekam 1921 drei neue Glocken e' (1200 kg), fis' (840 kg) und h' (375 kg) zu zwei vorhandenen Grüninger Glocken von 1908 d' (1920 kg) und von 1910 a' (550 kg).

Für St. Michael in Löffingen wurden 1922 drei Glocken es' – f' – as' mit einem Gesamtgewicht von 2827 Kilogramm geliefert.

Für Gernsbach im Murgtal wurden 1922 vier Glocken für die Pfarrkirche St. Marien gegossen. Die Glocken hatten die Tonfolge es' – g' – b' – c' und wogen zusammen 2868 Kilogramm.

Die Stadtkirche St. Franziskus in Pforzheim bekam ebenfalls 1922 neue Glocken. Grüninger lieferte ein stattliches Geläute mit fünf Glocken H (3000 kg), dis' (1400 kg), fis' (840 kg), gis' (624 kg) und h' (375 kg).

Die Pfarrkirche St. Wendelin in Weisenbach an der Murg erhielt 1923 ein neues Geläute mit fünf Glocken d' – e' – fis' – a' – h' und einem Gesamtgewicht von 4726 Kilogramm.

Die Pfarrkirche Mariä Himmelfahrt in Schönau im Wiesental bekam 1923 neue Glocken e' (1200 kg), fis' (700 kg) und gis' (500 kg) zu zwei vorhandenen Grüninger-Glocken von 1907.

Herz Jesu in Singen am Hohentwiel erhielt 1924 e' (1219 kg), gis' (600 kg) und h' (360 kg) zu zwei vorhandenen Grüninger-Glocken von 1911 H (3204 kg) und fis' (1000 kg).

Für die Pfarrkirche St. Johann in Sigmaringen goss Grüninger 1925 sieben Glocken c' (2600 kg), es' (1450 kg), f' (1025 kg), as' (613 kg), b' (425 kg), c'' (325 kg), es'' (163 kg).

Die Pfarrkirche St. Johann in Sigmaringen bekam 1925 sieben neue Glocken (Foto: Broschüre Der Werdegang einer Bronzeglocke, 1927).

Im gleichen Jahr wurde für die Pfarrkirche St. Peter und Paul in Bad Peterstal ein stattliches Geläute mir vier Glocken gegossen c' (2667 kg), es' (1437 kg), f' (1045 kg), g' (680 kg).

Eine Sonderstellung in jeder Hinsicht nimmt das Geläute der Pfarrkirche St. Peter und Paul in Bürglen im schweizer Kanton Uri ein. 1925 lieferte Grüninger dorthin fünf Glocken H – e' – g' – a' – h' zu einer vorhandenen historischen Glocke d' von 1581. Das Geläute ist bis heute unverändert erhalten geblieben, denn die Beschlagnahmung von Glocken im Zweiten Weltkrieg gab es in der Schweiz nicht.

Für die Pfarrkirche St. Josef im Mannheimer Stadtteil Lindenhof wurden 1925 fünf neue Glocken mit einem Gesamtgewicht von 4760 Kilogramm gegossen. Sie hatten die Schlagtöne d' (1680 kg) – e' (1200 kg) – fis' (840 kg) – a' (500 kg) – h' (375 kg).

1926 bekam die Pfarrkirche St. Laurentius in Bad Rotenfels bei Gaggenau ein großes Geläute mit sieben Glocken H (3210 kg) - d' (1750 kg) - e' (1256 kg) - g' (730 kg) - a' (510 kg) - h' (375 kg) - d'' (215 kg).

Die Stadtkirche St. Stephan in Karlsruhe erhielt 1926 vier neue Glocken, zwei weitere ältere Glocken waren noch vorhanden. Gegossen wurden G (6000 kg), d' (1680 kg), f' (1040 kg) und g' (704 kg). Die große Stephansglocke gehört zu den größten Glocken, die in der gesamten Firmengeschichte hergestellt wurden. Ebenfalls 1926 bekam die Stadtkirche St. Alexander in Rastatt neue Glocken von Grüninger. Geliefert wurden drei Glocken H (3000 kg), fis' und gis', alle zusammen 4712 Kilogramm schwer.

Joseph Benjamin (V) Grüninger verstarb 1927. Die aus seinem reichen Schaffen noch erhaltenen Glocken sind im Glockenkatalog in diesem Buch enthalten.

Links: Für St. Stephan in Karlsruhe goss Joseph Benjamin (V) Grüninger 1926 eine große Glocke mit einem Gewicht von rund 6000 Kilogramm. Wenig später verstarb der Meister 1927 (Foto: Stadtarchiv Villingen-Schwenningen).

Rechts: St. Alexander in Rastatt bekam 1926 neue Glocken, darunter eine große, 3000 Kilogramm schwere Glocke (Foto: Erzbischöfliches Archiv Freiburg B2-38/19 in: Broschüre Bronceglockengießerei Benjamin Grüninger Söhne, 1927)

Briefkopf der Firma Grüninger um 1928 mit Bild der großen Glocke des Villinger Münsters (Quelle: Stadtarchiv Villingen-Schwenningen).

Das Grab von Joseph Benjamin (V) Grüninger auf dem Friedhof in Villingen (Foto: J. Schultheiß).

Die Betriebsstätte am bisherigen Standort in der Bickenstraße 24 war für den wachsenden Betrieb im Laufe der Jahre allmählich zu klein geworden. Mit Schreiben vom 10. November 1921 erteilte das Badische Bezirksamt die Genehmigung zur Erstellung einer neuen Gießerei im Gewann Golden Bühl. Die neue Gießerei wurde dann 1922 dort gebaut. Der Firmensitz und der Guss kleinerer Glocken verblieben am bisherigen Standort unweit des Bickentores, große Glocken wurden fortan im neuen Werk Golden Bühl gegossen. 1926 wurde dem Werk ein chemisch-technisches Labor angegliedert zur genauen Untersuchung der verwendeten Materialien und zur Sicherstellung, dass nur erstklassige Metalle verwendet wurden.

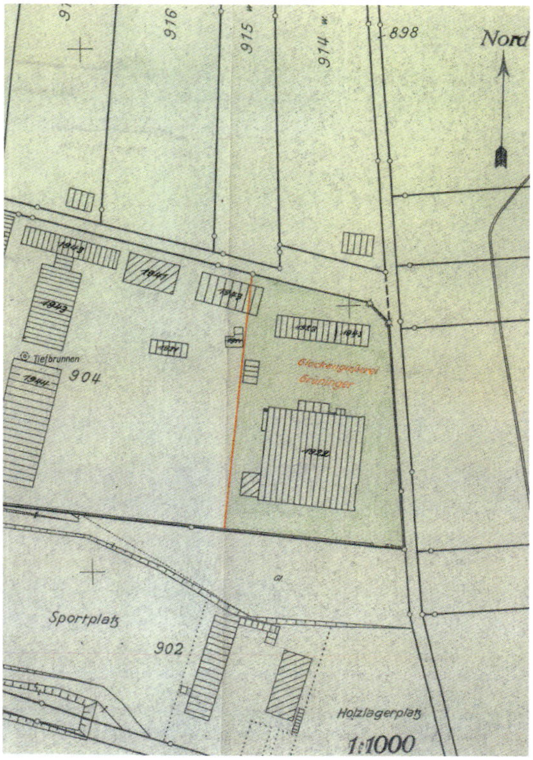

Links oben: Die neuen Firmengebäude im Golden Bühl von 1922 (Foto: privat).

Links unten: Blick in die Montagehalle der neuen Glockengießerei im Golden Bühl (Foto: Stadtarchiv Villingen-Schwenningen in: Broschüre Gott Grüß die Kunst, um 1938).

Rechts: Lageplan der neuen Glockengießerei im Golden Bühl (Quelle: Stadtarchiv Villingen-Schwenningen).

Glocken für Mexiko

Eine weite Reise hatten einige Glocken, die ab 1902 bis in die späten 1920er-Jahre hinein von Villingen aus ins ferne Mexiko geliefert wurden, darunter 1905 auch für die Kathedrale in Mexiko-Stadt. Ob und welche dieser Glocken heute noch erhalten sind, ist nicht bekannt. Angeblich sollen noch immer Grüninger-Glocken in der Kathedrale von Mexiko-Stadt läuten, was jedoch nur schwer nachprüfbar ist. Recht ungewöhnliche Aufträge also für eine Glockengießerei aus Villingen. Wie die Verbindung ins ferne Mittelamerika zustande kam, kann nicht mit Sicherheit gesagt werden. Es liegt jedoch zumindest eine Vermutung nahe. Der Uhrmacher Martin Tritschler (*1814 †1894) vom Ebenmoos-Hof in Schwärzenbach bei Titisee-Neustadt war im 19. Jahrhundert nach Mexiko ausgewandert, wo er 1867 eine junge Spanierin heiratete. Von ihren acht Kindern machten zwei Söhne ganz ungewöhnliche kirchliche Karrieren in Mexiko. Martin Tritschler (*1868 †1942) wurde Erzbischof von Yucatan, sein Bruder Guillermo Tritschler (*1878 †1952) wurde Erzbischof von Monterrey.

Im Jahre 1905 war Erzbischof Martin Tritschler zu Besuch in seiner Heimat im Schwarzwald. In der Zeitung „Echo vom Hochfirst“ war in der

Ausgabe vom 18. Juli 1905 zu lesen: „*Ein hoher ehrenvoller Besuch steht uns in Aussicht. Der Hochwürdigste Herr Bischof Martin Tritschler von Merida in Mexiko (Mittelamerika) weilt zur Zt. zum Besuch der Apostelgräber und des hl. Vaters in Rom und wird im August von da aus zu uns kommen, um seinen Onkel, Altebenmoosbauern Vinzenz Tritschler zu besuchen. Mit ihm freut sich die ganze Gemeinde und auch die Pfarrei Friedenweiler des hohen Gastes und der Ehre, daß aus ihrer Mitte ein Kirchenfürst hervorgegangen ist*“. Edgar Hermann Tritschler beschreibt in seinem 1984 erschienenen Buch „Ebenmoos. Hof- und Familiengeshichte Tritschler“ dieses Ereignis: „*Als der hohe Gast am 16. August endlich ankam, war mit den Hofleuten auf dem Ebenmoos das ganze Dorf in Aufruhr. Die Frauen auf dem Hof fegten und schmückten zuvor das Haus, als stünde ein hoher Festtag bevor. Vinzenz hatte schon Tage vorher zu tun, um Pferde, Geschirr und Wagen herauszuputzen. Er ließ es sich nicht nehmen, den Bischof persönlich am Neustadter Bahnhof abzuholen. Im offenen Zweispänner, wie die Lokalpresse dieses Tages berichtete, ging die gemeinsame Fahrt nach Schwärzenbach, auf der viele Fragen und Antworten gewechselt wurden, die nur mit Hilfe des Dolmetschers, der den Bischof begleitete, einen Sinn bekamen*“.

Bereits ab 1902, verstärkt dann ab dem Bischofsbesuch 1905, wurden Glocken nach Mexiko geliefert.

Eine Verbindung zwischen dem aus dem Schwarzwald stammenden Bischof und den Lieferungen von Glocken nach Mexiko ist somit zumindest recht wahrscheinlich. Der Autor der Hof- und Familiengeschichte Ebenmoos setzt seine Forschungen zu diesem Thema fort.

Die von Grüninger nach Mexiko gelieferten Glocken sind im Anhang im Verzeichnis der von um 1900 bis etwa 1927 gelieferten Glocken aufgeführt.

Im Turm von St. Bernhard in Karlsruhe hängt das größte erhaltene Geläute der Firma Grüninger überhaupt. 1902 gegossen, ist es von hohem Denkmalwert (Foto: J. Schultheiß).

Die Glocken von St. Bernhard in Karlsruhe

(das größte erhaltene Grüninger-Geläute)

Wie in vielen anderen Städten, so wuchs auch in Karlsruhe die Einwohnerzahl seit der Mitte des 19. Jahrhunderts kontinuierlich an. Einzige katholische Kirche in der badischen Residenzstadt war die Pfarrkirche St. Stephan, zu der 1808 der Grundstein gelegt worden war.

Mit zunehmender Einwohnerzahl verstärkte sich auch der Wunsch nach neuen Kirchen. In der Oststadt sollte als repräsentativer Abschluss und städtebauliches Monument am Ende der Kaiserstraße beim Durlacher Tor eine große katholische Kirche entstehen. Über viele Jahre zog sich die Planungsphase hin, verschiedene Architekten legten ihre Pläne und Entwürfe vor.

Schließlich fiel die Wahl auf die Planungen des renommierten Architekten Max Meckel. Nach seinen Entwürfen entstand ein großer, bis heute nahezu vollständig erhaltener Kirchenbau im neugotischen Stil mit einem 86 Meter hohen Turm. Im Mai 1893 erfolgte der erste Spatenstich, im Jahre 1901 konnte der erste Gottesdienst in der neuen Kirche gefeiert werden und am 26. Oktober 1902 war die feierliche Einweihung.

Die mächtige Kirche sollte auch ein entsprechend repräsentatives Geläute erhalten. Der Auftrag ging an die Gießerei Grüninger in Villingen. Dort wurden 1902 ein Großgeläut mit sieben Glocken gegossen:

B (4172 kg), c' (2638 kg), d' (1865 kg), e' (1281 kg), g' (735 kg), a' (492 kg), c'' (317 kg).

Die größte Glocke war ursprünglich auf den Schlagton A konzipiert und so ist es auch im Lieferverzeichnis von Grüninger vermerkt. Die Glocke kam dann allerdings einen Halbton zu hoch aus der Gießgrube, nämlich mit dem Schlagton B. Die Disposition des Geläutes wurde von Domkapellmeister Schweitzer aus Freiburg entworfen, die Vorlagen für die Glockenzier stammten vom Architekten Max Meckel selbst.

Den Ersten Weltkrieg überstand das Geläute und durfte unbeschadet auf dem Turm bleiben. Doch im Zweiten Weltkrieg kannten die Machthaber keine Gnade. Am 24. August 1942 läuteten die Glocken zum letzten Mal und wurden anschließend vom Turm genommen und auf den Glockenfriedhof nach Hamburg transportiert. Nur die drittgrößte mit dem Schlagton d' blieb alleine zurück. Doch wie durch ein Wunder ent-

St. Bernhard am Durlacher Tor in Karlsruhe um 1910 (Foto: Archiv J. Schulheiß).

Die neuen Glocken von St. Bernhard in Karlsruhe 1902 vor der Kirche und in einer Illustration (Fotos: Archiv der Kirchengemeinde St. Bernhard Karlsruhe).

gingen die Glocken dem Schmelzofen. Nach dem Ende des Krieges wurden sie auf dem Hamburger Glockenfriedhof unbeschadet aufgefunden und wieder nach Karlsruhe zurückgebracht, wo sie 1947 im Rheinhafen eintrafen und dort gelagert wurden.

Zur Beseitigung eines Klangfehlers, der sich im Gesamtgeläute störend bemerkbar machte, wurde die e'-Glocke eingeschmolzen und durch eine neue Glocke mit dem Ton f' ersetzt. Zur Ergänzung des Geläuts wurde zusätzlich eine achte Glocke mit dem Schlagton b' hinzugefügt. Diese beiden neuen Glocken wurden von Heinrich Kurtz in Stuttgart gegossen. Am 24. Dezember 1948 erklang erstmals wieder das volle Geläute mit nunmehr acht Glocken.

Somit hat das Geläute von St. Bernhard heute folgende Gestalt:

	Gießer	**Gussjahr**	**kg**	**Schlagton**
1	Grüninger	1902	4172	B
2	Grüninger	1902	2638	c'
3	Grüninger	1902	1865	d'
4	Kurtz, Stuttgart	1948	964	f'
5	Grüninger	1902	735	g'
6	Grüninger	1902	492	a'
7	Kurtz, Stuttgart	1948	402	b'
8	Grüninger	1902	317	c''

Es hat beide Weltkriege überstanden und ist das größte heute noch vorhandene Grüninger-Geläute überhaupt. Die große Glocke ist zudem die größte heute noch existierende Glocke aus der Grüninger-Werkstatt. Andere, noch größere Glocken, die im Laufe der Firmengeschichte entstanden, fielen allesamt den Weltkriegen zum Opfer.

Den Glocken von St. Bernhard in Karlsruhe kommt somit einerseits als eines der größten erhaltenen Geläute aus der Zeit um die Jahrhundertwende und größtes noch vorhandenes Grüninger-Geläute überhaupt eine besondere Bedeutung zu.

Der mächtige Turm der neuromanischen Pfarrkirche Herz Jesu in Ettlingen (Foto: J. Schulheiß)

Glocken für Herz Jesu in Ettlingen (Geläute nicht erhalten)

In Ettlingen bei Karlsruhe war die alte Stadtkirche St. Martin für die aufstrebende Stadt gegen Ende des 19. Jahrhunderts längst zu klein geworden. Lange Jahre wurde um eine Lösung gestritten. Schließlich wurden die Pläne für eine Erweiterung der bestehenden Kirche verworfen. Es wurde stattdessen beschlossen, am Rande der Altstadt zusätzlich zum vorhandenen Gotteshaus eine neue große Kirche zu bauen. Nach Plänen des erzbischöflichen Bauinspektors Johannes Schroth entstand die mächtige Herz Jesu-Kirche, ein stattlicher Bau im neuromanischen

Stil mit einem monumentalen, 76 Meter hohen Turm. 1902 wurde der Grundstein gelegt, am 24. Juni 1906 war die feierliche Kirchweihe. Für die neue Kirche lieferte Grüninger eines der größten Geläute der Firmengeschichte: Sieben Glocken mit einem Gesamtgewicht von 11.332 Kilogramm.

In seinem Prüfungsbericht vom 22. Mai 1906 schrieb der Freiburger Domkapellmeister Gustav Schweitzer: *„Der Unterzeichnete hat gestern das für die neue Stadtpfarrkirche von Grüninger Söhne, Glockengießerei in Villingen, gegossene Geläute in deren Werkstätten geprüft. Nicht ohne eine gewisse Bangigkeit traten Meister und Experte an die Prüfung eines so großen Werkes heran. Gottlob löste sich unsere bange Erwartung in volle Befriedigung auf, sodaß wir Herr Dekan Albert telegraphieren konnten: Geläute vorzüglich gelungen … Mit dem vortrefflichen Gelingen dieses größten Geläutes, das unter Leitung der jetzigen Generation die altehrwürdige Werkstätte Grüninger's verließ, haben die Meister bewiesen, daß sie ganz auf der Höhe ihres Kunsthandwerks stehen".*

Die neuen Glocken von Herz Jesu in Ettlingen 1906 vor der Kirche (Foto: Archiv J. Schultheiß).

Das Geläute für Herz Jesu in Ettlingen hatte folgende Zusammenstellung:

	Gießer	Gussjahr	kg	Schlagton
1	Grüninger	1906	5408	AS
2	Grüninger	1906	2114	des'
3	Grüninger	1906	1474	es'
4	Grüninger	1906	1038	f'
5	Grüninger	1906	614	as'
6	Grüninger	1906	434	b'
7	Grüninger	1906	246	des''

Im Ersten Weltkrieg blieb das Geläute wegen seiner Klangpracht weitgehend erhalten. Lediglich die beiden kleinsten Glocken mussten abgeliefert werden. Sie wurden 1928 durch zwei neue Glocken von Grüninger b' (440 kg) und des'' (263 kg) ersetzt. Von diesem mächtigen Geläute ist Nichts mehr übrig geblieben. Im Zweiten Weltkrieg mussten alle Glocken bis auf die Kleinste, gegossen 1928, abgeliefert werden. 1950 lieferte Grüninger zu dieser verbliebenen kleinen Glocke vier neue Glocken es' (1400 kg), f' (1000 kg), as' (600 kg) und b' (450 kg), sodass die Kirche wieder ein Geläute aus fünf Glocken hatte.

Doch auch diese Glocken existieren nicht mehr. Sie wurden 1956 wieder vom Turm genommen, um neuen Glocken Platz zu machen. Man wollte das Geläute wieder zur früheren Größe ausbauen und da die Firma Grüninger nicht mehr existierte und man kein „Stückwerk", sondern ein großes Geläute aus einem Guss haben wollte, bestellte die Pfarrei bei Friedrich Wilhelm Schilling in Heidelberg sieben neue Glocken in der gleichen Tonfolge wie beim Geläute von 1906. Dabei wurden die fünf zum damaligen Zeitpunkt vorhandenen Grüninger-Glocken eingeschmolzen.

Neue Glocken für das Villinger Münster
(Geläute nicht erhalten)

Ein ganz besonderer Auftrag jener Jahre war der Guss eines neuen Geläutes für das Münster in Villingen. Zum einen zählte der Auftrag zu den größten der gesamten Firmengeschichte, zum anderen war es natürlich eine besondere Freude, ein solch großes Geläute für die eigene Heimatstadt zu gießen.

Das Münster wurde von 1905 bis 1909 einer grundlegenden Renovierung und Umgestaltung unterzogen. Das vorherige Münstergeläute war zwar historisch wertvoll, doch nicht eben besonders harmonisch. Bereits in den Jahren nach 1880 wurde verschiedentlich über die Anschaffung neuer Glocken diskutiert. Schon bald waren aus der Bevölkerung so reichlich Spenden eingegangen, dass diese zur Beschaffung eines neuen Geläutes ausgereicht hätten. Doch der Oberstiftungsrat in Karlsruhe wollte seine Genehmigung zu dem Unterfangen nicht geben.

Zu jener Zeit bestand das Münstergeläute aus folgenden Glocken:

* Große Glocke, Ton c', 90 Zentner, gegossen 1601 von Hans Reble
* Frauenglocke, Ton e', 27 Zentner, gegossen 1616 von Christoph Reble
* Salveglocke, Ton e', 12 Zentner, gegossen 1568 von Preisslinger, Lindau
* Zwölfuhrglocke, Ton g', 16 Zentner, gegossen im 14. oder 15. Jahrhundert

Die Türme des Münsters in Villingen bekamen 1909 sieben neue Glocken (Foto: J. Schultheiß).

* Totenglocke, Ton h', 7 Zentner, gegossen im 14. oder 15. Jahrhundert
* Ablassglocke, Ton h', gegossen 1789 von Grüninger
* Vesperglocke, Ton b', gegossen um 1400

Nun wurden von Seiten der Münstergemeinde verschiedene Gutachten von Sachverständigen eingeholt, welche die Meinung der Gemeinde bestätigten. Chordirektor Häberle und Hauptlehrer Boos aus Villingen schrieben 1888: *„Beim Überblick dieser Töne zeigt sich ein Zusammenfinden von Tönen, welche weder auf ein harmonisches noch melodisches Geläut Anspruch haben können. Abgesehen davon, dass die Töne e‘ und h‘ zweimal vorkommen und die anderen Töne zum Grundton c‘ im Verhältnis zu den Schwingungen auffallend variieren, kann das Geläute rücksichtlich der Zahl und eigentümlichen Dimensionen der einzelnen Glocken unmöglich den gehofften Effekt machen … Die große Glocke ist nachweislich aus den Geschäftsbüchern des Herrn Grüninger auf den Ton A gegossen worden, sie stimmt aber beim Anschlag c‘, jedoch beim Nachklang ist ihr ursprüngliches A erkennbar. Der Grund hierfür ist begreiflich, es ist allen bekannt, dass unten im Kranz ein größeres Stück herausgebrochen ist“.* Domkapellmeister Schweitzer aus Freiburg meinte in seinem Gutachten von 1897: *„Die ganze Verfassung des Geläutes in musikalischer Hinsicht ist ungeordnet, technisch und künstlerisch wenig wertvoll“.*

Nach langem Hin und Her gab es schließlich doch die Genehmigung für ein neues Geläute. Bei Grüninger wurden sieben neue Glocken gegossen:

	Gießer	Gussjahr	kg	Schlagton
1	Grüninger	1909	5293	AS
2	Grüninger	1909	2115	des'
3	Grüninger	1909	1446	es'
4	Grüninger	1909	1015	f'
5	Grüninger	1909	606	as'
6	Grüninger	1909	456	b'
7	Grüninger	1909	257	des''

Die Glockenweihe am 13. Juni 1909 gestaltete sich zu einem großen Fest für die ganze Stadt.

Die alten Glocken wurden von den Türmen genommen und eingeschmolzen, darunter auch die große Glocke von 1601. Einzig das kleine Vesperglöcklein blieb erhalten und befindet sich heute im Franziskanermuseum.

Das neue Münstergeläute im Jahre 1909, aufgehängt in den großen Glockenstühlen aus Stahl, aufgebaut im Hof der Glockengießerei Grüninger in der Bickenstraße in Villingen (Foto: Stadtarchiv Villingen-Schwenningen).

In seinem Gutachten vom 8. Juni 1909 schrieb Domkapellmeister Gustav Schweitzer aus Freiburg unter anderem: *„Das Ergebnis der Prüfung war ein nach allen Seiten hin sehr befriedigendes. Sieben Glocken waren aufgehängt im fertigen Glockenstuhle, harrend ihrer Prüfung vor dem Erzbischöflichen Experten und einer zahlreichen erwartungsvollen Menge. Ein hl. Schauer ergreift uns beim Anblick der edlen und ehrwürdigen Gebilde, die bald von den prächtig wiederhergestellten Türmen des in neuer Schönheit strahlenden Gotteshauses ihre Stimmen erschallen lassen sollen.*

In melodischer Anordnung sind es sieben Glocken. Die große: AS ist eine sogen. Brummglocke, Bourdon, die dem Grundton der Reihe voraus-

Die sieben neuen Glocken, aufgehängt vor dem Münster zur Glockenweihe am 13. Juni 1909. (Foto: Stadtarchiv Villingen-Schwenningen).

geht und um vier Töne tiefer als dieser anschlägt. Durch diese Anordnung besitzt das Geläute eine mächtige große Glocke, ohne eine Tonreihe zu beanspruchen, deren Baukosten zu hoch wären. Die Nebentöne dieser gewaltigen Glocke sind so reich, daß sie die Lücke von AS nach DES ausfüllen und man mehrere Glocken zu hören glaubt. Die zweite: DES bildet den Grundton des eigentlichen Geläutes, das weiterhin die Töne ES, F, as, b, des aufweist … Jede Glocke hat ihr eigenes Gepräge, ihre besondere Klangfarbe, ihren Toncharakter. Die kleinste: des ist silberklar, frisch und lebhaft, die zweite: b enthält schon mehr Körper und Inhalt, die dritte: as klingt weich und fromm, die vierte: F verrät schon zunehmende Kraft, sie steht in der Mitte zwischen den großen und kleinen, die fünfte: ES spricht mannhaft, tonreich, kraftvoll. Die sechste: DES imponiert durch feierliche, packende Tonfülle, sie bekundet ihre Stellung als Grundton einer sechsstelligen Reihe, sie ist außerordentlich klar und schön. In der größten: AS vereinigt sich alles, was vom Glockenton je in Wort und Lied gesprochen und gesungen wurde. Erhaben und mächtig, erschütternd und gewaltig, umgeben von einem Meere von Klang und Sang, in reichen Nebentönen, die den Grundton umkränzen und verstärken.

… Die Stimmung, das Verhältnis der Intervalle ist rein und deswegen die Wirkung des ganzen Geläutes eine wohltuende und hoch befriedigende … Ja, die Glockengießer haben ein Gotteswerk vollendet, haben damit die Ehre ihres Kunstgewerbes vermehrt und wohl das Größte geschaffen, das je die Grüninger seit Jahrhun-

Die große, 5293 Kilogramm schwere Villinger Münsterglocke 1909 (Foto: Archiv J. Schultheiß).

Ausbau der Glocken im Februar 1942 zur Ablieferung an die Rüstungsindustrie. Die große Glocke wird vom Nordturm abgelassen (Foto: Stadtarchiv Villingen-Schwenningen).

derten vollbracht. Und gar für ihre Vaterstadt. Das rechnen wir den tüchtigen Meistern besonders hoch an, daß sie ihrer Vaterstadt das schönste Geläute seit Jahrhunderten gebaut haben … Friede und Segen bedeute der Glocken Ton der guten, altehrwürdigen Stadt Villingen".

Von dem prachtvollen, 1909 geweihten Münstergeläute, blieb nur die kleinste Glocke erhalten. Sie gehört heute zum Glockenspiel im südlichen Münsterturm. Alle anderen Glocken fielen der Beschlagnahme im Zweiten Weltkrieg 1942 zum Opfer. 1954 bekam das Münster acht neue Glocken von Friedrich Wilhelm Schilling aus Heidelberg, 1985 wurde das Geläute noch um eine neunte, die heute zweitgrößte Glocke, aus der Karlsruher Glockengießrei erweitert.

Die Glocken von St. Peter und Paul in Bürglen/Schweiz (Geläute erhalten)

Eine besondere Stellung kommt dem Geläute der Pfarrkirche St. Peter und Paul in Bürglen im schweizer Kanton Uri zu. Im Kirchturm hängen fünf Glocken, die 1925 von Grüninger in Villingen gegossen wurden. Zum Einen ist es sehr ungewöhnlich, dass Glocken aus Deutschland den Weg in die Schweiz fanden, was selten ist. Zum Anderen ist das Geläute bis heute unverändert erhalten geblieben. Während in Deutschland die Glockenablieferungen in den beiden Weltkriegen zehntausende von Glocken vernichteten, gab es in der Schweiz diese Beschlagnahmung von Bronzeglocken nicht. Damit ist das Geläute von Bürglen mit Sicherheit das größte erhaltene Zwischenkriegsgeläute von Grüninger und gehört zu den größten erhaltenen Grüninger-Geläuten überhaupt.

In der Zeitschrift „Kunst und Architektur in der Schweiz" veröffentlichte der Autor Thomas Brunner in Band 58, Heft 2, im Jahr 2007 einen Beitrag über die Glockenlandschaft im Kanton Uri. Darin schreibt er: *„In Bürglen wählte Pfarrer Julius Loretz 1925 aus verschiedenen Firmen im In- und Ausland die Giesserei Benjamin Grüninger Söhne in Villingen (Deutschland) aus, die zur beibehaltenen Sermund-Glocke von 1581 fünf neue Glocken für die Pfarrkirche hinzufügen sollte. Heiligenreliefs, Inschrift und stilisierte Frucht- und Blumenfriese bilden hier das Ornament. Es mag überraschen, dass gerade für die Pfarrkirche in Wilhelm Tells Heimat Glocken aus dem Ausland bezogen wurden. Doch im Zusammen-*

Die Pfarrkirche St. Peter und Paul in Bürglen im schweizer Kanton Uri. Dort hängen bis heute fünf Grüninger-Glocken von 1925. Es ist das größte, von Grüninger in die Schweiz gelieferte Geläute und ist bis heute vollständig erhalten geblieben (Fotos: Archiv der Kirchengemeinde St. Peter und Paul Bürglen/ Schweiz).

hang mit der Wirtschaftskrise waren Glocken aus Deutschland zu dieser Zeit wesentlich billiger zu haben als aus der Schweiz, was auch zahlreiche andere, vor allem katholische Schweizer Pfarreien zur Glockenbestellung aus Deutschland bewog. Grüningers Glocken in Bürglen bilden indessen das einzige grössere Schweizer Geläut dieser Firma. Sie besitzen über die Landesgrenzen hinaus einen hohen Denkmalwert, da Deutschland aufgrund der Glockenbeschlagnahmungen im Zweiten Weltkrieg sehr viele Bronzegeläute des frühen 20. Jahrhunderts verloren hat".

Das Geläute von Bürglen besteht aus folgenden Glocken:

	Gießer	Gussjahr	kg	Schlagton
1	Grüninger	1925	3394	H
2	Franz Sermund, Altdorf	1581	2000	d'
3	Grüninger	1925	1350	e'
4	Grüninger	1925	736	g'
5	Grüninger	1925	546	a'
6	Grüninger	1925	375	h'

Ein großes Geläute für St. Laurentius in Bad Rotenfels
(Geläute nicht erhalten)

Die Pfarrkirche St. Laurentius in Bad Rotenfels gilt als die Mutterkirche des gesamten Murgtals bis hinauf nach Forbach. Die heutige schmucke Barockkirche wurde 1767 eingeweiht. Im Jahre 1926 bekam das Gotteshaus ein großes neues Geläute aus der Grüninger-Werkstatt. Die sieben in Villingen gegossenen Glocken wurden am 16. Mai 1926 geweiht.

Das Abnahmegutachten führte Domkapellmeister Carl Schweitzer aus Freiburg durch. Er schrieb unter anderem: *„Die Besichtigung der Glocken zeigte, daß jede derselben im Guß tadellos ausgefallen ist. Die Inschriften und die sehr schön modellierten Bilder und Ornamente sind überall klar und deutlich ausgeprägt ... Beim Probeläuten ließ die größte Glocke ihre gewaltige Tonmasse mit mächtiger Kraft und Fülle erklingen. Auch die beiden nächsten Glocken sind im Tone recht kräftig und voll. Die vierte klingt ebenfalls rund und voll. Die fünfte ist im Klang ziemlich weich und mild. Die beiden kleinsten klingen hell und frisch ... Überwältigenden*

Die barocke Pfarrkirche St. Laurentius in Bad Rotenfels im Murgtal bekam 1926 ein großes Geläute mit sieben Glocken. Glockenweihe war am 16. Mai 1926 (Fotos: Archiv Verein für Kultur- und Heimatgeschichte Bad Rotenfels).

Eindruck macht das Gesamtgeläute nicht blos durch die große Zahl der Glocken und durch die Wucht der mächtig schwingenden Klangkörper, es zeigt sich infolge der reinen Stimmung noch die akustische Wirkung, daß sich noch andere, besonders tiefere Töne bilden, von denen ein tiefes g besonders hervortritt und das Geläute noch mächtiger erscheinen läßt, als es in Wirklichkeit ist … Das ganze monumentale Geläute kann als eine vorzügliche Arbeit der Glockengießerei B. Grüninger Söhne in Villingen gelten. Da die Firma bei der Verwendung besten Metalls ihre in fast drei Jahrhunderten gesammelten Erfahrungen in Verbindung mit den neuesten technischen Errungenschaften benützt, kann sie ein Geläute liefern, das in technischer und musikalischer Hinsicht allen Anforderungen genügt …".

Das Geläute von Bad Rotenfels bestand aus folgenden Glocken:

	Gießer	**Gussjahr**	**kg**	**Schlagton**
1	Grüninger	1926	3210	H
2	Grüninger	1926	1750	d'
3	Grüninger	1926	1256	e'
4	Grüninger	1926	730	g'
5	Grüninger	1926	510	a'
6	Grüninger	1926	375	h'
7	Grüninger	1926	215	d''

Das prächtige Geläute fiel 1942 der Glockenablieferung im Zweiten Weltkrieg zum Opfer. Lediglich die kleinste Glocke ist bis heute erhalten, allerdings nicht im Kirchturm. Sie ist im Gemeindehaus in Bad Rotenfels

ausgestellt. Im Kirchturm hängen heute acht Glocken. Davon wurden sieben im Jahre 1949 von der Firma Junker in Brilon gegossen, eine achte Glocke ergänzte 1959 Friedrich Wilhelm Schilling.

Unten: St. Stephan ist die katholische Hauptkirche von Karlsruhe. Das Gotteshaus bekam zum Jahresende 1926 vier neue Glocken von Grüninger (Foto: J. Schultheiß).

Neue Glocken für St. Stephan in Karlsruhe
(Geläute nicht erhalten)

Für die Stadtkirche St. Stephan in Karlsruhe goss Grüninger 1926 vier Glocken zu zwei bereits vorhandenen Glocken hinzu. Glockenweihe war am 26. Dezember 1926 und bereits in der Neujahrsnacht 1926/27 erklangen die neuen Glocken zum ersten Mal. Die große Glocke gehört sicher zu den größten, die in der gesamten Firmengeschichte gegossen wurden. Das 1926 geschaffene Geläute setzte sich wie folgt zusammen:

	Gießer	Gussjahr	kg	Schlagton
1	Grüninger	1926	6000	G
2	Rosenlächer, Konstanz	1866	3250	B
3	Grüninger	1926	1680	d'
4	Grüninger	1926	1040	f'
5	Grüninger	1926	704	g'
6	Rosenlächer, Konstanz	1866	400	b'

Links: Die große, etwa 6000 Kilogramm schwere Glocke für St. Stephan in Karlsruhe 1926 (Foto: Erzbischöfliches Archiv Freiburg B2-38/19 in: Broschüre Bronceglockengießerei Benjamin Grüninger Söhne, 1927).

Rechts: Die neuen Glocken für St. Stephan in Karlsruhe stehen 1926 vor der Kirche (Foto: Stadtarchiv Villingen-Schwenningen).

In seinem Gutachten vom 26. Dezember 1926 schrieb Domkapellmeister Carl Schweitzer aus Freiburg: *„Der Klang der großen Glocke war von überwältigender Wirkung. Die gewaltige schwingende Metallmasse entwickelte eine Tonfülle von majestätischer Kraft, dabei war die angenehme Weichheit des Tones ganz bewundernswert. Die zweite Glocke mit dem Tone d‘ klingt ebenfalls recht voll und kräftig. Tadellos ist auch der Klang der dritten Glocke f‘ sowie der g‘-Glocke … Dieses prächtige und monumentale Geläute zeigt, daß die Firma Grüninger in Villingen ihre seit fast 300 Jahren bewährte Leistungsfähigkeit in einem vorzüglichen Werke badischen Gewerbefleißes aufs Neue bewährt hat“.*

Die zweitgrößte Glocke, gegossen 1866 von Rosenlächer, mit einem Gewicht von 3250 Kilogramm hat beide Weltkriege überstanden und läutet heute noch in St. Stephan in Karlsruhe. Von den anderen fünf Glocken ist heute keine mehr vorhanden.

Das heutige Geläute von St. Stephan besteht aus insgesamt zwölf Glocken, davon sieben von Friedrich Wilhelm Schilling von 1951, 1953 und 1966, vier kleinen Glocken der Karlsruher Glocken- und Kunstgießerei von 1987 und der alten Rosenlächer-Glocke von 1866. Die 1966 gegossene Stephanusglocke hat den Schlagton GES und ist mit einem Gewicht von 8510 Kilogramm die größte katholische Kirchenglocke in Baden-Württemberg.

Karlsruher Tagblatt, Freitag, den 31. Dezember 1926

Das Aufziehen der neuen Glocken an der St. Stephanskirche.

Das Aufziehen dieser Glocke dauerte gestern von ½12—½3 Uhr.

Das Aufziehen der neuen Glocken der St. Stephanskirche, Karlsruher Tagblatt vom 31. Dezember 1926 (Quelle: Badische Landesbibliothek Karlsruhe, Digitalisat Karlsruher Tagblatt vom 31. Dezember 1926, Seite 5).

11. Franz Joseph Benjamin (VI) Grüninger (1901 – 1963)

Turbulente Jahre und leider auch das Ende nach mehr als 370 Jahren Villinger Glockengießergeschichte erlebte das traditionsreiche Unternehmen unter Franz Joseph Benjamin (VI) Grüninger, der 1927 nach dem Tod seines Vaters Joseph Benjamin (V) die Geschäftsleitung übernommen hatte. Nur gut zehn Jahre konnte er Glocken gießen, ehe das Dritte Reich dem traditionsreichen Betrieb vorerst ein Ende setzte. In dieser Zeit zwischen 1927 und dem Zweiten Weltkrieg entstanden noch einmal viele Geläute, darunter auch mehrere große und bedeutende. Beispielhaft sollen hier genannt werden:

Für das Freiburger Münster wurden 1927 fünf kleine Glocken gegossen, welche die im Ersten Weltkrieg abgelieferten Glocken ersetzten. Grüninger lieferte cis'' (263 kg), d'' (210 kg), f'' (130 kg), b'' (55 kg) und h'' (46 kg). Zusammen mit sechs vorhandenen Glocken der Werkstätte Rosenlächer aus Konstanz und der berühmten Hosanna von 1258 bildeten sie das Geläute des Freiburger Münsters. Außer der Hosanna ist heute keine der genannten Glocken mehr vorhanden. Das heutige Münstergeläute schuf Friedrich Wilhelm Schilling 1959.

Ebenfalls 1927 entstanden vier Glocken für das Münster Heilig Kreuz in Rottweil es' (1519 kg), f' (1025 kg), g' (698 kg) und b' (400 kg) zu einer vorhandenen Glocke von 1697 c' (2850 kg).

Franz Joseph Benjamin (VI) Grüninger (Foto: Broschüre 380 Jahre Glockenguss B. Grüninger Söhne KG 1950).

Vier neue Glocken für Todtmoos 1928 (Foto: Archiv der Kirchengemeinde Mariä Himmelfahrt Todtmoos in: Broschüre Das Geläute der neu erbauten Wallfahrtskirche Todtmoos/Schwarzwald, 1928).

Historische Ansicht der Wallfahrtskirche in Todtmoos. Sie bekam 1928 vier neue Glocken (Foto: Archiv J. Schultheiß).

1928 bekam die Pfarrkirche St. Petrus Canisius in Friedrichshafen vier Glocken (Foto: Stadtarchiv Villingen-Schwenningen in: Broschüre Gott Grüß die Kunst, um 1938).

Für die Wallfahrtskirche in Todtmoos im Schwarzwald goss Grüninger 1928 ein großes Geläute B (3670 kg), d' (1740 kg), f' (1020 kg), g' (713 kg) zu einer vorhandenen Glocke von 1627 b' (440 kg).

Für die neu erbaute Pfarrkirche St. Petrus Canisius in Friedrichshafen wurden 1928 vier Glocken A (3145 kg), c' (1723 kg), d' (1232 kg), f' (709 kg) gegossen.

Ebenfalls 1928 wurden vier Glocken nach Krumbach bei Tettnang geliefert e' (1200 kg), gis' (624 kg), h' (375 kg), cis'' (263 kg).

Die Pfarrei St. Nikolaus in Kappelrodeck hatte von ihrem großen, 1906 von Grüninger gegossenen Geläute im Ersten Weltkrieg drei von sechs Glocken abgeben müssen. 1929 wurden diese durch neue Glocken von Grüninger ersetzt H (3500 kg), fis' (840 kg) und cis'' (150 kg) zu den noch vorhandenen Glocken von 1906.

Die Pfarrkirche St. Nikolaus in Schönenbach bekam 1929 fünf neue Grüninger-Glocken d' (1726 kg), fis' (844 kg), a' (485 kg), h' (360 kg) und d'' (198 kg).

Die Pfarrkirche St. Gebhard in Konstanz erhielt 1930 ein großes Geläute in der Tonfolge A (3240 kg), c' (1832 kg), d' (1291 kg), f' (772 kg). Die kleinste Glocke hat den Zweiten Weltkrieg überstanden und ist im heutigen neuen Geläute mit insgesamt fünf Glocken erhalten geblieben.

Für Mühlheim an der Donau lieferte Grüninger 1930 drei Glocken mit Gewichten von 1200 kg, 500 kg und 375 kg.

Für die Pfarrkirche Christkönig in Saarbrücken goss Grüninger 1931 vier Glocken H (2450 kg), d' (1400 kg), e' (950 kg), g' (620 kg). Auch hier ist die kleinste Glocke des Grüninger-Geläutes im heutigen, fünstimmingen Nachkriegsgeläute erhalten geblieben.

Fünf neue Glocken erhielt die Pfarrkirche St. Marien in Gengenbach im Jahr 1934. Grüninger lieferte ein Geläute mit der Schlagtonfolge H (2363 kg), cis' (1670 kg), dis' (1087 kg), fis' (576 kg), gis' (437 kg). Von diesen Glocken ist keine mehr vorhanden. Im Zweiten Weltkrieg mussten sie 1942 abgeliefert werden. 1949 beschaffte die Pfarrei ebenfalls wieder bei Grüninger das heutige Geläute mit der gleichen Tonfolge.

Die Stiftskirche in Baden-Baden bekam 1935 ein gewaltiges Geläute mit acht neuen Glocken, unter Einbeziehung einer 52 Zentner schweren Glocke aus der Werkstätte Rosenlächer von 1862. Glockenweihe war im Oktober 1935. Grüninger goss für Baden-Baden GIS, (H, vorhanden von 1862), cis', dis', e', fis', gis', ais', h'.

Für die Pfarrkirche St. Cäcilia in Mosbach wurde ebenfalls 1935 ein Geläute mit sieben Glocken gegossen: A (3300 kg), H (2300 kg), cis' (1700 kg), e' (908 kg), fis' (625 kg), cis'' (205 kg), fis'' (80 kg).

St. Bartholomäus in Ettenheim bekam 1937 vier neue Glocken d' (1300 kg), e' (900 kg), a' (380 kg) und h' (250 kg) zu zwei noch vorhandenen historischen Glocken.

Ein neues Geläute beschaffte 1937 auch die Pfarrei St. Arbogast in Haslach im Kinzigtal. Grüninger lieferte H (2200 kg), d' (1300 kg), e' (900 kg), fis' (500 kg) und a' (380 kg).

Ebenfalls 1937 erhielt die Pfarrkirche St. Gallus in Kirchzarten zwei neue Glocken aus Villingen zu drei vorhandenen hinzu, nämlich c' (2600 kg) und c'' (300 kg).

Für die Marienkirche in Haltingen bei Weil am Rhein lieferte Grüninger 1938 vier Glocken d' – f' – g' – a'.

1938 wurde für die neu erbaute Pfarrkirche St. Josef in Albbruck am Hochrhein ein Geläute mit sieben Glocken gegossen, eines der letzten großen Geläute vor dem Zweiten Weltkrieg: c' (2657 kg), es' (1464 kg), f' (1042 kg), g' (702 kg), as' (605 kg), b' (366 kg), c'' (268 kg). Alleine die kleinste Glocke hat den Krieg überdauert und ist heute noch vorhanden. 1950 lieferte Grüninger sechs neue Glocken in der gleichen Tonfolge, sodass Albbruck auch heute noch ein großes, 7-stimmiges Geläute der Firma Grüninger besitzt.

1939 fertigte Grüninger in Zusammenarbeit mit der Gießerei Kurtz in Stuttgart drei Glocken für das Münster in Radolfzell am Bodensee. Die kleinste Glocke c'' von 1924 hatte einen Sprung bekommen. Sie wurde durch eine neue Glocke c'' (244 kg) ersetzt. Zudem wurde das bislang fünfstimmige Geläute um zwei weitere Glocken b' (326 kg) und B (3294 kg) ergänzt. Damit hatte Radolfzell ein großes Geläute mit sieben Glocken erhalten, das jedoch nicht einmal drei Jahre erklang. 1942 musste es im Zweiten Weltkrieg abgeliefert werden.

Diese genannten Geläute aus der Zwischenkriegszeit läuteten leider nur für kurze Zeit. Nach wenigen Jahren fielen sie bereits dem großen Glockensterben im Zweiten Weltkrieg zum Opfer.

An der neuen, 1922 errichteten Betriebsstätte im Golden Bühl wurden bis 1938 Glocken gefertigt. Nachdem im Dritten Reich so gut wie keine

Briefkopf der Firma Grüninger um 1938 (Quelle: Stadtarchiv Villingen-Schwenningen).

Kirchenglocken mehr gegossen wurden, wurde das Firmengebäude auf staatlichen Druck hin 1938 an die Aluminiumwalzwerke Singen verkauft. In diesem Zusammenhang ist auch interessant, dass die neuen Glocken für das Münster in Radolfzell 1939 von Grüninger in Kooperation mit der Gießerei Kurtz in Stuttgart gegossen wurden, sozusagen als Hilfe unter Kollegen, nachdem Grüninger ja ab 1938 sein Gießereigebäude im Golden Bühl nicht mehr besaß.

Für die Stiftskirche in Baden-Baden lieferte Grüninger 1935 ein Großgeläute mit acht Glocken zu einer vorhandenen Glocke von 1862 hinzu (Foto: J. Schultheiß).

Ein Großgeläute für die Stiftskirche in Baden-Baden (Geläute nicht erhalten)

Im Jahre 1935 lieferte Grüninger für die altehrwürdige Stiftskirche in der Kurstadt Baden-Baden ein Großgeläute mit acht Glocken, eine vorhandene Glocke von 1862 wurde in das neue Geläute übernommen. Ein großes Ereignis war die feierliche Glockenweihe am 13. Oktober 1935.

Bis dahin hingen im Turm der Stiftskirche vier Glocken, ein nach Ansicht der Verantwortlichen viel zu kleines und bescheidenes Geläut für die Bedeutung der Kirche. Von diesen vier Glocken wurden drei vom Turm genommen (Elfuhrglocke von 1700 mit einem Gewicht von 400 kg, Ave-Maria-Glocke von 1822 mit einem Gewicht von 750 kg, Maria- oder Zwölfuhrglocke von 1716 mit einem Gewicht von 900 kg). Lediglich die 52 Zentner schwere, 1862 von Rosenlächer gegossene Glocke wurde in das neue Geläute übernommen.

Das neue Geläute hatte folgende Gestalt:

	Gießer	**Gussjahr**	**kg**	**Schlagton**
1	Grüninger	1935	5240	GIS
2	Rosenlächer, Konstanz	1862	2617	H
3	Grüninger	1935	2156	cis'
4	Grüninger	1935	1456	dis'
5	Grüninger	1935	1190	e'
6	Grüninger	1935	822	fis'
7	Grüninger	1935	614	gis'
8	Grüninger	1935	402	ais'
9	Grüninger	1935	375	h'

In seinem Gutachten vom 3. Oktober 1935 schrieb Domkapellmeister Carl Schweitzer aus Freiburg: *„Beim Läuten der einzelnen Glocken gab*

Glockenweihe in Baden-Baden.

Links: Glockenweihe in Baden-Baden am 13. Oktober 1935 (Foto: Archiv Stiftskirche Baden-Baden).

Rechts: Die neuen Glocken der Stiftskirche Baden-Baden, Badische Presse vom 15. Oktober 1935 (Quelle: Badische Landesbibliothek Karlsruhe, Digitalisat Badische Presse vom 15. Oktober 1935, Seite 10).

jede den verlangten Ton rein und deutlich an. Jede Glocke ließ auch die wünschenswerten Beitöne, die ihr Kraft und Fülle geben, in großer Zahl, teilweise bis in die 2. Oktave hören. Störende Beitöne sind keine bemerkbar. Gewaltige Tonmassen ergossen sich aus der größten Glocke, deren Resonanz, mit der Stoppuhr gemessen, 2 Minuten und 25 Sekunden hörbar war. Jede Glocke hat ihren eigenen Charakter, bald ernst, bald freudig und herzerhebend. In verschiedener Weise wurden darauf Geläutezusammenstellungen gemacht, die alle einen vorzüglichen Eindruck machten. Wiederholt wurde das volle Geläute zu Gehör gebracht, das von überwältigender Wirkung ist. Klingend und singend setzten die kleinsten Glocken ein und immer mehr schwollen die Tonwogen an bis die größte Glocke mit wuchtiger Kraft, gleichsam das Fundament der Tonmassen bildend, dem ganzen Geläute eine feierliche und das Gemüt mächtig ergreifende Wirkung verlieh … Das ganze Geläute, das als ein herrliches Meisterwerk badischen Kunstgewerbefleißes betrachtet werden muss, zeigt, daß die Firma Grüninger, gestützt auf Jahrhundertjährige Erfahrung, verbunden mit den technischen Errungenschaften der Neuzeit, Vorzügliches leistet".

Leider meinte es das Schicksal nicht gut mit dem gewaltigen Geläute. Nur sieben Jahre lang durfte es vom Turm der Stiftskirche über Baden-Baden erklingen, ehe es 1942 dem Zweiten Weltkrieg zum Opfer fiel. Das heutige Großgeläute besteht ebenfalls aus neun Glocken, gegossen 1948 von der Firma Junker in Brilon. Es erklingt in der exakt gleichen Tonfolge wie das große Vorkriegsgeläute von Grüninger.

Der letzte große Guss vor dem Krieg für das Münster in Radolfzell (Geläute nicht erhalten)

Das Münster in Radolfzell am Bodensee bekam 1903 fünf neue Glocken und 1939 drei neue Glocken von Grüninger (Foto: J. Schultheiß).

Im Jahre 1903 hatte das Münster in Radolfzell am Bodensee ein neues Geläute von Grüninger mit fünf Glocken in der Tonfolge c' – es' – f' – g' – c'' bekommen. Im Ersten Weltkrieg musste 1917 die kleinste der

Glocken abgeliefert werden, die 1924 von Grüninger durch eine neue ebenfalls im Ton c'' ersetzt wurde. Diese bekam 1935 einen Sprung und musste seither schweigen. 1939 wurde dann nicht nur die defekte kleine Glocke neu gegossen, sondern es wurde das Geläute um zwei weitere Glocken ergänzt, eine kleine b'-Glocke und eine große B-Glocke. Beide wurden 1939 gegossen, als Grüninger seine Firmengebäude im Golden Bühl in Villingen auf öffentlichen Druck hin bereits an die Aluminiumwalzwerke Singen verkauft hatte. Deswegen entstanden die Glocken in Zusammenarbeit mit der Gießerei Kurtz in Stuttgart. Im Pfarrführer von Radolfzell für das Jahr 1940 heißt es hierzu: *„Alle drei neuen Glocken tragen noch am Rande die Aufschrift: Gegossen von Grüninger in Villingen 1939. In Wirklichkeit wurden sie aber in der Glockengießerei Kurtz in Stuttgart gegossen, mit der sich Grüninger zu einer Arbeitsgemeinschaft vereinigt hatte"*.

Die neuen Glocken von Radolfzell 1903 (Foto: Nachlass Edmund Moriell).

Geweiht wurden die neuen Glocken am 16. Juli 1939, erstmals läuteten sie dann am 15. August, gerade einmal zwei Wochen vor Beginn des Zweiten Weltkriegs. Die große Glocke ist mit Sicherheit die letzte Glocke dieser Größe, die von Grüninger – hier in Zusammenarbeit mit Kurtz – vor dem Zweiten Weltkrieg gegossen wurde und wahrscheinlich einer der letzten großen Glockengüsse vor Kriegsbeginn überhaupt.

Somit erklangen ab 1939 in Radolfzell:

	Gießer	Gussjahr	kg	Schlagton
1	Grüninger zusammen mit Kurtz	1939	3294	B
2	Grüninger	1903	1969	c'
3	Grüninger	1903	1157	es'
4	Grüninger	1903	807	f'
5	Grüninger	1903	571	g'
6	Grüninger zusammen mit Kurtz	1939	326	b'
7	Grüninger zusammen mit Kurtz	1939	244	c''

In seinem amtlichen Gutachten vom 25. November 1939 schrieb Musikdirektor Richard Hoff: *„Zur Vergrößerung und Ergänzung des Geläutes in der Stadtpfarrkirche U.L. Frau, Radolfzell, wurden von der Glockengießerei Grüninger Söhne, Villingen, drei neue Glocken geliefert … Es war ein glücklicher Gedanke der Lieferfirma und der Kirchenbehörde, diese*

Tonfolge zu wählen, deren Wirkung beim Zusammenläuten aller Glocken von einheitlicher und mächtiger Klangfülle ist … Die ermittelten Haupt- und Nebentöne der einzelnen Glocken sind mit fast mathematischer Genauigkeit vorhanden, womit eine große Reinheit und Schönheit des Glockenklanges erreicht wurde. In ihrem Klangcharakter gehen die neuen Glocken vollständig im Zusammenklang mit denen des alten Geläutes auf. Beim Läuten mit 2, 3 und mehr Glocken sind zahlreiche Zusammenstellungen von wirkungsvoller Manigfaltigkeit möglich. Wie schon oben gesagt, ist das ganze Geläute von prachtvoller, einen weiten Umkreis beherrschender Wirkung …".

Nicht einmal drei Jahre schallte dieses Geläute über den Bodensee, ehe es 1942 abgeliefert und im Zweiten Weltkrieg vernichtet wurde. Erhalten bleib einzig die kleinste Glocke. Sie kam auf den Radolfzeller Waldfriedhof, wo sie noch heute erklingt. Das heutige Münstergeläute besteht aus sieben Glocken von Friedrich Wilhelm Schilling von 1953 und zwei kleineren Glocken von Rüetschi, Aarau, die 2014 ergänzt wurden.

Die 1939 von Grüninger in einer Arbeitsgemeinschaft zusammen mit der Glockengießerei Kurtz in Stuttgart gegossene und 3294 Kilogramm schwere Hausherrenglocke für das Münster in Radolfzell (Foto: Pfarrarchiv Münster Unserer Lieben Frau Radolfzell).

Bemühungen um eine neue Gießerei nach dem Zweiten Weltkrieg

Nach seiner Rückkehr aus der Kriegsgefangenschaft bemühte sich Franz Joseph Benjamin (VI) Grüninger, die Gießereitradition in Villingen fortzusetzen und den während der Kriegsjahre brachliegenden Betrieb wieder zu neuem Leben zu erwecken. Umfangreiche Bemühungen um eine geeignete Betriebsstätte folgten. Die 1922 gebauten Betriebsanlagen im Golden Bühl waren seit 1938 im Besitz der Aluwerke Singen, der frühere Standort in der Bickenstraße gehörte zwar noch den Grüningers, war jedoch verpachtet.

Am 22. Januar 1947 schrieb die Stadtverwaltung an den Glockengießer: *„Die Stadtverwaltung hat selbstverständlich das größte Interesse daran, dass der Glockengiesserei-Betrieb in Villingen in Betrieb kommt. Die Stadt ist auch bereit, das erforderliche Gelände zur Verfügung zu stellen, doch scheint mir die Durchführung eines Neubaus bei dem zur Zeit noch bestehenden Mangel an Baumaterial und der sonst noch vorhandenen Schwierigkeiten kaum möglich, selbst wenn Ihnen seitens der Stadt und auch des Landratsamtes entsprechende Unterstützung zuteil würde. Die Freigabe von Baumaterialien hängt in erster Linie von den französischen Dienststellen ab. Ob diese für Ihren Bau entsprechendes Interesse* *und Entgegenkommen zeigen, muss ich aufgrund der gemachten Erfahrungen vorläufig bezweifeln".*

Der Fokus von Grüninger richtete sich nun auf einen Rückkauf der Betriebsanlagen im Golden Bühl. In einem Schreiben der Stadt Villingen an die Direktion der Vereinigten Aluminium-Giessereien in Singen vom 3. September 1947 ist zu lesen: *„Nach einer Anordnung des interalliierten Kontrollrates soll Ihr hiesiges Werk leider demontiert und die Einrichtung abtransportiert werden. Der frühere Besitzer der Glockengiesserei Grüninger, Hütten-Ing. Benjamin Grüninger, interessiert sich wieder für sein an Ihre Firma im Jahre 1938 verkauftes Giessereianwesen, welches in Ihre hiesigen Werksanlagen einbezogen wurde.*

Hütten-Ing. Benjamin Grüninger beabsichtigt, den Glocken-Giessereibetrieb wieder aufzunehmen, welchen er infolge der durch den Nationalsozialismus seinerzeit vertretenen Tendenzen nach 1933 nach und nach einstellen musste, weil ein Bedarf an Kirchenglocken kaum noch vorhanden war. Da eine grosse Nachfrage nach Kirchenglocken infolge der durch den Krieg eingetretenen Verluste an solchen besteht, will Herr Grüninger den Glockengiessereibetrieb wieder aufnehmen, zumal in der französischen südlichen Besatzungszone keine Glockengiesserei sich im Betrieb befindet und der Herr Erzbischof in Freiburg an der Wiederaufnahme des Glockengiessereibetriebes grösstes Interesse hat. Die Stadt Villingen ist ebenfalls sehr interessiert daran, dass der Betrieb der Glockengiesserei Grüninger, welcher seit über 100 Jahren in Villingen seinen Sitz hatte, möglichst bald an ihrem alten angestammten Platz Villingen ihre weitbekannte Glockengiessereiproduktion wieder aufnimmt. Die Stadt ist deshalb auch bemüht, der Firma Grüninger bei der Verfolgung ihres Zieles soweit als möglich zur Hand zu gehen.

Nachdem die Einrichtung Ihres hiesigen Werkes und damit auch diejenige, welche sich im ehemaligen Glockengiessereigebäude Grüninger befindet, abtransportiert werden soll, so die Anfrage, ob nach Vollzug dieser auch für die Stadtverwaltung schmerzlichen Massnahme nicht die Möglichkeit besteht, das frühere Grüninger'sche Glockengiessereianwesen, sofern nicht dortseits andere Dispositionen bezüglich des Anwesens getroffen sind, an den früheren Besitzer von Ihrem Werk zunächst mietweise und evtl. später käuflich überlassen werden kann. Vorläufig wäre mit einer mietweisen Überlassung schon gedient".

Am 11. September 1947 antworten die Aluminium-Walzwerke Singen GmbH: *„Indem wir Ihnen den Eingang Ihrer Anfrage vom 3. ds. Mts. bestätigen, bedauern wir, Ihnen mitteilen zu müssen, dass unser Werk in Villingen unter Sequester steht und wir daher nicht in der Lage sind, darüber zu verfügen. Aus diesem gleichen Grunde sind wir gezwungen, unsere eigenen Pläne bezüglich einer Weiterverwendung unserer Werksanlage in Villingen bis zur Aufhebung der Sequestrierung zurückzustellen".*

In einem Schreiben vom 11. November 1947 an den Erzbischöflichen Oberstiftungsrat (Absender unbekannt) heißt es: *„Der hier wohnhafte Hütteningenieur Benjamin Grüninger bemüht sich schon seit Beginn des Jahres, d.h. seit er aus Kriegsgefangenschaft zurückgekehrt ist, um die Wiedererrichtung einer Glockengiesserei in Villingen. Er richtete sein Hauptaugenmerk auf den Rückkauf seines im Jahre 1938 an die Vereinigten Aluminium-Giessereien verkauften Glockengiessereigebäudes. Die Stadtverwaltung hat die Bemühungen von Herrn Grüninger, wieder durch Rückkauf in den Besitz seines Glockengiessereigebäudes zu kommen, nachdrücklichst unterstützt, zumal das hiesige Aluminiumwerk auf der Demontageliste steht. Die Vereinigten Aluminium-Gießereien in Singen, welchen das Werk gehört, wollen aber einem Verkauf des früheren Grüninger'schen Glockengiessereianwesens nicht näher treten, weil sie angeblich noch nicht endgültig über die hiesigen Fabrikanlagen disponieren können"*.

Die Bemühungen Grüningers, das alte Gießereiareal am Golden Bühl zurückzukaufen oder an einer anderen Stelle in Villingen ein neues Betriebsgelände zu errichten, zogen sich in die Länge und konnten leider zu keinem erfolgreichen Abschluss gebracht werden.

Eine neue Heimat in Straß bei Neu-Ulm

In der Presse wurde Grüninger darauf aufmerksam, dass die Stadt Neu-Ulm Interesse daran hatte, neue Industriebetriebe anzusiedeln.

Im Januar 1947 weilte der Glockengießer deswegen in Neu-Ulm zu einer Besprechung mit dem zuständigen Gewerbeamt. In dem hierzu erhaltenen Aktenvermerk vom 29. Januar 1947 ist zu lesen: *„Die Firma Grüninger beabsichtigt, in Neu-Ulm eine Glockengiesserei zu errichten. Das benötigte Gelände könnte evtl. zur Verfügung gestellt werden und entspricht dieses auch den Anforderungen des Interessenten. Die Firma Grüninger besteht seit dem Jahre 1570 und ist in Deutschland wie auch in den überseeischen Ländern sehr gut eingeführt. Das Hauptabsatzgebiet war bisher Württemberg und Baden, im Export Südamerika und vor allem Mexiko. Fast ganz Mexiko wurde mit den Glocken der Firma Grüninger versorgt. Die Notwendigkeit einer Glockengiesserei ergibt sich aus den durch den Krieg hervorgerufenen Verhältnissen. Fast sämtliche Gemeinden in Deutschland sowie auch viele Gemeinden anderer europäischer Länder benötigen jetzt wieder Kirchenglocken. Die Metallanlieferung für den Guss ist zum Teil gesichert, umso mehr, da Grüninger ein äußerst bewährtes Patent für eine Metalllegierung besitzt. Für die nächsten 10 – 20 Jahre dürfte auch eine Glockengießerei vollauf beschäftigt sein. An Gelände wird eine Fläche von ca. 10.000 qm beansprucht, wovon vorerst etwa 1.000 qm bebaut werden sollen. Das Spitzenpersonal wird von der Firma gestellt. Die* *notwendigen Hilfskräfte können von den Fach-Arbeitern leicht angelernt werden. Das notwendige Kapital für die Errichtung des Betriebes steht zur Verfügung. Ein großer Maschinenpark ist nicht erforderlich. Besonders zu bemerken ist noch, dass auch die Firma Grosse, Weberei-Maschinenfabrik, an der Errichtung einer Giesserei sehr interessiert ist. Es ist raummässig evtl. möglich, diese beiden Betriebe direkt nebeneinander zu legen. Der Wohnungsmarkt wird bei Genehmigung des Betriebes vorerst kaum belastet, da zunächst nur der Zuzug für einen Meister und eine kaufm. Kraft erforderlich ist. Die Giesserei selbst kann mit verhältnismässig wenig Baumaterial aufgebaut werden. Es ist daher bei Genehmigung mit einem baldigen Anlauf der Produktion zu rechnen".*

In der Dorfkirche von Straß wurde am 28. November 1948 mit einem Festgottesdienst die Eröffnung der neuen Betriebsstätte gefeiert (Foto: Archiv J. Schultheiß).

Die Verhandlungen mit der Stadtverwaltung Neu-Ulm zerschlugen sich schließlich, doch bot sich nur etwa zwölf Kilometer entfernt, in dem kleinen Dorf Straß, eine neue Möglichkeit, die wie geschaffen war für eine Glockengießerei. Nahe des Ortes gab es im Zweiten Weltkrieg eine große Heeresmunitionsanstalt (kurz Muna) zur Herstellung von Munition und mit großen Lagern für Munition, V2-Raketen und chemische Waffen. Nach dem Ende des Krieges wurde das Werk demontiert. Ein Teil wurde weiter militärisch genutzt, zunächst von den US-amerikanischen Streitkräften und später von der Bundeswehr. Ein anderer Teil des riesigen Geländes wurde zur Ansiedelung von Industrie und für Wohnbebauung verwendet.

Als größtes Gebäude war von den ehemaligen Anlagen das Kesselhaus der Zentral-Fernheizungsanalage übrig geblieben. In diese Räumlichkeiten zog 1948 die Firma Grüninger ein und baute dort innerhalb von kurzer Zeit eine Glockengießerei auf. Nach fast 370 Jahren am Standort in Villingen war nun Straß bei Neu-Ulm zur Produktionsstätte der Glocken von Grüninger geworden.

Im März 1948 wurde mit dem Umbau des ehemaligen Kesselhauses nach Plänen von Architekt Hermann aus Neu-Ulm begonnen und schon im August 1948 fand der erste Glockenguss im neuen Werk statt. Im Herbst war die neue Betriebsstätte dann fertiggestellt. Am Sonntag, 28. November 1948, wurde das neue Grüninger-Werk in Straß feierlich eingeweiht. Gleichzeitig wurde das 25-jährige Berufsjubiläum von Franz Joseph Benjamin (VI) Grüninger begangen.

Die neue, 1948 in Betrieb genommene Gießerei auf dem Gelände der ehemaligen Heeresmunitionsanstalt in Straß bei Neu-Ulm (Foto: Archiv der Kirchengemeinde St. Dionysius Oberbeuren).

In der Dorfkirche von Straß wurde ein Festgottesdienst gefeiert. Als Prediger war eigens Dekan Max Weinmann aus Villingen angereist, dem Heimatort und Stammsitz der Familie Grüninger. An Ort und Stelle nahm dann Dekan Wäldner aus Thalfingen die Segnung der neuen Gießerei vor.

Der Betrieb entwickelte sich an seinem neuen Standort in Straß prächtig. Die Nachfrage nach Glocken war riesig. Nach den Glocken-

Hunderte von neuen Glocken wurden zwischen 1948 und 1951 am neuen Standort gegossen. Das Bild, vermutlich aus dem Jahr 1949, zeigt die damalige Belegschaft des Werks in Straß. Vierter von rechts: Glockengießermeister Grüninger (Foto: Archiv J. Schultheiß).

ablieferungen während des Zweiten Weltkrieges wollten viele Gemeinden rasch wieder Glocken für ihre leergeräumten Kirchtürme haben. Die Auftragsbücher waren voll und neue Glocken wurden nahezu im Akkord gegossen. Bereits 1950 erfolgte der Guss der 1000. Glocke in Straß für die Pfarrkirche von Hausach im Kinzigtal. In der Gießerei wurden zeitweise bis zu 150 Arbeitskräfte beschäftigt.

Während die Glocken nun in Straß gegossen wurden, hatte Grüninger die Verwaltung in Büros in Villingen und in Neu-Ulm angesiedelt. Durch notariellen Vertrag vom 29. Juni 1950 wurde Neu-Ulm zum Sitz des Unternehmens bestimmt und der bisherige Unternehmenssitz in Villingen in eine Zweigniederlassung umgewandelt. Gleichzeitig wurde die Firma aus der bisherigen Rechtsform einer Kommanditgesellschaft in eine Gesellschaft mit beschränkter Haftung überführt.

B. Grüninger Söhne K.G.
GEGRÜNDET 1570
Postscheckkonto: Karlsruhe Nr. 4004 / Bankkonto: Villinger Volksbank, Villingen/Schwarzwald
oder Volksbank Neu-Ulm, Neu-Ulm / Donau

Verwaltung: Villingen/Schwarzwald
Waldstraße 18 und 35
Fernruf: 2716

Zweigniederlassung: Neu-Ulm/Donau (13 b)
Anschrift: Postfach 48
Fernruf: Ulm/Donau 7451
Werk: Straß Schwaben
Station: Nersingen

B. Grüninger Söhne K.G.
VILLINGEN/SCHWARZWALD · NEU-ULM/DONAU
Villingen Fernruf: 2716 Ulm Fernruf: 7451

Briefköpfe der Firma Grüninger um 1949 und 1950 (Quelle: Stadtarchiv Villingen-Schwenningen).

Glocken aus Bronze

Die meisten Glocken wurden auch in Straß, wie seit Jahrhunderten üblich, in echter Bronze gegossen, einer Legierung aus 78 % Kupfer und 22 % Zinn. Zusätzlich zu den „herkömmlichen" Bronzeglocken lieferte Grüninger nach dem Zweiten Weltkrieg auch Glocken aus dem Ersatzwerkstoff Weißbronze aus, wovon im folgenden Kapitel die Rede sein soll.

Glocken aus Weißbronze

Da echte Glockenbronze teuer ist, wurde im Laufe der Zeit immer wieder versucht, Glocken auch aus anderen, preiswerteren Materialien herzustellen. Insbesondere in den Jahren nach dem Zweiten Weltkrieg wurden von zahlreichen Gießereien auch Glocken in günstigeren Ersatzlegierungen angeboten, damit sich auch Kirchengemeinden mit einem schmalen Budget neue Glocken leisten konnten.

An gängigen Ersatzlegierungen wurden angeboten:

* Gussstahlglocken, vorwiegend gefertigt vom „Bochumer Verein für Gußstahlfabrikation" in Bochum
* Briloner Sonderbronze von der Glockengießerei Junker in Brilon/Westfalen
* Eisenhartgussglocken von der Firma Weule in Bockenem am Harz
* Euphonglocken von der Gießerei Czudnochowsky in Erding

Die klanglichen Eigenschaften dieser Glocken aus Ersatzlegierungen sind sehr unterschiedlich. Teilweise wurden jedoch auch sehr gute klangliche Ergebnisse erzielt und viele dieser Glocken läuten noch heute, andere wurden zwischenzeitlich ersetzt.

Weniger Glück mit ihrer Ersatzlegierung hatte die Firma Grüninger. Als preiswertere Alternative zu echten Bronzeglocken entwickelte Grüninger die sogenannte Weißbronze. Diese Legierung weist einen hohen Aluminiumanteil auf. Die Glocken aus diesem Metall klingen nicht nur meist dumpf und resonanzarm. Da die Legierung recht weich ist, für Glocken zu weich, nutzen sie sich schnell ab und werden unbrauchbar. Es gibt auch heute noch Türme, auf denen Weißbronzeglocken von Grüninger hängen (siehe Glockenkatalog). Die meisten Gemeinden mussten ihre Weißbronzeglocken jedoch zwischenzeitlich gegen Glocken aus echter Bronze austauschen, da die Ersatzlegierung nicht hielt, was versprochen worden war. Die größten heute noch vorhandenen Weißbronze-Geläute hängen in der Pfarrkirche St. Ulrich in Pocking (Landkreis Passau), in der Pfarrkirche Mariä Himmelfahrt in Vachendorf (Landkreis

Für die Wallfahrtskirche von Biberbach bei Augsburg lieferte Grüninger das größte aus Weißbronze gefertigte Geläute. Im Herbst 2024 haben diese Glocken ausgedient und werden durch neue aus echter Bronze ersetzt. In Erinnerung an dieses große Weißbronzegeläute, das bald nicht mehr erklingen wird, zeigen die Fotos den festlichen Empfang und die Glockenweihe 1949 in Biberbach (Fotos: Archiv der Kirchengemeinde St. Jakobus, St. Laurentius und Hl. Kreuz Biberbach).

Traunstein) und in der Pfarrkirche St. Peter und Paul in Tandern (Landkreis Dachau).

Für das größte von Grüninger gegossene Geläute aus Weißbronze hat allerdings aktuell das letzte Stündlein geschlagen. 1949 bekam die Pfarr- und Wallfahrtskirche St. Jakobus, Laurentius und Hl. Kreuz in Biberbach (Landkreis Augsburg) fünf Weißbronzeglocken in der Tonfolge H – d' – e' – fis' – a´ zu einer vorhandenen Bronzeglocke h' von 1905. Dieses Geläute tat 75 Jahre lang bis vor Kurzem seinen Dienst. Im Zuge einer umfassenden Renovierung der Kirche wurde beschlossen, auch die Weißbronzeglocken durch fünf neue Glocken aus Bronze zu ersetzen, was im Herbst 2024 erfolgen soll.

Sehr interessant ist in diesem Zusammenhang, wie völlig unterschiedlich und gegensätzlich die Glockensachverständigen damals die Glocken aus Weißbronze beurteilten. Nachfolgende Beispiele geben hiervon ein plastisches Bild.

Der Glockensachverständige Franz Xaver Kottmaier lobte in seinem Abnahmegutachten die Weißbronzeglocken für die Pfarrkirche St. Martin im oberbayerischen Fischbachau: „*Zusammenfassend kann gesagt werden, daß die 4 Glocken prächtig gelungen sind und sich als Beweis für die Leistungsfähigkeit dieser bald vierhundert Jahre alten Glockengießerdynastie zeigen. Die ausgezeichnete Treffsicherheit sowohl der Schlagtöne als auch sämtlicher Intervalltöne muss besonders hervorgehoben werden … Mit einer gewissen Skepsis habe ich mich dieses Auftrages angenommen, da mir zu sehr die Versuche mit Ersatz-Metallen und ihren unliebsamen Erscheinungen bekannt sind. Umso erstaunter war ich nach der Prüfung dieses Geläutes, daß die Firma Grüninger mit einem neuen, ihr patentierten Metalle ein Meisterwerk geschaffen hat, wie ich es besser nicht erhoffen und wünschen kann … Die katholische Kirchengemeinde Fischbachau darf ich zu ihrem Entschlusse der Anschaffung dieses Geläutes in Weißbronze nur beglückwünschen*".

Bezüglich der neuen Glocken für die Pfarrkirche in Mehlmeisel im Fichtelgebirge schrieb der amtliche Glockenexperte Paul Kuen in seinem Gutachten am 10. Dezember 1948: „*So kann im ganzen gesagt werden, daß es sich um ein sehr schönes, einwandfreies, klangvolles Dreigeläute handelt, zu dem man der Pfarrei herzlich gratulieren kann. Herrn Grüninger spreche ich meine vollste Anerkennung für seine vorzügliche Leistung aus*".

Über die neuen Weißbronzeglocken von Oberfahlheim schrieb der amtliche Glockenexperte Th. Hornung in seinem Gutachten am 16. Januar 1949: „*In musikalischer Hinsicht befriedigen die Glocken in jeder Weise … Das Geläute wird auf dem Turm von imponierender Wirkung sein*".

Auch das Geläute aus Weißbronze für die Kirche im unterfränkischen Gauaschach beurteilte der Orgel- und Glockeninspektor Dr. Johannes Maier in seinem Gutachten vom 16. November 1948 sehr positiv: „*Wir hatten bei der Werkprüfung von diesem für Gauaschach gegossenen Geläute einen ganz besonders günstigen Eindruck eines Mollgeläutes von prachtvoller Fülle der Resonanz und einer Einzelabstimmung der Glocken in sich von verblüffender Harmonie … Zusammen angeschlagen, offenbaren diese drei bestgelungenen Weißbronzeglocken eine Glockenmusik von vorzüglicher Reinstimmung ohne Schwebungen und Trübungen, dass wir dieses Geläute für Gauaschach als eine meisterliche Leistung der Glockengießerei Grüninger ansprechen müssen*".

Nun, auch die Weißbronzeglocken in Fischbachau, Mehlmeisel und Oberfahlheim gibt es längst nicht mehr, sie wurden durch Glocken aus herkömmlicher Bronze ersetzt. Das Geläute von Gauaschach hängt bis heute noch dort im Turm.

Ganz gegensätzlich, geradezu vernichtend, fallen hingegen die folgenden, beispielhaft genannten Gutachten aus:

Die Pfarrei St. Brigitta in Niederschopfheim in der Ortenau hatte 1951 drei Weißbronzeglocken von Grüninger bezogen. Der erzbischöfliche Glockeninspektor Franz Stemmer teilte am 27. September 1951 mit, dass er die Glocken nicht abnimmt. *„Sie haben nur 20 bis 35 Sekunden Nachklingdauer. Bei einer Bronzeglocke sind zum Beispiel 120 Sekunden normal. Es ist untragbar, ein so schlechtes und schauderhaftes Geläute im Turm zu belassen"*. 1961 hat die Gemeinde dann fünf neue Glocken von Friedrich Wilhelm Schilling beschafft.

Auch für die evangelische Lorenzkirche in St. Georgen im Schwarzwald waren 1948 zwei Weißbronzeglocken angeschafft worden. Schon am 17. August 1949 schrieb der Glockensachverständige der Landeskirche, Rumpf: *„In tonlicher Beziehung fallen die beiden Weißbronzeglocken gegenüber den 3 Bronzeglocken ab. Ihr Klang ist matt und dumpf, ohne den notwendigen Nachhall, und fügt sich nur als Ton, aber nicht als gleichwertiger Klangfaktor dem Gesamtgeläute ein"*. Die Weißbronzeglocken wurden 1964 durch vier neue Glocken der Karlsruher Gießerei Bachert ersetzt.

Von der Kirchengemeinden, welche nach dem Zweiten Weltkrieg Weißbronzeglocken angeschafft hatten und diese zwischenzeitlich wieder durch neue Glocken aus echter Bronze ersetzt haben, seien hier genannt:

* 86444 Affing, St. Peter und Paul: 2 Glocken von 1949 (Gesamtgewicht 1139 kg) wurden durch neue Glocken ersetzt.
* 85302 Alberzell, Hl. Kreuz: 3 Glocken von 1949 wurden 2009 durch 3 neue ersetzt.
* 88471 Baustetten, St. Ulrich: Die Glocken von 1949 wurden 1991/2001 durch 4 neue ersetzt.
* 72160 Betra bei Horb, St. Laurentius: 4 Glocken von 1949 wurden 1979 durch 4 neue ersetzt.
* 86485 Biberbach, St. Jakobus, Laurentius und Hl. Kreuz: 5 Glocken von 1949 wurden 2024 durch 5 neue ersetzt.
* 74426 Bühlerzell, St. Maria: 3 Glocken von 1949 wurden 2007 durch 3 neue ersetzt.
* 86489 Deisenhausen, St. Stephan: 3 Glocken von 1949 (Gesamtgewicht 1688 kg) wurden 2016 durch 3 neue ersetzt. Die alten Glocken kamen ins kosovarische Janosh Gjakove.
* 78589 Dürbheim, St. Peter und Paul: 2 Glocken von 1948 (Gesamtgewicht 1070 kg) und eine ältere Glocke von 1922 wurden 1960 durch 4 neue ersetzt.
* 93167 Falkenstein, St. Sebastian: 2 Glocken von 1948 (Gesamtgewicht 810 kg) wurden 1962 durch 2 neue ersetzt und zusätzlich eine weitere Glocke angeschafft. Eine Weißbronzeglocke von 1948 (750 kg) ist noch erhalten.
* 63768 Feldkahl, St. Johannes Nepomuk: Die Weißbronzeglocken wurden 1988 durch 3 neue ersetzt.
* 78078 Fischbach/Schwarzwald, St. Mauritius: 4 Glocken von 1949 (Gesamtgewicht 1159 kg) wurden 2014 durch 4 neue ersetzt.

* 83730 Fischbachau, St. Martin: 4 Glocken von 1949 (Gesamtgewicht 2350 kg) wurden 1966 durch 4 neue ersetzt.
* 89343 Freihalden, Mariä Verkündigung: 3 Glocken von 1949 (Gesamtgewicht 1605 kg) wurden 2014 durch 3 neue ersetzt.
* 79206 Gündlingen, St. Michael: 3 Glocken von 1949 (Gesamtgewicht 1146 kg) wurden 1990 durch 4 neue ersetzt.
* 97204 Höchberg, Mariä Geburt: Die Glocken von 1949 (Gesamtgewicht 1054 kg) wurden 1956 durch 4 neue ersetzt.
* 79585 Höllstein, Unbefleckte Empfängnis Mariä: 3 Glocken von 1948 (Gesamtgewicht 593 kg) wurden 1965 durch 3 neue ersetzt.
* 63768 Hösbach, St. Michael: 3 Glocken von 1949 (Gesamtgewicht 2011 kg) wurden 1986 durch 4 neue ersetzt.
* 77716 Hofstetten, St. Erhard: 3 Glocken von 1949 (Gesamtgewicht 2304 kg) wurden 1988 durch 4 neue ersetzt.

Die Weißbronzeglocken der Kirche St. Erhard in Hofstetten von 1949 wurden 1988 durch neue Glocken ersetzt und sind seither in einem schmucken Pavillon vor der Kirche aufgehängt (Foto: J. Schultheiß).

* 78132 Hornberg, evang. Stadtkirche: 3 Glocken von 1949 wurden 1958 durch ein neues Geläute ersetzt. Die größte der 3 Glocken (650 kg) kam nach Langenschiltach, wo sie heute noch in der evang. Kirche vorhanden ist. Die kleinste Glocke (280 kg) ging an die evang. Kirche in Schonach, wo sie heute noch läutet.
* 72469 Hossingen, evang. Nikolauskirche: 2 Glocken von 1948 (Gesamtgewicht 939 kg) wurden 1959 durch 2 neue ersetzt.
* 78597 Irndorf, St. Peter: 3 Glocken von 1948 (Gesamtgewicht 1160 kg) wurden 1981 durch 4 neue ersetzt.
* 79346 Königschaffhausen, evang. Kirche: 3 Glocken von 1948 (Gesamtgewicht 780 kg) wurden 1965 durch 3 neue ersetzt.

* 78652 Lauffen ob Rottweil, St. Georg: 4 Glocken von 1949 (Gesamtgewicht 1350 kg) wurden 1974 durch 4 neue ersetzt.
* 76351 Linkenheim, evang. Kirche: 2 Glocken von 1949 (Gesamtgewicht 1417 kg) wurden 1980 durch 3 neue ersetzt.
* 95694 Mehlmeisel, St. Johannes: 3 Glocken von 1948 (Gesamtgewicht 1130 kg) wurden 1963 durch 4 neue ersetzt.
* 88436 Mühlhausen, St. Ottilia: 3 Glocken von 1949 (Gesamtgewicht 1662 kg) wurden 1976 durch 3 neue ersetzt.
* 87452 Muthmannshofen, St. Mauritius: Die Glocken von 1949 (Gesamtgewicht 1621 kg) wurden 1977 durch 4 neue ersetzt.
* 86488 Nattenhausen, St. Laurentius: 3 Glocken von 1949 (Gesamtgewicht 1156 kg) wurden 1989 durch 4 neue ersetzt.
* 36214 Nentershausen, St. Laurentius: 3 Glocken von 1949 (Gesamtgewicht 1450 kg) wurden 1987 durch 3 neue ersetzt.
* 77767 Nesselried, Mariä Himmelfahrt: 4 Glocken von 1949 (Gesamtgewicht 765 kg) wurden 1978 durch 3 neue ersetzt.
* 97337 Neusetz, Mariä Geburt: 3 Glocken von 1948 (Gesamtgewicht 630 kg) wurden 2014 durch 3 neue ersetzt.
* 77749 Niederschopfheim, St. Brigitta: 3 Glocken von 1951 (Gesamtgewicht 2350 kg) wurden 1961 durch 5 neue ersetzt.
* 97762 Obererthal, St. Antonius Eins.: 3 Glocken von 1948 (Gesamtgewicht 1301 kg) wurden 1980 durch 3 neue ersetzt.
* 89278 Oberfahlheim, St. Dionysius: 3 Glocken von 1948 (Gesamtgewicht 1520 kg) wurden 1969 durch 5 neue ersetzt.
* 68794 Oberhausen-Rheinhausen, St. Laurentius: Die Glocken von 1949 (Gesamtgewicht 1325 kg) wurden 2000 durch 2 neue ersetzt.
* 74747 Oberwittstadt, St. Peter und Paul: Die Glocken von 1949 (Gesamtgewicht 1883 kg) wurden 1987 durch 3 neue ersetzt.
* 86508 Rehling, St. Vitus: 4 Glocken von 1949 (Gesamtgewicht 1570 kg) wurden 1969 durch 4 neue ersetzt.
* 78564 Reichenbach am Heuberg, St. Nikolaus: 2 Glocken von 1949 (Gesamtgewicht 866 kg) und eine Glocke von 1921 wurden 1978 durch 4 neue ersetzt.
* 97253 Rittershausen, St. Matthäus, 3 Glocken von 1949 (Gesamtgewicht 1560 kg) wurden 2019 durch 3 neue ersetzt.
* 69231 Rotenberg, St. Nikolaus: 3 Glocken von 1949 (Gesamtgewicht 804 kg) wurden 2012 durch 2 neue ersetzt.
* 97616 Salz, Mariä Himmelfahrt: 2 Glocken von 1949 (Gesamtgewicht 963 kg) wurden 1993 durch 3 neue ersetzt.
* 78112 St. Georgen, Lorenzkirche: 2 Glocken von 1948 (Gesamtgewicht 1090 kg) wurden 1964 durch 4 neue ersetzt.
* 97795 Schönderling, St. Josef: Die Glocken von 1949 wurden durch 4 neue ersetzt.

* 96110 Schweisdorf, St. Johannes d.T.: 2 Glocken von 1948/49 wurden 2017 durch 2 neue ersetzt.
* 86932 Stoffen, Mariä Heimsuchung: 3 Glocken von 1949 (Gesamtgewicht 947 kg) wurden 2018 durch 3 neue ersetzt. Diese wurden bereits 1964 gegossen und wurden von einer aufgegebenen Kirche in Wuppertal gekauft.
* 63911 Trennfurt, St. Maria Magdalena, 3 Glocken von 1949 (Gesamtgewicht 1921 kg) wurden 1959 durch 5 neue ersetzt.
* 84339 Unterdietfurt, Mariä Heimsuchung: 4 Glocken von 1949 (Gesamtgewicht 1551 kg) wurden 1962 durch 4 neue ersetzt.
* 88379 Unterwaldhausen, Allerheiligen: 4 Glocken von 1949 wurden 1981 durch 4 neue ersetzt.
* 88267 Vogt, St. Anna: Die Glocken von 1949 (Gesamtgewicht 877 kg) wurden 1962 durch 5 neue ersetzt.
* 63768 Wenighösbach, St. Barbara: 2 Glocken von 1949 (Gesamtgewicht 1233 kg) wurden 1995 durch 3 neue ersetzt.
* 88284 Wolpertswende, St. Gangolf: 2 Glocken von 1949 wurden 1963 durch 4 neue ersetzt.

Die Weißbronzeglocken der Pfarrkirche St. Anna in Vogt im Allgäu von 1949 wurden 1962 durch fünf neue Glocken ersetzt. Eine der Weißbronzeglocken ist zur Erinnerung vor der Kirche aufgestellt (Foto: B. Grammer).

Weitere verlorene Geläute aus der Zeit in Straß

Neben den Glocken aus Weißbronze sind auch weitere „echte" Bronzegeläute, die nach dem Zweiten Weltkrieg gegossen wurden, zwischenzeitlich eingeschmolzen worden. Glockenexperten bescheinigten diesen teilweise einen schlechten Klang und eine mangelnde Harmonie und rieten zur Beschaffung neuer Glocken, was einige Kirchengemeinden dann in wirtschaftlich besseren Zeiten auch realisierten. Ob diese klanglichen Mängel objektiv richtig waren oder ob eher emotionale Gründe dafür sorgten, dass manche Sachverständige Grüninger-Glocken pauschal ablehnten, kann nicht mehr mit Gewissheit festgestellt werden. Der negative Ruf von Grüninger resultierte damals aus Herstellung und Vertrieb der wenig haltbaren und nicht immer gut klingenden Weißbronzeglocken und dem Konkurs des Unternehmens 1951, bei welchem zahlreiche Kirchengemeinden teils nicht unerhebliche Geldbeträge verloren. Davon wird später noch die Rede sein. Von „echten" Bronze-Geläuten, die heute nicht mehr existieren, seien hier genannt:

Für die Pfarrkirche St. Nikolaus in **Markdorf** im Hinterland des Bodensees goss Grüninger 1949 ein großes Geläut mit sechs Glocken cis' (2100 kg) – e' (1200 kg) – fis' (800 kg) – gis' (600 kg) – h' (350 kg) – cis'' (250 kg). Das Abnahmegutachten von Orgel- und Glockeninspektor Johannes Maier aus Sigmaringen vom 14. Oktober 1949 mit Nachtrag vom 28. Oktober 1949 lautete positiv: *„Zusammenfassend kann gesagt werden, dass die alt renommierte Gießerfirma von B. Grüninger sich sehr bemüht hat, für die Stadtpfarrkirche in Markdorf ein wirklich repräsentatives Sechsgeläute zu schaffen, was ihr hinsichtlich sowohl der äußeren Erscheinung der Glocken als auch der tonlichen Schönheit und Kraftfülle des Geläutes wirklich gelungen ist … Möge das imposante Geläute, dessen Fertigstellung der Gießerfirma von B. Grüninger zur Ehre gereicht, inzwischen sich viele Freunde erworben haben"*. Nur 17 Jahre erklangen diese Glocken. Im Zuge der Sanierung und des Umbaus des Kirchturms beschaffte die Gemeinde 1966 ein neues siebenstimmiges Geläute der Gießerei Friedrich Wilhelm Schilling.

Die Pfarrkirche Mariä Himmelfahrt in **Tiengen** am Hochrhein bekam 1950 fünf Grüninger-Glocken cis' (2100 kg), e' (1200 kg), fis' (800 kg), a' (450 kg) und h' (350 kg) zu einer vorhandenen Glocke cis'' (228 kg) von 1887. In den Jahren 1962/63 wurden sämtliche Glocken eingeschmolzen und durch ein großes Geläute mit sieben Glocken von Friedrich Wilhelm Schilling ersetzt.

Die Pfarrkirche St. Jakobus in **Steinbach** bei Baden-Baden erhielt 1950 von Grüninger drei Glocken f' – as' – b' mit einem Gesamtgewicht von 2000 Kilogramm. In Steinbach wurde 1966 ein großes Geläut mit sechs Glocken von Friedrich Wilhelm Schilling angeschafft. Die beiden größeren Glocken f' und as' blieben jedoch erhalten. Sie kamen in die von 1964 bis 1967 neu erbaute Pfarrkirche St. Konrad in Villingen-Schwenningen, Stadtbezirk Villingen. Dort hängen sie heute noch auf dem Turm und bilden das Geläute dieser Kirche. Weitere Glocken sind dort nicht vorhanden.

Für die Pfarrkirche St. Konrad in **Berkheim an der Iller** lieferte Grüninger 1949 vier Glocken es' – g' – b' – c' (Gesamtgewicht 2038 kg). 1962 wurden vier neue Glocken von Perner, Passau, angeschafft. Die kleinste Grüninger-Glocke von 1949 blieb erhalten und ist die kleinste im nunmehr fünfstimmigen Geläute.

Die Pfarrkirche St. Martin in **Kirchberg an der Iller** bekam 1949 von Grüninger fünf Glocken cis' (1600 kg), e' (900 kg), fis' (600 kg), gis' (400 kg), h' (250 kg). Zehn Jahre später, 1959, erhielt die Kirche fünf neue Glocken der Gießerei Perner, Passau.

Auch in St. Martin in **Erolzheim** sind die Grüninger-Glocken heute nicht mehr vorhanden. 1950 kamen vier Glocken d' – e' – fis' – a' mit einem Gesamtgewicht von 3050 kg auf den Turm. An ihre Stelle taten 1966 vier neue Glocken von Perner, Passau.

Die Pfarrkirche St. Oswald in **Otterswang** bei Bad Schussenried erhielt 1949 drei Glocken f' – as' – b' mit einem Gesamtgewicht von

1456 kg, die 1972/82 durch ein großes Geläut von Bachert, Heilbronn, mit sechs Glocken ersetzt wurden.

Für die Pfarrkirche Herz Jesu in **Ettlingen** goss Grüninger 1950 vier Glocken es' (1400 kg), f' (1000 kg), as' (600 kg) und b' (450 kg) zu einer Grüninger-Glocke von 1928 des'' (263 kg), sodass die Kirche wieder ein Geläute aus fünf Glocken hatte. Als das Geläut 1956 um weitere Glocken ergänzt werden sollte, wurden um eines einheitlichen Klangbildes willen die Grüninger-Glocken vom Turm genommen. An ihre Stelle trat 1956 ein großes Geläute mit sieben Glocken von Friedrich Wilhelm Schilling.

Für die Pfarrkirche St. Marien in **Kirchen-Hausen** auf der Baar lieferte Grüninger 1949 drei Glocken d' – fis' – d' mit einem Gesamtgewicht von 2662 Kilogramm. Diese Glocken wurden 1962/63 ersetzt durch fünf neue Glocken von Friedrich Wilhelm Schilling.

Die Pfarrkirche St. Ulrich in **Wehingen** auf dem Heuberg bekam 1949 vier Grüninger-Glocken e' – fis' – gis' – h' mit einem Gesamtgewicht von 2150 kg. An ihre Stelle traten 2005 vier neue Glocken von Bachert, Karlsruhe.

Für die Pfarrkirche St. Remigius in **Epfendorf** im Landkreis Rottweil goss Grüninger 1950 vier Glocken fis' – a' – h' – cis'' mit einem Gesamtgewicht von 1400 kg. Im Jahre 1977 wurden diese durch ein großes neues Geläute mit sechs Glocken von Bachert, Heilbronn, ersetzt.

Die vier Glocken der Pfarrkirche St. Ulrich in **Nenzingen** im Hegau fis' – a' – h' – d'' (Gesamtgewicht 1321 kg) wurden 1972 durch fünf neue Glocken der Glockengießerei Heidelberg ersetzt.

Die Pfarrkirche St. Georg im unterfränkischen **Zellingen am Main** bekam von Grüninger vier Glocken f' – as' – b' – c'' mit einem Gesamtgewicht von 1670 kg. 1957 erhielt die Kirche vier neue Glocken von Perner, Passau.

Für die Kirche St. Otmar in **Durchhausen** im Landkreis Tuttlingen wurden 1949 drei kleine Glocken mit einem Gesamtgewicht von 415 kg gegossen. Als die Gemeinde 1957/58 eine neue Kirche „Zu den heiligen Engeln“ baute, wurden die Glocken des alten Kirchleins eingeschmolzen und 1958 bei Kurtz in Stuttgart vier neue, größere Glocken gegossen.

In **Großschafhausen** im Landkreis Biberach wurden für die Kirche St. Magdalena 1949 drei kleine Grüninger-Glocken mit einem Gesamtgewicht von 540 kg zu einer vorhandenen kleinen Glocke von 1718 angeschafft. 1963 wurden diese durch drei neue Glocken der Gießerei Gebhard in Kempten ersetzt.

Die Pfarrkirche St. Vitus in **Hayingen** im Landkreis Reutlingen bekam 1949 drei kleine Glocken mit einem Gesamtgewicht von 490 kg zu einer vorhandenen historischen Glocke von 1457. Die Grüninger-Glocken wurden 1963 durch vier neue Glocken von Perner, Passau, ersetzt.

Für die Pfarrkirche St. Martin in **Eglingen** bei Dischingen lieferte Grüninger 1948 zwei kleine Glocken mit einem Gesamtgewicht von 360 kg zu vorhandenen, älteren Glocken. 1961 wurde ein komplett neues Geläute mit vier Glocken von Bachert, Heilbronn, angeschafft.

Wirtschaftliche Schwierigkeiten, Konkurs und das Ende

Im Jahre 1951 begannen sich die Ereignisse zu überschlagen, die schließlich zum Ende des Jahres zur Einstellung des Gussbetriebes und zum Konkurs der Firma führten. Der Firmeninhaber Franz Joseph Benjamin (VI) Grüninger ging weitblickend davon aus, dass die Nachfrage nach Glocken relativ bald wieder zurückgehen würde, sobald die meisten Kirchengemeinden wieder neue Glocken bekommen haben und die kriegsbedingten Lücken geschlossen sind. Vor diesem Hintergrund sei es notwendig, so dachte Grüninger, zur Zukunftssicherung des Unternehmens ein zweites Standbein zu schaffen. Aus diesen Überlegungen heraus reifte bei ihm die Idee, die vorhandenen Anlagen und Möglichkeiten der Gießerei zu nutzen, um auch Gussteile für die Industrie herzustellen und die Produktion durch die Errichtung einer Eisen- und Tempergießerei zu erweitern.

Visitenkarte von 1951 (Quelle: Stadtarchiv Villingen-Schwenningen).

Um dieses Vorhaben zu realisieren, waren entsprechend teure Investitionen nötig. Die Kosten waren ursprünglich auf DM 300.000,– veranschlagt, beliefen sich jedoch schließlich auf DM 450.000,–. Zur Finanzierung beantragte Grüninger einen Staatskredit in Höhe von DM 300.000,–, zugesagt wurde im Herbst 1950 jedoch nur die Hälfte, also DM 150.000,–. Obwohl dieser Betrag für die nötigen Anschaffungen nicht ausreichte, setzte Grüninger seine Investitionen weiterhin fort. Die Fertigung in der Eisengießerei lief im Februar 1951 an, in der Tempergießerei im Juni 1951.

Anfang 1951 wurde bei der Bayerischen Landesbank für Aufbaufinanzierung ein weiterer Kredit in Höhe von DM 200.000,– beantragt. Zudem versuchte Grüninger, zusätzliches Privatkapital einzuwerben. Doch die Bemühungen blieben ohne Erfolg. Im Oktober 1951 erhielt er den Bescheid, dass die Gewährung des Kredits unter anderem von der Aufnahme eines neuen Gesellschafters mit einer Einlage von mindestens DM 200.000,– abhängig gemacht werde.

Da der Aufbau des neuen Geschäftszweigs weitere Mittel erforderte, gingen in der Glockengießerei allmählich die Geldmittel zur Beschaffung von Metall aus. Im Herbst 1951 wurde die finanzielle Lage immer schwieriger. In dieser Notlage verwendete Grüninger hohe Anzahlungen, welche Kirchengemeinden für ihre neuen Glocken geleistet hatten, zum Stopfen der finanziellen Löcher in der Gusseisen-Abteilung. Insgesamt über DM 100.000,–, welche von Kirchengemeinden für neue Glocken anbezahlt worden waren, flossen in den Aufbau der neuen Eisen- und Tempergießerei. Kein einziges Kilogramm Glockenmetall wurde aus den erhaltenen Anzahlungen gekauft, stattdessen wurden mit dem Geld finanzielle Lücken in den anderen Geschäftsbereichen gestopft.

Die bestellten Kirchenglocken wurden nicht geliefert. Ingesamt etwa 20 Kirchengemeinden verloren ihre mühsam ersparten Anzahlungen, ohne die bestellten Glocken zu bekommen. Besonders hart betroffen war die Pfarrei Vöhrenbach im Schwarzwald, die DM 39.000,– für ihre neuen Glocken anbezahlt hatte und das Geld verlor, damals ein Vermögen. Schwer getroffen wurde auch die Pfarrei Jungingen im Zollernalbkreis, die für ein neues Geläute DM 19.000,– anbezahlt hatte, ohne die bestellten Glocken jemals zu erhalten.

In der Pfarrchronik von Krumbach bei Tettnang ist zu lesen: *„Zur Geschichte der Glockenbeschaffung ist noch zu vermerken, daß es um ein spannungsreiches und – ohne es zu wissen – um ein riskantes Geschäft ging. Die Glocken wurden am 25.8.1950 bestellt. Im Voraus wurde von der Firma Grüninger in Straß bei Neu-Ulm die Hälfte des Kaufpreises als Anzahlung zur Materialbeschaffung verlangt. Die Lieferung wurde aber dauernd verzögert mit dem Hinweis, daß wegen der Koreakrise die Lieferung des Kupfers aus Japan sich verzögere. In Wirklichkeit hatte sich die einst altbewährte Firma aus Villingen im Aufbau einer Eisengießerei im ehemaligen Muni-Wald bei Ulm-Straß übernommen und war daran, in Konkurs zu geraten. Wir kamen gerade noch mit heiler Haut davon, während badische Kirchengemeinden ihre Anzahlungen verloren haben“.*

Weiterhin reichte das Geld schließlich nicht mehr aus, um bestelltes Metall und Holz zu bezahlen. So blieben beispielsweise der Metallgroßhandel Hans von Majer in Hamburg, der Metallhändler Gebrüder Röchling KG in München, die Firma Otto Schilling in Hamburg oder der Holzkohlenhändler Georg Feil aus Ebnat zum Großteil auf ihren Forderungen sitzen.

Anfang November 1951 beauftragte Grüninger die Kredit-Treuhand GmbH in München mit der Ausarbeitung eines Sanierungskonzepts. Erst als diese feststellte, dass nur noch ein gerichtliches Vergleichsverfahren den Konkurs abwenden könne, wurde am 29. November 1951 beim Amtsgericht Neu-Ulm Vergleichsantrag gestellt. Durch Beschluss vom 15. Dezember 1951 wurde über das Vermögen der Firma Grüninger Söhne GmbH das Anschlusskonkursverfahren eröffnet.

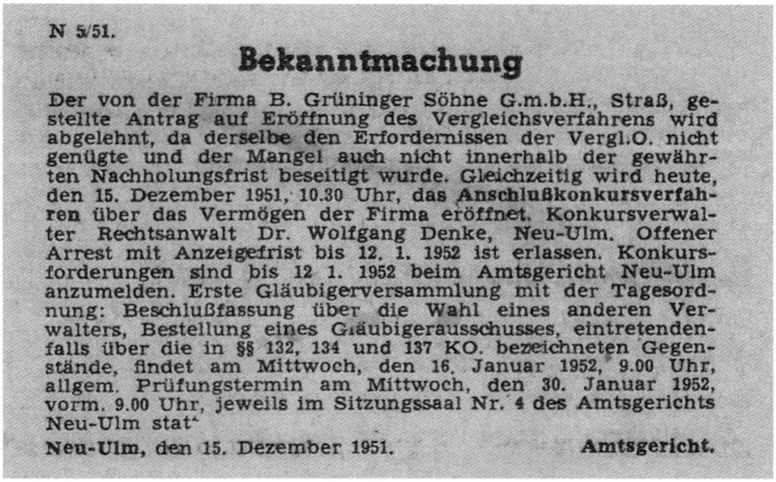

N 5/51.

Bekanntmachung

Der von der Firma B. Grüninger Söhne G.m.b.H., Straß, gestellte Antrag auf Eröffnung des Vergleichsverfahrens wird abgelehnt, da derselbe den Erfordernissen der Vergl.O. nicht genügte und der Mangel auch nicht innerhalb der gewährten Nachholungsfrist beseitigt wurde. Gleichzeitig wird heute, den 15. Dezember 1951, 10.30 Uhr, das Anschlußkonkursverfahren über das Vermögen der Firma eröffnet. Konkursverwalter Rechtsanwalt Dr. Wolfgang Denke, Neu-Ulm. Offener Arrest mit Anzeigefrist bis 12. 1. 1952 ist erlassen. Konkursforderungen sind bis 12 1. 1952 beim Amtsgericht Neu-Ulm anzumelden. Erste Gläubigerversammlung mit der Tagesordnung: Beschlußfassung über die Wahl eines anderen Verwalters, Bestellung eines Gläubigerausschusses, eintretendenfalls über die in §§ 132, 134 und 137 KO. bezeichneten Gegenstände, findet am Mittwoch, den 16. Januar 1952, 9.00 Uhr, allgem. Prüfungstermin am Mittwoch, den 30. Januar 1952, vorm. 9.00 Uhr, jeweils im Sitzungssaal Nr. 4 des Amtsgerichts Neu-Ulm statt.

Neu-Ulm, den 15. Dezember 1951. Amtsgericht.

Bekanntmachung der Konkurseröffnung vom Dezember 1951 (Quelle: Stadtarchiv Villingen-Schwenningen)

Ende 1951 musste der Geschäftsbetrieb eingestellt werden. Dort, wo zuvor Glocken in großer Zahl gegossen wurden, war nun im wahrsten Sinne des Wortes der Ofen aus. Am 7. Januar 1952 wurde der Geschäftsinhaber Benjamin Grüninger in Untersuchungshaft genommen und schließlich 1953 vom Landgericht Memmingen zu 21 Monaten Gefängnis und einer Geldstrafe von DM 1.000,– verurteilt wegen Unterschlagung, Untreue und Betrug. Zudem wurde der Firma vorgeworfen, 7471 Kilogramm Gussbruch, also Gussmaterial, das von im Krieg zerstörten Glocken stammt, für andere Zwecke verwendet zu haben. Dieses Material war bei Grüninger vom Erzbistum Freiburg und vom Bistum Rottenburg zu treuen Händen eingelagert worden.

Scharf verurteilt wurden die Geschäftspraktiken von Grüninger auch vom Verband Deutscher Glockengießereien, die Grüninger Preisdumping vorwarfen, um an Aufträge zu kommen. Im Mitglieder-Rundbrief vom 18. Februar 1952, unterzeichnet vom Vorsitzenden Rincker und vom Geschäftsführer Dr. Hücking, heißt es unter anderem: *„Schließlich zeigt der Konkurs der Firma Grüninger, welche volkswirtschaftlichen Schäden ein Wettbewerb zur Folge hat, der die Grundsätze einer einwandfreien Kostenberechnung und betriebswirtschaftlicher Rentabilität missachtet oder unbewußt vernachlässigt. Ein derartiger zügelloser Wettbewerb bringt letzten Endes weder den beteiligten Firmen noch dem Abnehmer einen Vorteil, am wenigsten aber, wie der Fall Grüninger beweist, derjenigen Firma, die glaubt, durch besonders niedrige Preise einen größeren Anteil an dem leider einmal begrenzten Bedarf für sich hereinholen* *zu können. Verantwortungsbewußte Glockengießer waren daher gerade im Wettbewerb mit der Firma Grüninger wiederholt gezwungen, auf die Hereinnahme von Aufträgen zu verzichten, weil sie selbst bei äußerster Kalkulation in deren Preise nicht eintreten konnten. Was die Preisstellung betrifft, dürfte der Konkurs Grüninger nicht nur für die Glockengießer, sondern nicht zuletzt auch für die Kirchengemeinden eine Lehre dafür sein, daß selten das billigste Angebot das Beste ist".*

Damit war nach mehr als 370 Jahren eine lange und bedeutende Glockengießertradition zu Ende gegangen. Noch heute künden hunderte von Grüninger-Glocken das Gotteslob und halten damit auch die Erinnerung wach an die lange Geschichte von Glockengießern aus Villingen.

Am 27. August 1956 wurde im Handelsregister HRB 37 des Amtsgerichts Villingen veröffentlicht: *„Fa. B. Grüninger Söhne GmbH, Zweigniederlassung Villingen: Mit Beschluß des Amtsgerichts Neu-Ulm vom 27. Juli 1956 ist das Konkursverfahren nach Abhaltung des Schlußtermins aufgehoben. Die Firma ist erloschen".*

Franz Joseph Benjamin (VI) Grüninger blieb nach dem Ende der Firma mit seiner Familie in Neu-Ulm wohnen und betätigte sich als Berater und mit der Erstellung von Gutachten auf psychologischer Basis. Im Alter von 62 Jahren verstarb er am 10. November 1963 in Neu-Ulm, wo er auch begraben wurde. Im gleichen Grab wurden später auch seine Ehefrau Margarethe (*1903 †1976) und sein Sohn Hans (*1927 †1980) bestattet. Die Grabstätte besteht heute nicht mehr.

Aus dem sehr umfangreichen Schaffen von Franz Joseph Benjamin (VI) Grüninger sind auch heute noch zahlreiche Glocken vorhanden, mehr als von jedem anderen Gießer in der gesamten Firmengeschichte. Sie sind, soweit sie recherchiert werden konnten, im Glockenkatalog aufgeführt.

Schluss

Die Glockengießerei Grüninger war ein ungewöhnlich traditionsreiches Unternehmen. Beinahe vier Jahrhunderte lang wurden Glocken gegossen. Leider sind von den zahlreichen bedeutenden Glocken und Geläuten, die im Laufe der Jahrhunderte in Villingen Form und Klang bekamen, nur noch wenige erhalten geblieben. Die Glockenablieferungen während der beiden Weltkriege haben zahlreiche dieser wertvollen, klingenden Kunstwerke vernichtet. Der Großteil der heute noch vorhandenen Grüninger-Glocken wurde zwischen 1948 und 1951 in Straß bei Neu-Ulm hergestellt.

Schon kurz nach der Wiederaufnahme des Gießbetriebs nach dem Zweiten Weltkrieg hatte Grüninger bereits wieder ein ansehnliches Qualitätsniveau erreicht. Es wurden viele sehr klangschöne und auch stattliche Geläute geschaffen, die Zeugnis von der hohen Meisterschaft der Gießerei geben.

Der ganz große Durchbruch blieb der Firma nach dem Zweiten Weltkrieg allerdings versagt. Großgeläute wie beispielsweise für das Villinger Münster, Herz Jesu in Ettlingen, St. Stephan in Karlsruhe oder die Stiftskirche in Baden-Baden, wie sie vorwiegend zwischen um 1900 und um 1935 gegossen worden waren, wurden nach 1945 keine mehr geliefert. Das mag auch damit zusammenhängen, dass die Firma bereits Ende 1951 in Konkurs ging und der Glockenguss eingestellt wurde. Dies zu einem Zeitpunkt, als noch viele Gemeinden neue Glocken bestellten und auch viele große und bedeutende Kirchen erst im weiteren Verlauf der 1950er-Jahre ihre neuen Geläute bekamen. Da hatte Grüninger seinen Betrieb jedoch bereits eingestellt und konnte so am weiteren „Glockenboom“ der Wiederaufbauzeit nicht mehr teilhaben. Auch die große Menge an neuen Kirchen, die in den 1950er- und 1960er-Jahren entstanden, bekamen Glocken aus anderen Gießereien. Grüninger gab es ja nicht mehr.

Erwähnt werden muss auch, dass die Glocken von Grüninger nach dem Zweiten Weltkrieg zumindest für eine gewisse Zeit oft als wenig qualitätvoll eingestuft wurden. Dieses negative Urteil war auch dadurch bedingt, dass neben den guten Bronzegeläuten auch Glocken aus der minderwertigen Ersatzlegierung Weißbronze geliefert wurden, ein Material, das sich sowohl klanglich als auch von der Haltbarkeit als nicht besonders geeignet für den Glockenguss herausstellte. Viele Gemeinden mussten ihre Weißbronze-Glocken zwischenzeitlich ersetzen. Die schlechten Eigenschaften der Weißbronzeglocken ruinierten ein Stück weit den Ruf der Gießerei, sodass – zu Unrecht – Grüninger-Glocken insgesamt als minderwertig angesehen wurden. Weiterhin richtete der Konkurs 1951 bei vielen Kirchengemeinden einen großen finanziellen Schaden an, da diese bereits größere Summen für neue Glocken anbezahlt hatten und so ihr Geld verloren haben.

Der dadurch bedingte, teilweise negative Ruf bestand jedoch zu Unrecht. Fachleute sind sich heute über das ausgezeichnete klangliche Niveau der meisten Grüninger-Geläute einig, welche Zeugnis geben von der Meisterschaft der Villinger Glockengießer. Dem letzten Gießer in der Firmengeschichte, Franz Joseph Benjamin (VI) Grüninger, blieb leider zu seinen Lebzeiten die Anerkennung versagt. Doch heute weiß man um das große Können auch dieses Grüningers, der zu den bedeutendsten Glockengießern des 20. Jahrhunderts zählte. Wäre nicht die Firmengeschichte bereits 1951 auf so unglückliche Weise zu Ende gegangen – es wären mit Sicherheit noch zahlreiche große und bedeutende Grüninger-Geläute zu erwarten gewesen.

Nicht unbeachtet soll auch die hohe bildhauerische Qualität der Glocken aus dem Hause Grüninger durch die Jahrhunderte bleiben. Neben ihrer klanglichen Qualität vermögen die Glocken meist auch durch eine eindrucksvolle Zier zu überzeugen.

Friedrich Wilhelm Schilling wird der führende Glockengießer in Baden

Ab etwa 1880 bis zum Zweiten Weltkrieg hatte Grüninger vor allem bei den katholischen Kirchengemeinden in Baden, also im Gebiet der Erzdiözese Freiburg, nahezu eine Monopolstellung. Nach dem Zweiten Weltkrieg drängten auch andere Glockengießereien aus ganz Deutschland auf den Markt und lieferten neue Geläute nach Baden.

Spätestens mit dem Konkurs von Grüninger 1951 sprang Friedrich Wilhelm Schilling in die sich auftuende Lücke. Schilling (*02.09.1914 †06.06.1971) stammte aus der alten Gießerdynastie der Schilling in Apolda/Thüringen. 1949 machte er sich mit einer eigenen Gießerei in Heidelberg selbstständig. Aufgrund seiner hohen Gießkunst erarbeitete sich das Unternehmen rasch einen guten Ruf und galt später als eine der besten Gießereien in Europa. Schilling wird als der wohl bedeutendste Glockengießer in Deutschland nach dem Zweiten Weltkrieg angesehen.

Von 1949 bis zu seinem Tod 1971 goss er mehr als 7000 Glocken, darunter für viele Stadt- und Dorfkirchen in Baden und in ganz Deutschland. Auch große Domgeläute wie für Freiburg, Konstanz, Würzburg, Hildesheim oder Fulda wurden von ihm gegossen oder weitere Großgeläute wie für das Münster in Villingen, Herz Jesu in Ettlingen oder den Dom in St. Blasien.

Die Gießerei von Friedrich Wilhelm Schilling hatte somit das langjährige Liefergebiet von Grüninger übernommen und insbesondere die katholischen Kirchen in Baden und weit darüber hinaus nach dem Zweiten Weltkrieg mit neuen Glocken versorgt.

DIE BETRIEBSSTÄTTEN DER VILLINGER GIESSHÜTTE

* Am Käferberg – Villingen

Ausschnitt aus einem Stadtplan von Villingen, Stand 1924. Direkt bei der Benediktinerkirche ist die heute nicht mehr bestehende Turnhalle eingezeichnet. Dort befand sich seit ihrer Gründung bis 1821 die Glockengießerei (Quelle: Stadtarchiv Villingen-Schwenningen).

Um 1570/1580 gründete Hans Reble in Villingen eine Glockengießerei. Die erste Heimat der Gießhütte war an der westlichen inneren Ringmauer beim Käferberg. Nachweisbar ist dies auch durch die Villinger Feuerversicherungsbücher im Stadtarchiv. So ist dort 1784 nachzulesen: *„Nr. 478 Keferberg: Benjamin Grüninger, 3-stöck. Glockengießerhaus, 3-stöck. Wohnhaus, Glockengießerfeuer“.* Rund 250 Jahre lang wurden dort bis 1821 Glocken gegossen.

Das Haus wurde abgebrochen, an seiner Stelle wurde im Jahre 1900 die Villinger Turnhalle gebaut. Auch diese ist längst wieder Geschichte.

Links: Benediktinerkirche, alte Turnhalle und Schillerdenkmal in Villingen um 1916. Am Platz der 1900 gebauten und in den 1970er-Jahren abgebrochenen Turnhalle war ehemals die Heimat der Glockengießerei Grüninger (Foto: Archiv J. Schultheiß).

Rechts: Der ehemalige Standort der Gießerei und späteren Turnhalle im Jahr 2024 (Foto: J. Schultheiß).

Heute steht das Münsterzentrum auf dem Areal der früheren Glockengießerei und späteren Turnhalle.

* Südwestliche innere Ringmauer beim „Glockenhäusle“ – Villingen

Links: Ausschnitt aus einem Stadtplan von Villingen, Stand 1924. Oberhalb vom Realgymnasium, dem heutigen Gymnasium am Romäusring, ist das halbkreisförmig aus der Stadtmauer herausragende Glockenhäusle zu erkennen (Quelle: Stadtarchiv Villingen-Schwenningen)

Rechts: Im Bereich des Glockenhäusles in Villingen war die Gießerei ab 1821 beheimatet (Foto: J. Schultheiß).

1821 bezog Grüninger eine neue Gießerei. Diese hatte ihren Platz an der inneren Ringmauer, ein wenig südlich des ehemaligen „Bügeleisens“, dessen Bezeichnung zurückgeht auf eine von 1678 bis 1684 errichtete und keilförmig aus der Stadtmauer heraustretende Schanze, an deren Platz heute das Romäusgymnasium steht. Nach deren Niederlegung 1813 übertrug sich der Name „Bügeleisen“ auf die Fläche zwischen Stadtmauer und Kalkofenweg am unteren Ende der Zinsergasse.

Zu diesem Areal gehörte auch das heute noch bestehende kleine, halbrunde Wohnhaus, heute Zinsergasse 32, das noch immer den bezeichnenden Namen „Glockenhäusle“ trägt und somit an den Zeitabschnitt seiner Geschichte erinnert, als die Grüningers hier Glocken gossen. Es wurde in seiner Kernsubstanz um 1499 erbaut unter Einbeziehung eines halbrund aus der Stadtmauer hinausragenden Kanonen- oder Pulverturms.

Von 1821 an war hier für gut 50 Jahre die Heimat der Villinger Glockengießerei bis zur Eröffnung der neuen Betriebsstätte in der Bickenstraße.

* Bickenstraße 24 – Villingen

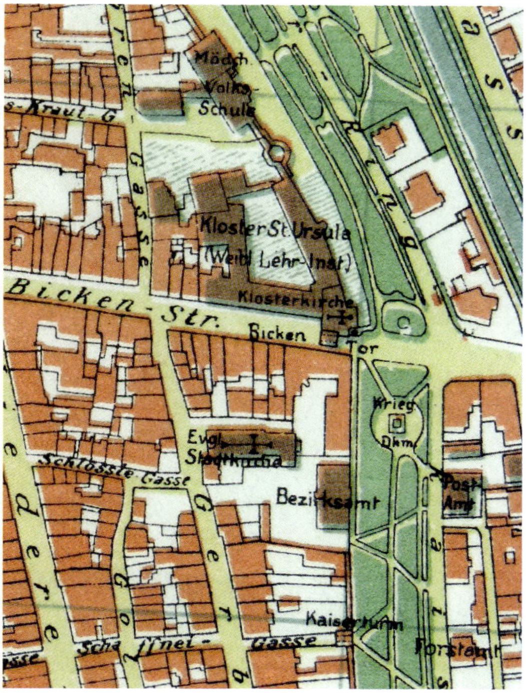

Nachdem der Standort beim „Glockenhäusle" zu klein geworden war und den Ansprüchen nicht mehr genügte, wurde im November 1872 das ehemalige Amtshaus der Johanniter bei der evangelischen Johanneskirche in der Bickenstraße 24 erworben und im Hof dahinter eine neue, größere Glockengießerei errichtet, die im Dezember 1875 fertiggestellt war (später Landratsamt, heute Alten- und Pflegeheim am Kaiserring). In diesem Gießereigebäude beim Bickentor erlebte das Unternehmen eine große Blütezeit. Allein zwischen 1879 und 1915 wurden dort etwa 2150 Glocken gegossen.

Als 1922 die neue Gießerei im Golden Bühl gebaut wurde, blieb die Gießerei in der Innenstadt weiterhin als Betriebsstätte erhalten. Es wurden dort fortan vorwiegend kleinere Glocken gegossen, die großen Glocken entstanden draußen im neuen Werk im Golden Bühl.

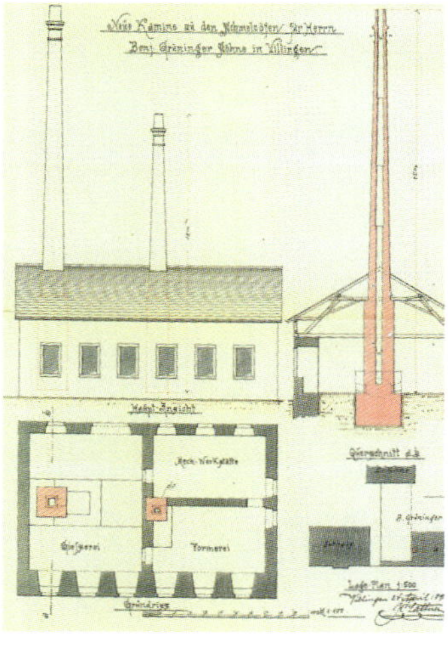

Pläne für neue Kamine für die Schmelzöfen 1889 (Quelle: Stadtarchiv Villingen-Schwenningen).

Links: Ausschnitt aus einem Stadtplan von Villingen, Stand 1924. Zwischen der evangelischen Johanneskirche und dem Kriegerdenkmal direkt neben dem Gebäude des Bezirksamts goss Grüninger ab 1875 seine Glocken (Quelle: Stadtarchiv Villingen-Schwenningen).

Rechts oben: Im November 1872 wurde das ehemalige Amtshaus der Johanniter in der Bickenstraße 24 in Villingen erworben und im Hof dahinter eine neue, größere Glockengießerei errichtet, die 1875 in Betrieb ging. Das Bild zeigt die Gießerei um 1914. Die beiden Schornsteine umrahmen den Turm der evangelischen Johanneskirche (Foto: Archiv J. Schultheiß).

Rechts unten: Die Glockengießerei am Bickentor (Foto: Stadtarchiv Villingen-Schwenningen).

Der Bereich der ehemaligen Glockengießerei am Villinger Bickentor heute (Foto: J. Schultheiß).

Später wurde das Anwesen dann vermietet. Im Oktober 1956 wurden die Gießereigebäude abgebrochen, um dem Bau eines neuen Landratsamtes Platz zu machen, das am 25. November 1957 seiner Bestimmung übergeben wurde. Auch dieses Gebäude ist bereits wieder Geschichte. Heute steht dort das Alten- und Pflegeheim der Seniorenresidenz am Kaiserring.

* Golden Bühl – Villingen

Die Betriebsstätte am bisherigen Standort in der Bickenstraße 24 war im Laufe der Jahre allmählich zu klein geworden. Mit Schreiben vom 10. November 1921 erteilte das Badische Bezirksamt die Genehmigung zur Erstellung einer neuen Gießerei im Golden Bühl. Diese wurde dann

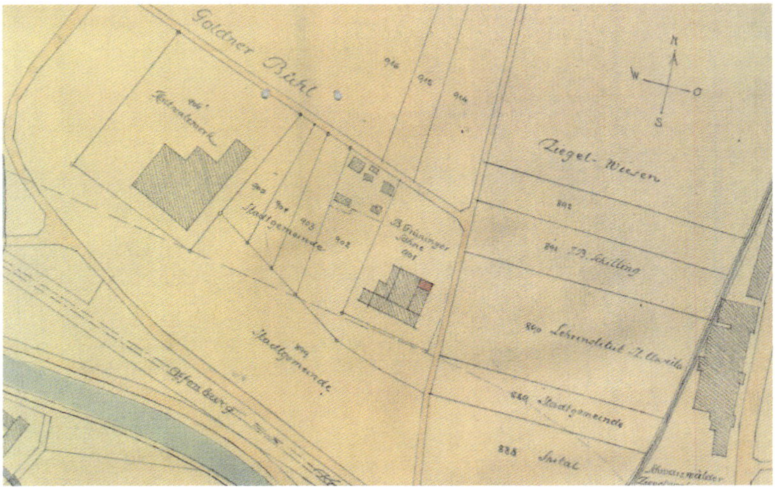

Lageplan der neuen Betriebsstätte im Golden Bühl (Quelle: Stadtarchiv Villingen-Schwenningen).

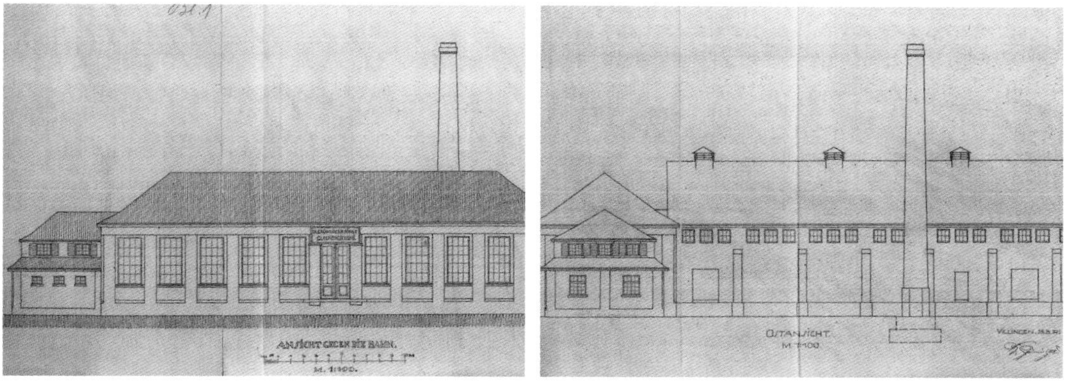

Pläne der Architekten Naegele aus Villingen und Weis aus Offenburg zum 1922 durchgeführten Bau einer neuen Gießerei im Golden Bühl (Quelle: Stadtarchiv Villingen-Schwenningen).

Luftaufnahme aus den 1920er-Jahren. Die neuen Gießereigebäude der Firma Grüninger von 1922 sind rechts oben zu sehen. In der Mitte oben die neuen Fabrikgebäude der Aluminiumwerke (Foto: Stadtarchiv Villingen-Schwenningen).

Die neuen Gießereigebäude im Golden Bühl (Foto: Stadtarchiv Villingen-Schwenningen in: Gott Grüß die Kunst, um 1938).

1922 gebaut nach Plänen der Architekten Naegele aus Villingen und Weis aus Offenburg. Bis 1938 wurden dort Glocken gegossen, ehe im Dritten Reich keine neuen Kirchenglocken mehr benötigt wurden. 1938 musste das Firmengebäude auf Druck der damaligen Machthaber an die Aluminiumwalzwerke Singen verkauft werden. Die Anlage mit dem markanten und hohen Schornstein ist heute noch als Firmengebäude an der Ecke Vockenhauser Straße/Goldenbühlstraße erhalten.

Links: Sandstrahlgebläse in den Werkshallen im Golden Bühl (Foto: Stadtarchiv Villingen-Schwenningen in: Gott Grüß die Kunst, um 1938).

Rechts oben: Formerei im Golden Bühl (Foto: Stadtarchiv Villingen-Schwenningen in: Gott Grüß die Kunst, um 1938).

Rechts unten: Die ehemalige Glockengießerei im Golden Bühl heute (Foto: J. Schultheiß).

* Straß bei Neu-Ulm

Nachdem sich nach dem Zweiten Weltkrieg sowohl die Bemühungen um einen Rückkauf des alten Gießereigebäudes im Golden Bühl wie auch

Die neue Produktionsstätte von Grüninger auf dem Gelände der ehemaligen Heeresmunitionsanstalt in Straß bei Neu-Ulm ab 1948 (Foto: Archiv der Kirchengemeinde St. Dionysius Oberbeuren).

um einen Neubau in Villingen zerschlagen hatten, wurde der Betrieb schließlich 1948 ins bayerisch-schwäbische Straß verlagert, heute ein Ortsteil der Gemeinde Nersingen im Landkreis Neu-Ulm.

Dort existierte während des Zweiten Weltkrieges die Heeresmunitionsanstalt Straß zur Herstellung von Munition sowie zur Lagerung von Munition, V2-Raketen und chemischen Waffen. Nach dem Ende des Krieges wurde das Werk demontiert. Ein Teil wurde weiter militärisch genutzt, zunächst von den US-amerikanischen Streitkräften und später von der Bundeswehr. Ein anderer Teil des riesigen Geländes wurde zur Ansiedelung von Industrie und für Wohnbebauung verwendet.

Als größtes Gebäude war von den ehemaligen Anlagen das Kesselhaus der Zentral-Fernheizungsanalage übrig geblieben. In diese Räumlichkeiten zog 1948 die Firma Grüninger ein und baute dort innerhalb von kurzer Zeit eine Glockengießerei auf. Doch nach nur drei Jahren ging das Unternehmen 1951 in Konkurs. So war nach bald vier Jahrhunderten das Ende der Firmengeschichte besiegelt. Die Firmengebäude wurden 1952 von der Eisen- und Metallindustrie GmbH übernommen, die später mehrfach Namen und Eigentümer wechselte, und existieren noch heute in veränderter Form als Gewerbeobjekt im Industriegebiet von Nersingen-Straß.

Blick in die Werkshallen der Gießerei in Straß (Foto: Archiv der Kirchengemeinde St. Dionysius Oberbeuren).

Die Belegschaft der Glockengießerei in Straß im Jahr 1950 (Foto: Broschüre 380 Jahre Glockenguss B. Grüninger Söhne KG 1950).

Ohrenbetäubend war augenscheinlich der gewaltige Klang beim Probeläuten der neuen Glocken für die Pfarrkirche St. Fidelis in Burladingen im Hof der Glockengießerei in Straß 1949. Der Herr rechts vorne, der sich schützend die Ohren zuhält, ist der Firmenchef Franz Joseph Benjamin (VI) Grüninger persönlich (Foto: Archiv J. Schultheiß).

DIE GRÖSSTEN IN DER FIRMENGESCHICHTE GEGOSSENEN GLOCKEN

(wahrscheinlich unvollständig, da nicht mehr alle in der gesamten Firmengeschichte gegossenen Glocken lückenlos rekonstruiert werden können)

St. Blasien, Dom:	6160 kg, gegossen 1781
Karlsruhe, St. Stephan:	6000 kg, gegossen 1926
Ettlingen, Herz Jesu:	5408 kg, gegossen 1906
Villingen, Münster:	5293 kg, gegossen 1909
Baden-Baden, Stiftskirche:	5240 kg, gegossen 1935
Villingen, Münster:*	4500 kg, gegossen 1601
Mannheim, Jesuitenkirche:	4246 kg, gegossen 1911
Freiburg, Herz Jesu:	4216 kg, gegossen 1900
Mexiko-Stadt, Kathedrale	4186 kg, gegossen 1905
Karlsruhe, St. Bernhard:	4172 kg, gegossen 1902
Freiburg, St. Johann:	3815 kg, gegossen 1899
Todtmoos, Wallfahrtskirche:	3670 kg, gegossen 1928
St. Blasien, Dom:	3500 kg, gegossen 1781
Kappelrodeck, St. Nikolaus:	3500 kg, gegossen 1929
Bürglen/Schweiz, St. Peter und Paul:	3394 kg, gegossen 1925
Mosbach, St. Cäcilia:	3300 kg, gegossen 1935
Radolfzell, Münster:	3294 kg, gegossen 1939
München-Pasing, Maria Schutz:	3250 kg, gegossen 1950
Konstanz, St. Gebhard:	3240 kg, gegossen 1930
Hockenheim, St. Georg:	3228 kg, gegossen 1911
St. Peter, St. Peter und Paul:	3211 kg, gegossen 1910
Bad Rotenfels, St. Laurentius:	3210 kg, gegossen 1926
Singen, Herz Jesu:	3204 kg, gegossen 1911
Mannheim-Neckarau, St. Jakobus:	3179 kg, gegossen 1907
Gailingen, St. Dionysius:	3161 kg, gegossen 1909
Friedrichshafen, St. Petrus Canisius:	3145 kg, gegossen 1928
Augsburg, St. Anton:	3100 kg, gegossen 1950
Kappelrodeck, St. Nikolaus:	3030 kg, gegossen 1906
Pforzheim, St. Franziskus:	3000 kg, gegossen 1922
Rastatt, St. Alexander:	3000 kg, gegossen 1926

* nach anderen Quellen 4000 kg

Mit Ausnahme der Glocken von

*** St. Bernhard in Karlsruhe**
*** St. Peter und Paul in Bürglen (Schweiz)**
*** Maria Schutz in München-Pasing**
*** St. Anton in Augsburg**

ist keine der genannten Glocken mehr vorhanden. Sie wurden alle Opfer der Glockenablieferungen während der beiden Weltkriege oder wurden wie die Glocken von München-Pasing und Augsburg erst nach dem Zweiten Weltkrieg gegossen.

DIE GRÖSSTEN HEUTE NOCH VORHANDENEN GLOCKEN

Karlsruhe, St. Bernhard:	4172 kg, gegossen 1902
Bürglen/Schweiz, St. Peter und Paul:	3394 kg, gegossen 1925
München-Pasing, Maria Schutz:	3250 kg, gegossen 1950
Augsburg, St. Anton:	3100 kg, gegossen 1950
Burladingen, St. Fidelis:	2950 kg, gegossen 1949
Weitnau, St. Pelagius:	2635 kg, gegossen 1951
Sigmaringen, St. Johann	2600 kg, gegossen 1950
Kempten-Lenzfried, St. Magnus:	2600 kg, gegossen 1949
Albbruck, St. Josef:	2600 kg, gegossen 1950
Schonach, St. Urban:	2520 kg, gegossen 1950
Kirchzarten, St. Gallus:	2500 kg, gegossen 1950
Kirchdorf bei Bad Wörishofen, St. Stephan:	2270 kg, gegossen 1950
Leipferdingen, St. Michael:	2250 kg, gegossen 1951
Gengenbach, St. Marien:	2220 kg, gegossen 1949
Augsburg, St. Anton:	2160 kg, gegossen 1950
Berg bei Ravensburg, St. Peter und Paul:	2050 kg, gegossen 1951
Biberbach, Hl. Kreuz:*	2000 kg, gegossen 1949
Tandern, St. Peter und Paul:	2000 kg, gegossen 1949
Philippsburg, St. Maria:	2000 kg, gegossen 1770

* Ausbau der Glocken und neues Geläute für Herbst 2024 geplant

DIE GRÖSSTEN HEUTE NOCH VORHANDENEN GELÄUTE

(nach Gesamtgewicht der im Geläute vorhandenen Grüninger-Glocken, im Geläute eventuell noch vorhandene weitere Glocken anderer Gießer sind nicht berücksichtigt)

Karlsruhe, St. Bernhard:	10219 kg
Augsburg, St. Anton:	8065 kg
München-Pasing, Maria Schutz:	7700 kg
Burladingen, St. Fidelis:	7593 kg
Kempten-Lenzfried, St. Magnus:	7120 kg
Albbruck, St. Josef:	7000 kg
Bürglen/Schweiz, St. Peter und Paul:	6401 kg
Sigmaringen, St. Johann:	6360 kg
Gengenbach, St. Marien:	5910 kg
Weitnau, St. Pelagius:	5685 kg
Kirchdorf bei Bad Wörishofen, St. Stephan:	5630 kg
Schonach, St. Urban:	5577 kg
Leipferdingen, St. Michael:	5300 kg
Biberbach, Hl. Kreuz:*	5150 kg
Kirchzarten, St. Gallus	4580 kg

* Ausbau der Glocken und neues Geläute für Herbst 2024 geplant

EIN BILDERBOGEN – IMPRESSIONEN AUS DER GLOCKENGIESSEREI IN VILLINGEN

Mehr als 350 Jahre lang wurden in Villingen Glocken gegossen. Hunderte von großen und kleinen Glocken erblickten hier das Licht der Welt. Die nachfolgenden Bilder lassen die längst vergangenen Tage lebendig werden, als das uralte Glockengießerhandwerk noch in Villingen beheimatet war. Sie nehmen mit auf eine Zeitreise, als in der Gießerei in der Bickenstraße und später im neuen Werk im Golden Bühl die oft tonnenschweren Rufer Form und Klang bekamen.

Vivos voco. Mortuos plango. Fulgura frango – Die Lebenden rufe ich, die Toten beklage ich, die Blitze breche ich.

Unwillkürlich gehen beim Betrachten der Aufnahmen die Gedanken auch an das berühmte „Lied von der Glocke“ von Friedrich Schiller, wo es heißt:

Fest gemauert in der Erden
Steht die Form aus Lehm gebrannt.
Heute muß die Glocke werden!
Frisch, Gesellen, seid zur Hand!
Von der Stirne heiß
Rinnen muß der Schweiß,
Soll das Werk den Meister loben;
Doch der Segen kommt von oben.

...

Jetzo mit der Kraft des Stranges
Wiegt die Glock' mir aus der Gruft,
Daß sie in das Reich des Klanges
Steige, in die Himmelsluft.
Ziehet, ziehet, hebt!
Sie bewegt sich, schwebt,
Freude dieser Stadt bedeute,
Friede sei ihr erst Geläute.

aus: Friedrich Schiller, Das Lied von der Glocke (1799), hier die erste und die letzte Strophe.

Fotos: Privat

EIN BILDERBOGEN – IMPRESSIONEN AUS DER GLOCKENGIESSEREI IN STRASS

Von 1948 bis 1951 goss Grüninger seine Glocken in dem Dorf Straß, heute ein Ortsteil von Nersingen im Landkreis Neu-Ulm. Die meisten der heute noch vorhandenen Glocken der Villinger Gießhütte wurden dort hergestellt. Vom Guss der neuen Glocken für die Kirchen St. Dionysius in Oberbeuren und Mariä Himmelfahrt in Weißenhorn haben sich eindrucksvolle Bilder erhalten, die einen lebendigen Eindruck vermitteln von der Arbeit im Werk in Straß.

Oberbeuren

Für die Pfarrkirche St. Dionysius in Oberbeuren bei Kaufbeuren wurden 1949 fünf neue Glocken in der Tonfolge cis' – e' – fis' – gis' – h' gegossen. Nach ihrer Fertigstellung wurden die neuen Glocken vom Sachverständigen Thaddäus Hornung mit der Stimmgabel geprüft.

Fotos: Archiv der Kirchengemeinde St. Dionysius Oberbeuren

Weißenhorn

Für die Pfarrkirche Mariä Himmelfahrt in der bayerisch-schwäbischen Stadt Weißenhorn entstanden ebenfalls 1949 fünf neue Glocken cis' – e' – fis' – a' – cis' zu einer noch vorhandenen Glocke h' von 1919. Auch diese Glocken wurden vom Sachverständigen Thaddäus Hornung auf ihre klanglichen Eigenschaften untersucht.

Fotos: Archiv der Kirchengemeinde Mariä Himmelfahrt Weißenhorn

EIN BILDERBOGEN – NEUE GLOCKEN HALTEN EINZUG

Ein großer Tag für eine Kirchengemeinde ist bis heute das Fest der Glockenweihe geblieben. Als nach dem Zweiten Weltkrieg die meisten Kirchen neue Glocken anstelle der im Krieg abgelieferten bekamen, waren dies stets große Tage in der Geschichte der jeweiligen Pfarrei sowie von Dorf und Stadt. Unter großen Opfern wurde in der Nachkriegszeit das Geld für die neuen Glocken aufgebracht. Mit besonderer Feierlichkeit wurden die Glocken begrüßt und geweiht, ehe sie auf den Kirchturm gebracht wurden. Stellvertretend für die unzähligen Kirchen, die in der damaligen Zeit ein neues Geläute bekamen, sollen die nachfolgenden Impressionen aus Kirchdorf bei Bad Wörishofen, München-Pasing, Oberbeuren bei Kaufbeuren und Schonach im Schwarzwald stehen, wo überall neue Glocken der Firma Grüninger Einzug hielten.

Kirchdorf bei Bad Wörishofen, St. Stephan
(Glockenweihe 1950)

Fotos: Archiv der Kirchengemeinde St. Stephan Kirchdorf bei Bad Wörishofen

München-Pasing, Maria Schutz
(Empfang der Glocken und Glockenweihe am 14. Januar 1951)

Fotos: Archiv der Pfarrkirchenstiftung Maria Schutz München

B-GLOCKE

B. Grüninger Söhne
G.m.b.H.
Glockengießerei
Neu-Ulm/Donau

Oberbeuren, St. Dionysius
(Empfang der Glocken und Glockenweihe 1949)

Fotos: Archiv der Kirchengemeinde St. Dionysius Oberbeuren

Schonach, St. Urban
(Empfang der Glocken und Glockenweihe am 1. Oktober 1950)

Fotos: Archiv der Kirchengemeinde St. Urban Schonach und Archiv J. Schultheiß

Bevor die neuen Glocken an ihren Bestimmungsort nach Schonach kamen, wurden sie im September 1950 auf der Landwirtschaftsausstellung in Freiburg präsentiert (Foto: Archiv der Kirchengemeinde St. Urban Schonach).

1.
1.10.1950.

38.

35.

36

41.

DIE ENTWICKLUNG DER MITTLEREN GLOCKENRIPPE ODER AUCH PARSIFAL-RIPPE AM BEISPIEL DES GELÄUTES VON LEIPFERDINGEN

Von Benedikt Grammer, Fridingen an der Donau

Glocken können in verschiedenen Formen gegossen werden. Über viele Jahrhunderte der Glockenentwicklung hatten sich verschiedene Glocken- und Klangformen etabliert, wurden allerdings auch immer wieder aufgrund sich ändernder musikalischer Präferenzen abgelöst oder ersetzt. Die heutige, meistverbreitete Glockenform oder auch Glockenrippe ist eine sogenannte Molloktav-Glockenrippe. Dabei beschreibt der Begriff Glockenrippe das Verhältnis der Wandstärke der Glocke zum Glockenton. Eine schwere Rippe besitzt im Allgemeinen ein Mehr an Masse, welche als Klangkörper zur Verfügung steht. Daher gelten schwerrippige Glocken meist als klangvoller als ihre leichtrippigen Schwestern. Die Definitionen der Rippenschwere unterscheidet sich hierbei bei der Glockengießerei Güninger teilweise deutlich von den heute geläufigen Definitionen. Bei der Glockengießerei Grüninger in Villingen und später in Straß bei Neu-Ulm hatten sich, ausgehend von Entwicklungen vom Ende des 18. Jahrhunderts bis zu Beginn des 20. Jahrhunderts, hauptsächlich zwei Glockenrippen etabliert. Die sogenannte „mittlere Glockenrippe" ist nach heutigen Gesichtspunkten als eine sehr leichte Rippe einzuordnen. Bei einer Glocke mit dem Schlagton c' beträgt das durchschnittliche Gewicht der Glocke 1850 Kilogramm. Diese Glockenform wurde bereits sehr früh in der Geschichte der Gießerei entwickelt und ist in einer frühen Form beispielweise schon 1725 in der Kirche St. Pelagius in Rottweil bei der kleinen Glocke verwendet worden.

Durch immer wieder erfolgte Anpassungen war es den Meistern bis in das 20. Jahrhundert hinein möglich, eine sehr leichte und gleichzeitig recht klangvolle Glockenform zu entwickeln. Diese fand besonders kurz nach den Kriegen in Zeiten großer Not und begrenzter finanzieller Mittel eine starke Verbreitung, da die Glocken aufgrund des geringeren Materialeinsatzes verhältnismäßig günstig waren. Diese Glocken sind optisch durch eine deutliche Wulst im Schlagringbereich zu erkennen. In dieser Rippe sind beispielweise heute noch die großen Geläute in Kempten-Lenzfried, St. Magnus, Gengenbach, St. Marien, sowie Sigmaringen, St. Johann, zu erleben.

Glocke in Gengenbach, gegossen in leichter Rippe (Foto: B. Grammer).

Die sogenannte „schwere Glockenrippe" der Gießerei ist nach heutigen Gesichtspunkten eine mittelschwere Glockenrippe. Eine Glocke mit dem Schlagton c' besitzt in dieser Rippe ein durchschnittliches Gewicht von 2600 Kilogramm. Aufbauend auf Entwicklungen im 19. Jahrhundert, wurde diese Rippe besonders zu Beginn des 20. Jahrhunderts verwendet. Beispielsweise wurde die frühere große Glocke des Villinger Münsters aus dem Jahr 1909 in dieser Rippe gefertigt. Die Rippe unterscheidet sich von der leichten Rippe durch die deutlich reduzierte Wulst

Glocke in Schonach, gegossen in schwerer Rippe (Foto: B. Grammer).

im Schlagringbereich, sowie die merklich gestreckte Flanke und Haube der Glockenform. Auch nach dem Krieg konnten noch einige Glocken in dieser Rippe gegossen werden. Die Geläute von Schonach und Albbruck sind hierbei als besonders klangvolle Ensembles zu erwähnen. Neben diesen Rippenformen existierten über die Jahre noch eine extrem leichte sowie eine sehr schwere Glockenform, die als Varianten der zuvor beschriebenen Rippenformen anzusehen sind. Diese fanden allerdings nach dem Zweiten Weltkrieg praktisch keine Anwendung mehr.

Nach dem Zweiten Weltkrieg wurden im großen Konkurrenzkampf der Glockengießereien einige Schwächen der bisherigen Glockenrippen deutlich. Die Glocken in der schweren Rippe waren verhältnismäßig teuer und fanden daher nur einen begrenzten Absatz. Zudem waren die Resonanzwerte der in dieser Rippe gefertigten Glocken nicht immer zufriedenstellend. Als Faustformel ist hierbei zu nennen, dass eine Glocke mindestens ihren Durchmesser in Zentimeter als Nachklang in Sekunden aufweisen sollte. Dies erreichten besonders die größeren Glocken in dieser Rippe jedoch oftmals nicht. Beispielsweise ist eine Glocke zu nennen, die mit 165 Zentimeter Durchmesser bei der Prüfung „nur" 120 Sekunden Nachklang erreichen konnte.

Die leichte Rippe fand nach dem Krieg weit größere Verbreitung. Obwohl diese Glocken dabei größtenteils eine recht gute Klangqualität aufweisen, ist zu bemerken, dass der Klang gerade bei kleineren Glocken oftmals etwas spitz und dünn wirkt. Aus diesen Gründen war es notwendig, eine neue Rippe zu entwickeln, welche die negativen Aspekte beider Rippen minimieren und dabei die positiven Aspekte übernehmen konnte.

Zum Ende des Jahres 1949 begannen die großangelegten Entwicklungen an einer neuen, mittleren Glockenrippe, die als Zwischenglied zwischen den bereits beschriebenen Glockenformen zu sehen ist. Die Basis bildeten angepasste Glockenformen für Glocken aus der minderwertigen Weißbronze, welche in ihrer Form minimal abgeändert wurden. So entstand die neue mittlere Rippe für Bronzeglocken, marketingtechnisch auch als Parsifal-Rippe bezeichnet. Eine c'-Glocke in dieser Rippe besitzt ein durchschnittliches Gewicht von 2250 Kilogramm. Zu Beginn des Jahres 1950 wurden schließlich die ersten Glocken in dieser Rippe geliefert. Die Nachfrage war besonders bei Anfragen zu stattlichen Geläuten groß, da diese in dieser Form verhältnismäßig kostengünstiger zu realisieren waren. Auch optisch ist diese Glockenrippe eine Mischung der bisher vorgestellten Formen. Während die Form des Schlagringes eher an die schwere Rippe angelehnt ist, ist die Haube dieser Glockenform deutlich gedrungener als bei der schweren Rippe und erinnert eher an die leichte Rippe. Die Rippe erfüllte die Erwartungen. Die Klangfülle wurde im Verhältnis zur leichten Glockenrippe merklich verbessert, während gleichzeitig alle Teiltöne eine ausreichende Resonanz aufweisen konnten.

Glocke in Leipferdingen, gegossen in Parsifal-Rippe (Foto: B. Grammer).

Ein herausragendes Beispiel für ein stattliches Geläut in dieser Form sind die Glocken für St. Michael in Leipferdingen. Insgesamt fünf Glocken wurden zum Ende des Jahres 1950 für die Pfarrkirche gegossen. Die Ausführung erfolgte auf Wunsch der weltlichen Gemeinde Leipferdingen, welche das Geläut stiftete, in der neuen Parsifal-Rippe. So konnten die folgenden neuen Glocken schließlich Ende Dezember gegossen und im Januar 1951 feierlich geweiht werden:

Christusglocke:	2250 kg	Ton: c'
Michaelsglocke:	1250 kg	Ton: es'
Marienglocke:	850 kg	Ton: f'
Josefsglocke:	600 kg	Ton: g'
Augustinusglocke:	350 kg	Ton: b'

Das Geläut von Leipferdingen gehört klanglich zu den besten Geläuten dieser Gießerei. Die Vorteile der Parsifal-Rippe gegenüber den beiden anderen Glockenrippen werden in vielen Aspekten deutlich. Exemplarisch sollen hier die Nachhallwerte der Glocken vorgestellt werden:

Christusglocke:	135 Sekunden
Michaelsglocke:	125 Sekunden
Marienglocke:	110 Sekunden
Josefsglocke:	95 Sekunden
Augustinusglocke:	75 Sekunden

Diese Nachhallwerte sind durchweg sehr überzeugend. Sie übertreffen vergleichbare Glocken in der schweren Rippe um teilweise mehr als das Doppelte. Diese gute Qualität wurde von den Glockensachverständigen der damaligen Zeit als sehr positiv bewertet. Besonders in der Region Bodensee-Oberschwaben sind noch heute viele, vor allem kleinere Glocken in dieser Rippe zu hören.

Glocke in Kirchdorf bei Bad Wörishofen, gegossen in Parsifal-Rippe (Foto: B. Grammer).

Weitere, besonders große Geläute wurden bis zum Ende des Jahres 1951 in dieser Form gegossen. Die wohl bekanntesten, überregionalen Beispiele sind das Geläut von St. Stephanus in Bad Wörishofen-Kirchdorf und das Geläut der Pfarrkirche Maria Schutz in München-Pasing. Die dortige große Glocke „Patrona Bavariae" ist die größte Glocke, die nach dem Zweiten Weltkrieg von Grüninger gegossen wurde.

LIEFERGEBIET

Über Jahrhunderte hinweg gab es katholische und evangelische Glockengießereien. Und so bestellten katholische Gemeinden überwiegend bei katholischen Gießern, evangelische Gemeinden bei evangelischen Gießereien. Erst nach dem Zweiten Weltkrieg begann sich diese Abgrenzung nach und nach aufzulösen.

Die Villinger Gießhütte der Grüninger war von Beginn an katholisch und so wurden über Jahrhunderte hinweg ganz überwiegend Glocken für katholische Kirchen gegossen. Auch die nach dem Zweiten Weltkrieg gegossenen Glocken gingen zum Großteil an katholische Kirchen, auch wenn einige evangelische Gemeinden Glocken von Grüninger bestellten.

Hauptliefergebiet blieb immer der deutsche Südwesten. Wurden früher vorwiegend Glocken für Gemeinden im Schwarzwald und den angrenzenden Gebieten gegossen, wurden ab etwa 1900 Kirchen in ganz Baden und Hohenzollern beliefert, vom badischen Frankenland ganz im Norden bis hinunter zum Bodensee.

Auch nach dem Zweiten Weltkrieg blieb das Gebiet der Erzdiözese Freiburg, also die ehemaligen Länder Baden und Hohenzollern, das Hauptabsatzgebiet. Zahlreiche Geläute gingen auch nach Württemberg (Diözese Rottenburg-Stuttgart). Durch die Verlegung des Gießereibetriebs nach Straß bei Neu-Ulm wurden auch Geläute nach Bayern geliefert. Hier lassen sich die Schwerpunkte im bayerischen Schwaben, also zwischen Ulm und Augsburg, und im Gebiet des Bistums Würzburg festmachen. Einige der größten heute noch vorhandenen Geläute erklingen in Bayerisch-Schwaben: St. Anton in Augsburg, St. Pelagius in Weitnau, St. Magnus in Kempten-Lenzfried und St. Stephan in Kirchdorf bei Bad Wörishofen. Eine besonders hohe Dichte von Grüninger-Glocken lässt sich heute in den Landkreisen Sigmaringen und Biberach feststellen.

Wie erwähnt, wurden überwiegend katholische Kirchen beliefert, doch nach dem Zweiten Weltkrieg bekamen auch einige evangelische Gemeinden Glocken von Grüninger. Insbesondere im Markgräflerland wurden zahlreiche evangelische Gemeinden beliefert. Einen Lieferschwerpunkt an evangelische Kirchengemeinden gab es auch in Hessen-Nassau, wo noch heute einige Grüninger-Geläute erklingen.

Einzelne Geläute kamen jedoch auch in weiter entfernte Regionen. So sind beispielsweise zu nennen in Oberbayern Vachendorf im Chiemgau, Flossing bei Mühldorf am Inn, Wessobrunn im Landkreis Weilheim-Schongau, Bayrischzell im Landkreis Miesbach oder Tandern bei Dachau und Umrathshausen am Chiemsee sowie Baumgarten im Landkreis Freising. Und nicht zu vergessen natürlich das große Geläute von Maria Schutz in München-Pasing. In Niederbayern hängt ein Grüninger-Geläut in Pocking bei Passau. Selbst in den Bayerischen Wald wurden zwei Geläute geliefert, nach Rettenbach und nach Falkenstein, beide im Landkreis Cham. Diese Geläute sind somit in der jeweiligen Gegend echte Exoten.

Auch nach Wessobrunn in Oberbayern, hier auf einer Aufnahme aus den 1930er-Jahren, kamen 1950 Glocken der Firma Grüninger. Sie hängen im spätromanischen, abseits der Kirche stehenden Turm. Dieser trägt auch den Beinamen „grauer Herzog“ und ist der letzte Rest der ehemaligen Klosterkirche (Foto: Archiv J. Schultheiß).

Ruhig und beschaulich zeigt sich die Dorfstraße in Bayrischzell im Landkreis Miesbach auf dieser Aufnahme aus den 1930er-Jahren. Im spitzen Turm der Pfarrkirche St. Margareth hängen seit 1949 zwei Grüninger-Weißbronzeglocken, die auch heute noch mit zwei weiteren Glocken zu Gottesdienst und Gebet rufen (Foto: Archiv J. Schultheiß).

ERINNERUNGEN AN DIE GROSSE ALTE VILLINGER MÜNSTERGLOCKE VON 1601

In seinen „Beiträgen zur Geschichte der Stadt Villingen" hat Paul Revellio auch einen Aufsatz über die große alte Glocke des Villinger Münsters von 1601 aufgenommen, der hier auszugsweise wiedergegeben werden soll. Revellio schreibt:

Im Zuge der Erneuerung des Münsters in den Jahren 1905–09 sollte auch ein neues Geläute beschafft und dazu die alten Glocken umgegossen werden. Dazu gehörte auch die große alte Münsterglocke vom Jahre 1601. Der katholische Stiftungsrat fragte deshalb beim Gemeinderat an, ob die große historische Glocke von der Stadt akquiriert werde. Der Glockengießer, Gemeinderat B. Grüninger, schätzt ihr Gewicht auf 4000 Kilo und nennt als Preis 7600 M. Das Inventar gibt 90 Zentner als Gewicht an. Vor Jahren hat sich ein Stück aus der Glocke abgelöst, so daß sie z. Z. nur noch in der Neujahrsnacht geläutet wird. In der Bürgerschaft wurde allgemein der Wunsch geäußert, daß die Glocke erhalten wird und daß man alles zu ihrer Erhaltung tun solle, da sie bei sämtlichen Belagerungen der Stadt geläutet wurde, denen diese siegreich widerstanden, verbinden sich mit ihr Erinnerungen an sehr bedeutungsvolle und ruhmreiche Zeiten der Vergangenheit. Mehr wußte man damals nicht. Man nahm sich nicht einmal die Mühe, die Glockeninschriften zu studieren, sie hätten wertvollstes Material für die bedrohte Erhaltung dieses ältesten Denkmals der Villinger Glockengießerkunst geliefert.

Die Krone mit 6 Henkeln stellt ebensoviele Heiligenfiguren dar. Die Haube umzieht eine doppelzeilige Inschrift, darunter, ebenfalls an der Schweifung die Reliefs der 12 Apostel, darunter die Kreuzigung Christi mit Maria und Johannes, darunter der eigentliche Glockenspruch:

Das Münster in Villingen nach Abschluss der großen Renovierung von 1905 bis 1909 (Foto: Archiv J. Schultheiß).

En ego campana …, seitwärts ein weiteres Relief mit der Krönung Mariae und einer deutschen Inschrift. Die die Haube umziehenden zwei Zeilen nannten die Amtspersonen, unter denen die Glocke gegossen wurde: die beiden Bürgermeister (consules), der Amtsbürgermeister und der Altbürgermeister: Jakob Mayenberg und Conrad Werner, ferner die Schultheißen (praetores) Clemens Eiselin und Jakob Bösinger und den Pfarrer Martin Digasser, den bekannten Franziskaner, der damals das Pfarramt verwaltete, im Jahre 1601 unter der Regierung des Kaisers Rudolf und unter dem Pontifikate des Papstes Clemens VIII. Gegossen wurde die Glocke von Johann Raeblin, dem Begründer der Glockengießkunst in Villingen und zwar am 12. Nov. 1601 ex communi populi collecta, aufgrund einer allgemeinen Sammlung des Volkes, oder, wie es die zweite Inschrift noch deutlicher kundtut „durch Steuer und Hilf ganzer Bürgerschaft". „Darum geb' Gott allen denen, die an mich gesteuert, das wahre Leben, deren aller Namen geschriben sinnd in ainem neuen Buoch". Die die Haube umgebenden zwei Zeilen sind in den Kunstdenkmälern des Kreises Villingen (1890) in ihrer Reihenfolge nicht ganz richtig wiedergegeben. Sie folgen hier berichtigt:

COSS (consulibus) IACOBO MAYENBERG CONRADO WERNER
PRAETORIBUS CLEMENTE EISELIN IACOBO BÖSINGER
PAROCHO F MARTINO DIGASSER FRANCISCANO
A MDCI RVDOLFO IMPERATORE CLEMENTE VIII PONT OPT MAX
HAEC CAMPANA EX COI (communi) POPULI COLLECTA A ME
JOHANNE RAEBLIN IN DEI LAVDEM FUSA EST
CHRISTVS REX VENIT IN PACE
DEVS HOMO FACTVS EST

Es war also eine Gemeinschaftsleistung „zum Ruhm und Ehr ainem wohlwiesen Rat", auf die dieser nicht wenig stolz war. Das zeigt sich auch darin, dass die bedeutendsten Mitglieder des Rates die Medaillons ihrer Wappen auf der Schweifung der Glocke anbringen ließen. Es waren außer den oben schon genannten Bürgermeistern und Schultheißen der Stadtschreiber Michael Rubin, der Pfennigpfleger Zacharias Kegel und Balthasar Stehr. Als einziger, der nicht zu den Amtsleuten gehörte, hat auch Hans Amann sein Wappen hinzugesetzt. Er ist unzweifelhaft der Modelleur der Wappen und bestätigt dadurch eine alte Vermutung, daß der geschickte Bildhauer sich hier als Gehilfe des Glockengießers betätigte …

Das Buch der Stifter hat sich nicht erhalten, wohl aber archivalische Spuren von einzelnen Stiftern. In dem im Stadtarchiv verwahrten Testament setzt schon 1592 der reiche Villinger Bürger Hans Runk aus Issime im Augstal in Italien „für die vorhabende große Glocke, so sie gegossen wird", 50 Gulden aus, neben anderen frommen Stiftungen für die Altstadtkirche, das Münster und die Armen. Die Summe wurde nach seinem Tode 1607 wirklich bezahlt. Nicht nur der einzelne Bürger, sondern auch die Stiftungen leisteten ihren Beitrag zum Glockenguß. Unter den Extanzen der Rechnung von 1610 verzeichnet die Elendjahrzeitpflege von 400 fl. Hauptgut ausstellige Zinsen von 8 Jahren 160 fl. wegen der großen Glocke.

Am 5. September 1602 wurde die Glocke aufgezogen und geweiht. Wir können uns denken, daß das freudige Ereignis entsprechend gefeiert wurde. Zwar die Chroniken schweigen, wohl aber haben die gewissenhaften Pfennigpfleger die Ausgaben verzeichnet. In dem lebensfrohen Deutschland der Zeit vor dem Dreißigjährigen Kriege war die Glockenweihe und das schwierige Werk des Aufzugs mit einem Umtrunk der Handwerker eingeleitet, die an dem Werk beteiligt waren. Es waren im ganzen 38 Personen. Dazu kommen wie immer auch die Honoratioren, der Abt Gaißer vom Benediktinerkloster, die Priester und die städtischen Beamten, die sich den Trunk ebenfalls nicht entgehen ließen. Der städtische Werkmeister erhielt wegen seiner Mitarbeit am Aufzug der Glocke und an der Aufrichtung des großen Glockenstuhls einen Ehrenbecher, den der Goldschmied Anton Unger gefertigt hatte. Das Glockenzeug lieferte Mathis Meyer, das er dem Reblin ausgeborgt hatte, für 282 fl. Es bedurfte aber noch einiger Ergänzungen, um derentwillen man Boten nach Straßburg, nach Nürnberg und Zürich hatte schicken müssen. Der Glockengießer in Zürich erhielt 5 Pfund wegen Probierung des Zeugs. Im ganzen hatte die Glocke eine Ausgabe von 538 Pfund verursacht.

Von all diesen Dingen wußte man im Villingen des Jahres 1907 nichts mehr. Der Mann, der die Erinnerung hätte auffrischen können, weilte seit anderthalb Jahrzehnten nicht mehr in der Stadt. Man hatte deshalb auch nicht die Möglichkeit, sich auf den Opfersinn der Bürgschaft von 1601 zu berufen und die daraus erwachsende Verpflichtung der Nachkommen. Am 14.6.1907 „nimmt der Gemeinderat von einem Ankauf der Glocke Umgang", da die Stadt durch anderweitige Unternehmungen stark in Anspruch genommen sei. Sie will sich daher, um die 7600 Mark für das Glockenmetall aufzubringen, um einen Staatszuschuß bemühen, der doch nur etatmäßig beschränkt sein konnte, um dann sich durch einen Aufruf in den Zeitungen an den Opferwillen der Bürgerschaft wenden. Der Staatszuschuß wurde zwar prompt bezahlt, aber auf den Aufruf erhielt man die verdiente Antwort. Es gingen ganze sechs Mark ein. Der Gemeinderat sieht darauf von einem Ankauf der Glocke ab. Der Landeskonservator Ernst Wagner empfiehlt, als er sein Bemühen um die Erhaltung der Glocke gescheitert sah, die Inschriften und Bilder der Glocke in Gips abzugießen. Dem verdankten wir den bronzierten Gipsabguß der Glocke. Als man dem verdienten Direktor der Großh. Sammlungen ein Bild dieses Glockenabgusses übersandte, dankte er mit den Worten: „Desto mehr aber weckt das Bild das leise Bedauern, daß das wertvolle Original nicht erhalten werden konnte. Die Glocke gehörte eben doch zu den schönsten im Lande".

Der genannte Gipsabguss der Glocke ist heute leider nicht mehr vorhanden.

Aufruf.

Das alte Geläute im Münster soll durch ein neues ersetzt und bei diesem Anlaß soll auch die historische

große Glocke

umgeschmolzen werden. Die Glocke wurde im Jahre 16[illegible]1 gegossen und hat bei allen Sturm- und Drangzeiten der Belagerungen der Stadt Villingen die Bürgerschaft zur siegreichen Abwehr des Feindes aufgerufen. Sie ist ein Wahrzeichen der großen Vergangenheit der Stadt Villingen und es wäre außerordentlich zu bedauern, wenn diese Glocke nicht erhalten bleiben könnte. Die Kosten für die Erhaltung belaufen sich auf 7600 Mk., weshalb zunächst um einen Staatszuschuß für den Ankauf der Glocke gebeten wurde. Ein solcher Beitrag wurde auch in sehr dankenswerter Weise zugesichert; er genügt aber nicht, um die erheblichen Kosten zu decken.

Wir wenden uns deshalb an alle Kreise der hiesigen Bevölkerung mit dem Ersuchen, Beiträge für den Ankauf der Glocke zu leisten.

Die **Stadtkasse hier** ist bereit, derartige **Beiträge entgegenzunehmen.**

Villingen, den 7. Mai 1908.

Der Gemeinderat:

2120) **Dr. Braunagel.** Owart.

Im Villinger Amtsblatt erschien 1908 diese Anzeige, mit welcher um Spenden zum Erhalt der alten großen Münsterglocke geworben wurde, leider vergeblich (Quelle: Stadtarchiv Villingen-Schwenningen).

EIN AUSSICHTSTURM AUS DER GLOCKENGIESSEREI

In der zweiten Hälfte des 19. Jahrhunderts gab es in Villingen Bestrebungen – wie in vielen anderen Städten auch – die gesamte Stadt und ihre Umgebung durch neue Wege, Hütten und entsprechende Bepflanzung zu verschönern. Auch der Bau eines Aussichtsturms auf der „Wanne" rückte bald in den Blickpunkt des Interesses. Es wurde schließlich eine Aussichtsturm-Genossenschaft gegründet.

Am 29. Mai 1888 schrieb Oberförster Hubert Ganter an das Großherzogliche Bezirksbauamt, Glockengießer Grüninger habe sich befähigt erklärt, einen Turm zu konstruieren. Ein Detailvertrag sei abgeschlossen, die Bauausführung und die Berechnungen seien bestimmt, die Zurichtung des Materials sei im Gange.

Der Aussichtsturm ist einer der ältesten Stahlfachwerktürme der Welt. Er wurde auf dem 778 Meter hohen Berg „Wanne" östlich von Villingen in Stahlskelettbauweise errichtet. Die Stahlteile wurden von der Glockengießerei Grüninger hergestellt. Das Material des Turmes bildet eine abgestumpfte Pyramide. Die Höhe ist 30 Meter. Das Gesamtgewicht der Konstruktion beträgt rund 17.500 Kilogramm.

Die feierliche Eröffnung des Aussichtsturmes war dann am 16. September 1888.

Der Aussichtsturm in Villingen. Seine Stahlkonstruktion wurde von der Firma Grüninger angefertigt (Foto: Stadtarchiv Villingen-Schwenningen).

Programm
zur feierlichen Eröffnung
des auf der Wannenhöhe bei Villingen neuerbauten,
30 Meter hohen, eisernen
Aussichtsthurmes
am Sonntag, den 16. September 1888.

Morgens 6 Uhr: **Böllerschüsse.**
Vormittags 11 Uhr: **Frühschoppen** im „deutschen Hof".
Nachmittags 1 Uhr: **Musik auf dem Marktplatz.**
" 1/2 2 Uhr: **Aufstieg zum Thurm.** Sammlung beim Bickenthor.
" 2 Uhr: **Begrüßung der Festtheilnehmer** durch den Vorstand der Aussichtsthurmgenossenschaft; darauf
" 1/4 3 Uhr: **Hissung der deutschen Flagge** auf dem Hochplateau des Thurmes zum Zeichen der Uebergabe des Thurmes für den öffentlichen Verkehr.
" 3 Uhr: **Concert der städtischen Feuerwehrmusik und gesellige Unterhaltung.**
Abends 7 Uhr: **Großes Brillantfeuerwerk,** abgebrannt auf dem Hochplateau des Thurmes und bengalische Beleuchtung desselben.

Zu zahlreicher Betheiligung an dieser Feier, sowie zur Besteigung des Thurmes wird ein verehrl. Publikum aus Nah und Fern freundlichst eingeladen.

Villingen, den 11. Septbr. 1888. [2108 1/2

Die Aussichtsthurmgenossenschaft.

Programm zur Eröffnung des Aussichtsturms am 16. September 1888 (Quelle: Broschüre 100 Jahre Aussichtsturm Villingen, 1988).

DE GLOCKEBENNE – ZUNFTMEISTER BENJAMIN GRÜNINGER

Von Michael Bohrer, Historische Narrozunft Villingen

Joseph Benjamin (V) Grüninger (*1873 †1927)

Franz Joseph Benjamin (V) Grüninger wurde 1901 Zunftmeister der Villinger Narrozunft (Foto: Historische Narrozunft Villingen).

Wenn am Fasnetmentigmorgen beim großen Umzug der Historischen Narrozunft die Narros zum Narromarsch springen, ertönen die Bronzerollen im Takt der Musik. Viele Narros tragen auch heute noch mit Stolz Rollen der Glockengießerei Grüninger.

Diese Rollen sind zum einen an den Initialen BG zu erkennen, aber auch an dem charakteristischen Muster. Und die Träger wissen am Abend, was sie geleistet haben, weil die Grüningerrollen deutlich schwerer sind als die später aufgekommenen Rollen aus Nürnberg.

Als die Narrozunft 1900 durch interne Streitigkeiten kurz vor der Auflösung stand, wurde 1901 mit Benjamin Grüninger ein neuer Zunftmeister gewählt. Er führte den Verein wieder zusammen und war von 1901 bis zu seinem Tod 1927 Zunftmeister der Historischen Narrozunft Villingen.

Aus dem 1. Protokollbuch der Narrozunft:

vom 17. Februar 1901

… Es wurden nun Vorstands-Mitglieder vorgeschlagen u. durch Zuruf alsdann gewählt, als Vorstand Benjamin Grüninger jr., als Schriftführer Baptist Riesterer, u. als Kasier Hermann Schäfer, …

Die heute noch berühmten und begehrten „Grüninger-Rollen". Über dem Häs kreuzen sich vier Riemen mit in Bronze gegossenen Rollen (= Glöckchen), von denen sich bis heute noch einige erhalten haben, die von der Firma Grüninger hergestellt wurden (Fotos: Historische Narrozunft Villingen).

Die Versammlung wurde dann vom nun gewählten Vorstand geschlossen mit der Bitte, es möchten sich alle Narro der Zunft einmüthig anschliessen.
Villingen den 17. Februar 1901
Schriftführer B. Riesterer
Der Vorstand B. Grüninger
Kasier Hermann Schäfer, Maler

Generalversammlung der Narrozunft am 26. Febr. 1905

Protokoll der Narro – Versammlung
am Sonntag 26. II. 05 im Gasthaus z. Schlößle
Der Vorsitzende Herr Benj. Grüninger jr. begrüßte die zahlreich Erschienenen und gab dann einen Rückblick auf die Tätigkeit im letzten „Vereinsjahr“. Die Zunft zählt bisher 120 Mitglieder wozu eine Reihe Neuanmeldungen kommen. Das Gesamt-Zunftvermögen beträgt M 226,06. Mit Genugtuung machte der Vorsitzende von dem Erfolg Mitteilung, welchen die auf dem städt. Maskenball vertretenen Zunftmitglieder errungen, indem diesen der Ehrenpreis der Stadt zuerkannt wurde. Die bisherigen Vorstandsmitglieder wurden per Akklamation wiedergewählt.

Während des Ersten Weltkriegs wurden viele Kirchenglocken eingezogen, um daraus neue Kanonen zu gießen. Auch die Villinger Narrorollen sollten dazu verwendet werden. Benjamin Grüninger verfasste zusammen mit anderen ein falsches Testat über die Metallzusammensetzung der Rollen, so dass die Narros ihre geliebten Rollen behalten konnten.

Der Verwaltungsrat der Historischen Narrozunft Villingen im Jahre 1926, vorne in der Mitte Franz Joseph Benjamin (V) Grüninger (Foto: Historische Narrozunft Villingen).

Die Firma Grüninger hat auch für den Bräunlinger Hansel die Rollen für das Hanselgeschell gegossen. Die Geschellriemen mit Grüninger-Rollen, von denen es bis heute noch einige wenige Sätze in Bräunlingen gibt, sind heute Raritäten und sehr begehrt.

Es bestanden seit jeher sehr gute Beziehungen zwischen Villingen und Bräunlingen, die so eng waren, dass während den Wirren des 30-jährigen Krieges gegenseitige Zusicherung des Bürgerrechtes vereinbart wurde, sollte eine der beiden Städte in Bedrängnis geraten.

Im Jahr 1924 waren Villingen und Bräunlingen mit elf weiteren Zünften Gründungsmitglieder der heutigen Vereinigung schwäbisch-alemannischer Narrenzünfte. Einer Organisation, die weit vor Bildung des Südweststaates über die seinerzeitigen Grenzen von Baden und Württemberg eine Zusammenarbeit begonnen hat.

Der Beginn der Vereinigung schwäbisch-alemannischer Narrenzünfte:

16.11.1924
Protokoll über die Gründung eines Gauverbandes der Badischen und Württembergischen Narrenzünfte im Stiftskeller in Villingen. Vertreter folgender Orte waren anwesend:

Waldshut, Hüfingen, Bräunlingen, Elzach, Stockach, Rottweil, Schramberg, Klein-Laufenburg, Donaueschingen, Haslach, Offenburg und Villingen. Es waren insgesamt 54 Personen anwesend.

Als Zweck des Zusammenschlusses sah man die Notwendigkeit, gegenüber der Regierung einen größeren Rückhalt zu haben.

Portraitscheme Franz Joseph Benjamin (V) Grüninger (Foto: Historische Narrozunft Villingen).

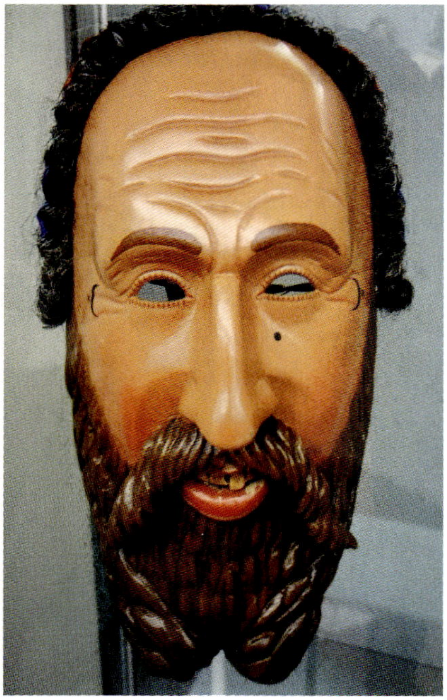

Zusammen mit Albert Fischer war Benjamin Grüninger ein Visionär. Durch die Gründung des Gauverbandes konnte die Fasnet vor weiteren politischen Unwägbarkeiten bewahrt werden.

Das 1. Präsidium des Verbandes bestand aus folgenden Personen:

1. Präsident Benjamin Grüninger, Glockengießereibesitzer Villingen
2. Präsident Wilhelm Herb, Rottweil

Der plötzliche Tod von Joseph Benjamin (V) Grüninger vor der Fasnet 1927, ausgelöst durch einen Schlaganfall, rief bei den befreundeten Vereinen große Bestürzung hervor.

Es existiert eine Portraitscheme von Benjamin Grüninger. Geschnitzt wurde sie von Friedrich Moser (1882–1950), der genaue Entstehungszeitpunkt ist nicht bekannt. Diese Scheme ist noch im Besitz der Nachfahren der Familie Grüninger.

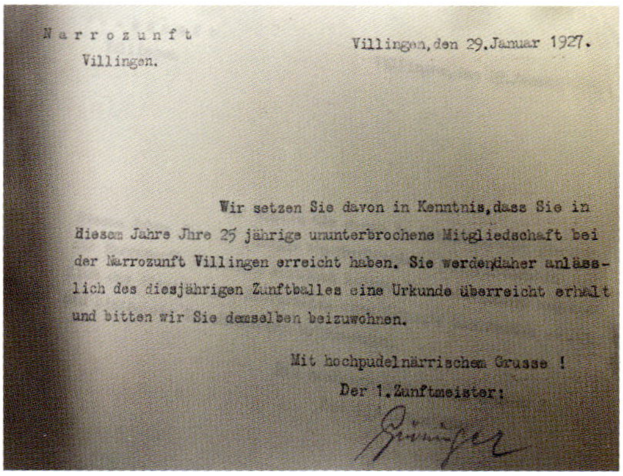

Narrozunft
Villingen.

Villingen, den 29. Januar 1927.

Wir setzen Sie davon in Kenntnis, dass Sie in diesem Jahre Ihre 25 jährige ununterbrochene Mitgliedschaft bei der Narrozunft Villingen erreicht haben. Sie werden daher anlässlich des diesjährigen Zunftballes eine Urkunde überreicht erhalt und bitten wir Sie demselben beizuwohnen.

Mit hochpudelnärrischem Grusse !
Der 1. Zunftmeister:

Einladung zu einer Ehrung, unterzeichnet von Zunftmeister Grüninger.

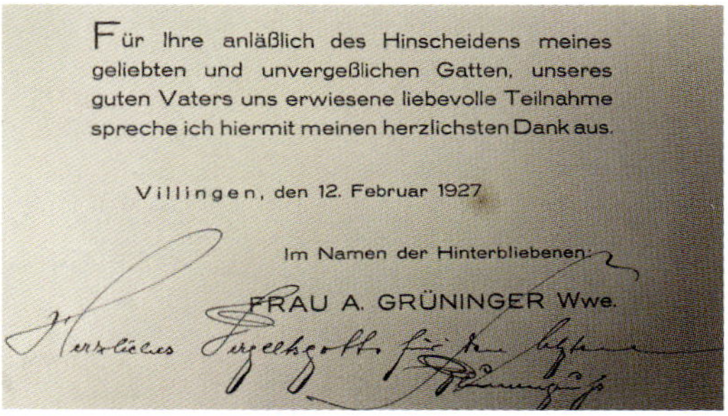

Für Ihre anläßlich des Hinscheidens meines geliebten und unvergeßlichen Gatten, unseres guten Vaters uns erwiesene liebevolle Teilnahme spreche ich hiermit meinen herzlichsten Dank aus.

Villingen, den 12. Februar 1927

Im Namen der Hinterbliebenen:
FRAU A. GRÜNINGER Wwe.

Danksagung nach dem Tod von Franz Joseph Benjamin (V) Grüninger 1927.

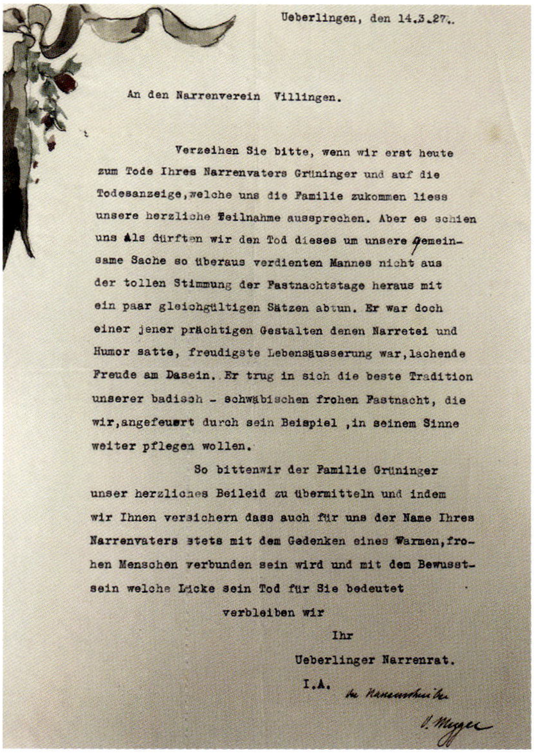

Ueberlingen, den 14.3.27.

An den Narrenverein Villingen.

Verzeihen Sie bitte, wenn wir erst heute zum Tode Ihres Narrenvaters Grüninger und auf die Todesanzeige, welche uns die Familie zukommen liess unsere herzliche Teilnahme aussprechen. Aber es schien uns als dürften wir den Tod dieses um unsere gemeinsame Sache so überaus verdienten Mannes nicht aus der tollen Stimmung der Fastnachtstage heraus mit ein paar gleichgültigen Sätzen abtun. Er war doch einer jener prächtigen Gestalten denen Narretei und Humor satte, freudigste Lebensäusserung war, lachende Freude am Dasein. Er trug in sich die beste Tradition unserer badisch - schwäbischen frohen Fastnacht, die wir, angefeuert durch sein Beispiel, in seinem Sinne weiter pflegen wollen.

So bitten wir der Familie Grüninger unser herzliches Beileid zu übermitteln und indem wir Ihnen versichern dass auch für uns der Name Ihres Narrenvaters stets mit dem Gedenken eines warmen, frohen Menschen verbunden sein wird und mit dem Bewusstsein welche Lücke sein Tod für Sie bedeutet
verbleiben wir
Ihr
Ueberlinger Narrenrat.
I.A.

Kondolenzschreiben des Narrenrates Überlingen.

Franz Joseph Benjamin (V) Grüninger auf der Kutsche (Alle Fotos: Historische Narrozunft Villingen).

DOKUMENTE UND VERSCHIEDENES

Rippentabellen

TABELLE ÜBER GLOCKEN IN MITTLERER RIPPE.

Ton-, Größen- u. Gewichts-Tabelle

über Glocken von mittlerer Bauart.

Ton	Gewicht Kilogramm	Durch-messer Meter	Gewicht Kilogramm	Durch-messer Meter	Gewicht Kilogramm	Durch-messer Meter
C	14 700	2,92	1 840	1,46	230	0,73
Cis	13 120	2,80	1 640	1,40	205	0,70
D	10 600	2,62	1 325	1,31	165	0,66
Dis	9 000	2,44	1 125	1,22	140	0,61
E	7 400	2,33	925	1,16	115	0,58
F	6 240	2,20	780	1,10	97	0,55
Fis	5 000	2,08	625	1,04	78	0,52
G	4 400	1,98	550	0,99	69	0,49
Gis	3 520	1,82	440	0,91	55	0,45
A	3 040	1,75	380	0,87	47	0,43
B	2 560	1,66	320	0,83	40	0,41
H	2 200	1,56	275	0,78	34	0,39
C	1 840	1,46	230	0,73	28	0,36

Rippentabelle (mittlere Rippe) der Firma Grüninger um 1927 (Quelle: Erzbischöfliches Archiv Freiburg B2-38/19 in: Broschüre Bronceglockengießerei Benjamin Grüninger Söhne, 1927).

TABELLE ÜBER GLOCKEN IN SCHWERER RIPPE.

Ton-, Größen- u. Gewichts-Tabelle

über Glocken von schwerer Bauart.

Ton	Gewicht Kilogramm	Durch-messer Meter	Gewicht Kilogramm	Durch-messer Meter	Gewicht Kilogramm	Durch-messer Meter
C	20 800	3,16	2 600	1,58	325	0,79
Cis	16 800	2,92	2 100	1,46	263	0,73
D	13 440	2,80	1 680	1,40	210	0,70
Dis	11 200	2,64	1 400	1,32	175	0,66
E	9 600	2,48	1 200	1,24	150	0,62
F	8 320	2,36	1 040	1,18	130	0,59
Fis	6 720	2,18	840	1,09	105	0,54
G	5 632	2,06	704	1,03	88	0,51
Gis	4 992	1,94	624	0,97	78	0,48
A	4 000	1,84	500	0,92	62	0,46
B	3 520	1,74	440	0,87	55	0,43
H	3 000	1,66	375	0,83	46	0,41
C	2 600	1,58	325	0,79	40	0,39

Rippentabelle (schwere Rippe) der Firma Grüninger um 1927 (Quelle: Erzbischöfliches Archiv Freiburg B2-38/19 in: Broschüre Bronceglockengießerei Benjamin Grüninger Söhne, 1927).

Verzeichnis der von etwa 1900 bis etwa 1927 gegossenen Glocken

Seit 1900 bis zum Kriege und nach dem Krieg aus unserm Werk hervorgegangene Glocken.

Ort	Gewicht kg	Töne	Ort	Gewicht kg	Töne
Doldenhof	62	a	Dürrheim	97	f
Weitenung	103	g b	Durmersheim	931	g d
Thunsel	1887	f a c	Bickesheim	336	dis fis gis
Oberschwörstadt	2577	E g a c	Altenburg	289	d fis a
Erzingen	3072	E g gis h e	Luttingen	1725	fis ais cis dis
Zellweierbach	37	b	**Walldürn**	**5504**	Cis Dis f gis cis
Obersimonswald	1485	a b c e	Eschelbach	156	f a
Hondingen	1757	g a h d	Hardt	2302	E fis gis h
Hornberg	1580	fis ais cis	Dillendorf	1776	f a c
Oberwolfach	55	gis	Baden	1123	gis ais cis dis
Stetten	229	d	Billfingen	730	g b
Merzhausen	1549	fis ais cis	Altenschwand	225	dis fis
St. Georgen	1089	as c es	Lauf	1256	Es es
Hundheim	1785	g a h d	Rotenberg	254	cis
Hohenwarth	105	fis	Locherhof	51	gis
Käfersberg	85	g	Heiligenbronn	788	gis c f
Schramberg	59	a	Pforzheim	291	d fis a
Elzach	1478	Es	Zimmern	692	a cis e
Horgen	575	a c	Waldmühlbach	109	fis
Spechbach	764	f	Bühl	334	b
Behla	254	cis	Bruchhausen	185	e gis
Todtmoosau	53	b	Schweigen	82	fis
Pforzheim	**6316**	H Cis Dis fis gis	Bräunlingen	169	es
Kappel	1930	fis a h cis	Niederwiehl	2150	g h d e
Elgerweier	158	e	Schönbronn	70	g
Weizen	532	ais cis	Liggeringen	1296	g h d g
Neudingen	83	fis	**Hausach**	**4005**	Des Es f as
Steinach	131	es	Bermersbach	1885	f a c
Strittberg	65	a	Rettigheim	278	h
Hörnleberg	203	c	Hörden	1267	g h d
Herten	118	f c	Strittmatt	120	e
Unterendersbach	207	cis	Wurmlingen	433	gis
Asbach	1029	g h d	Hartheim	1280	Es es
Königshofen	**5011**	C E g c e	Jhlingen	348	c e
Jstein	219	c	Ettlingen	214	d
Binzgen	169	cis	Neckargemünd	2343	E fis gis h
Saßbach	2117	Es b es	**Oberweier**	**3026**	E g d h e
Oberwolfach	434	cis e	Jstein	908	f d
Schlatt	2217	fis gis ais cis	Klengen	333	g fis
Wolfach	125	es	Zimmern	637	b des f
Wilfertingen	885	E	Karlsruhe-Mausoleum	750	f
Busenbach	1980	f g a c	Boll	974	gis h
Epfenhofen	160	d	Sickingen	209	es g
Heidelberg	118	e	Mingolsheim	243	d f
Karlsruhe	291	gis fis	Götzingen	1834	f a c
Delkofen	75	fis	Löffingen	383	cis f
Schwenningen	1714	e gis h	Untersimonswald	1420	f des f
Dunningen	53	gis	Schwenningen	2135	D fis
Hechingen	351	h	Schienen	121	e
Altenschwand	159	dis	Alpirsbach	77	fis
Kappelwindeck	2620	f g a c	Güntersthal	261	cis
Wöschbach	1706	f g b	Denfringen	947	fis dis
Urberg	1009	g h d	**Vöhrenbach**	**5813**	Des Es f as b des
Rechberg	216	dis fis	Oberharmersbach	198	cis

15

Ort	Gewicht kg	Töne	Ort	Gewicht kg	Töne
Aue	79	fis	Mexiko	45	h
Pruhl	2327	E fis gis h	„	327	b
Peterstal	410	c e g	„	125	dis
Sandhausen	1294	g a h d	„	150	d
Neudingen	610	fis	„	73	fis
Obergrombach	1799	E gis h e	„	103	f
Malterdingen	810	gis dis	„	73	g
Immendingen	99	f	„	74	g
Untermessingen	991	a c es	„	77	g
Unterschmeien	120	e	„	201	cis
Oberbergen	**3700**	Es f g b	„	77	g
Rothweil	238	c	Tannheim	2588	f g a c
Oberweier	227	es g	**Königsheim**	**413**	b
Seedorf	285	c	Schlatt	1225	g a h d
Ersingen	1438	Es b	Guningen	635	fis
Sandhofen	2154	Es g b es	Durchhausen	42	b
Badenweiler	1971	Cis ais	St. Roman	459	c e d
Hofen	1058	gis h cis	Schöllbronn	238	c
Weingarten	2189	Es g b es	Leiberstung	160	e
Spessart	1087	g h d	Gremmelsbach	64	g
Waibstadt	317	b	Haigerloch	27	c
Gamburg	1790	f g a	**Freiburg-Stühlingen**	**9106**	A D E fis a h
Boxberg	2018	f g a c	Dogern	137	es
Unterbaldingen	262	cis	Altglashütte	2595	f g a c
Pfohren	1622	fis ais cis	Blankstadt	2586	f g a c
Reichenbach	2392	E fis gis h	**Durlach**	**4815**	Cis E fis gis
Schiltach	1045	as b c	Denfringen	287	h
Urach	1698	g b c d	Brombach	664	h dis fis
Feldberg	163	e	Nordschwaben	97	g
Rohrbach	55	gis	**Sinsheim**	**5601**	Des Es f as des
Lottstetten	**3289**	E fis gis h e	Oensbach	561	g
Ewattingen	400	a	St. Georgen	1531	Es
Neudingen	1795	g a h d	Gaggenau	2374	E gis h e
Rohrbach	1905	g a h d	Ottenau	234	c
Schriesheim	426	c e g	Sigmaringen	127	f
Reichental	1975	fis ais cis	Mangensteinbach	584	b c
Schönwald	49	a	Moos	275	d f
Göschweiler	650	b d	Hohensachsen	813	as c es
Welschensteinach	654	fis	Schlierbach	153	f
Pfaffwiesen	77	gis h	Bischweier	1154	as c es
Radolfzell	875	gis h dis	Huttingen	103	f
Hegne	704	h dis fis	Kandern	456	h dis
Singen	41	b	Schuttertal	27	c
Schura	210	d	Meßkirch	640	as
Stetten	1874	f as c	Hettingen	1026	fis ais cis
Straßburg-Angern	67	g	Waldkirch	63	as
Schlossau	1280	g h d	Titisee	41	b
Eiersheim	268	cis	Buchenbach	311	c
Waldhausen	57	gis	Lautenbach	1377	f b c
Zell a. H.	**5528**	Des Es f a des	Zell a. H.	1094	as c es
Wagshurst	1625	f c d	Zell a. H.	213	f as
Freiburg Wiehre	**10214**	B Des Es f as b	Radolfzell	60	gis
Heiligenbronn	326	b	Hegne	41	b
Spaichingen i. W.	**3070**	E fis gis h	Furtwangen	718	a c e
St. Blasien	57	gis	**Mannheim** Hl. Geist	**5364**	Des Es f as
Säckingen	33	h	Dangstetten	548	c e g
Buchen	**3263**	D fis a	Bollenbach	144	es
Mexiko	54	gis	Bösingen	434	as
Mexiko	50	a	Buchenbach	1537	Es

16

Ort	Gewicht kg	Töne
Zoznegg	129	f
Mimmenhausen	1261	f es
Schlossau	120	f
Mauenhain	138	es
Reichental	1485	Es
Neustadt	**5994**	Des Es f as b de
Buchenberg	720	f
Schweighof	49	h
Wollmatingen	1530	Es
Furtwangen	477	c e
Kippenheimweiler	1242	fis a cis
Hammereisenbach	1556	as b c es
Oberkirch	99	f
Murg	725	g
Karlsruhe St. Bernh.	**11499**	A C D E g a c
Bubsheim	647	fis
Heidelberg	**3706**	Es f g b
Rohrbach	83	fis
Rohrbach	77	as
Oberbaldingen	1470	f as c
Bergöschingen	45	b
Schönwald	2665	E fis h e
Dürbheim	573	g
Sigmaringen	58	gis
Rüßwiehl	40	b
Niedergebisbach	76	fis
Murg	227	d
Hänner	1608	fis gis ais cis
Grießen	2242	H
Steinfurt	71	g
Jlmspan	1956	f g a c
Großweier	1210	g a
Spaichingen	1031	g h d
Nesselwangen	1067	a h cis e
Wolterdingen	2022	f a c f
Bisingen	1605	f as c es
Radolfzell a. B.	**4639**	D Es f g c
Tennenbronn	2244	Es fis a c
Büsingen	1255	fis a cis
Unterkirnach	1074	fis gis ais cis
Oeflingen	1396	Es as b c
Walldorf	1140	E fis gis h
Gauangelloch	716	as c es
Oberkessach	2299	E fis gis h
Wagshurst	172	f
Railingen	1371	f a c
Stetten	766	b d f
Göggingen	39	b
Niederimsingen	841	a h
Mexiko	158	d
„	40	b
„	50	gis
„	103	f
Burlatingen	620	as
Grotzingen	50	gis
Saßbachried	176	d
Altheim	614	a cis
Waldstetten	1112	g b c
Sulzbach	1177	fis ais cis
Langenrain	410	c e g
Emmendingen	370	h
Schapbach	40	b
Hänner	144	f a
Kartung	385	cis f
Freiburg	79	fis
Hagnau	60	gis
Berwangen	51	a
Königsbach	1091	Es
Zunsingen	104	f
Hettigenbeuren	618	b d f
Unkirch	1930	g a h d
Trosselfingen	56	a
Weilheim	2449	f a c f
Eisental	1898	g a h d
Eigsheim	2262	E fis gis h
Meckesheim	622	b d f
Mietersheim	103	f
Mannheim Herz-Jesu	**4710**	D E fis a h
Höfendorf	28	c
Erlaheim	1977	f g a c
Hamberg	141	es
Asbach	171	d
Neuenheim	**3060**	e fis gis h
Sigmaringen	**3220**	E fis gis h e
Laufen bei Rottweil	1579	fis gis ais cis
Sulz A. Lahr	1795	f as b c
Gamburg	93	f
Kehl	39	b
Arlen	2325	E fis gis h
Vimbuch	31	h
Walldürn	24	c
Aichhalden	2334	E fis gis h
Linkenheim	440	gis
Fridingen	43	b
Ohlsbach	347	h
Zuzenhausen	441	as
Obergimpern	821	as c es
Burgweiler	2542	f g a c
Mundingen	601	gis
Asamstadt	1155	as b c es
Bargen	597	b d f
Donaueschingen	197	es
Steißlingen	2493	E fis gis h cis
Lienheim	1800	g a h d
Unterbrend	637	h dis fis
Karlsruhe ev. Stadtkirche	416	b
Mönchzell	517	h dis fis
Lobenfeld	829	as c es
Busenbach	233	c
Steinbach	1228	g a h
Bernau	1279	a h cis e
Grombach	567	g
Hausen	144	es
Griesbach	819	a c es
St. Georgen bei Freiburg	2530	D g
Spaichingen	703	a cis e
Rottweil	2205	f g a
Lützenhardt	2759	Es f g b

Ort	Gewicht kg	Töne
Dauchingen	1501	fis ais cis
Freiburg	72	fis
Dettensee	480	h fis
Wollmatingen	713	b c
Hechingen	72	fis
Bachzimmern	41	b
Unterbalbach	39	b
Warblingen	1971	f g a c
Nordrach	4453	D E fis a
Neuhof	60	g
Wachbach	1982	f g a c
Ettlingen	11332	As Des Es f as b des
Mexiko	2050	f g b c f
Mexiko	215	c
Emmendingen	167	d
Daxlanden	60	g
Mexiko	279	h
Mexiko Kathedrale	7153	A D fis
Nellingen	122	cis h cis
Billigheim	824	as c es
Eßlingen	134	dis
Riegel	232	c
Ostrach	5094	Cis E fis gis h
Buggenried	172	f as
Neuhausen	2534	f g a c
Riedböhringen	620	fis
Kirchdorf	1741	E gis h e
Rottweil	112	e
Schlatt	163	d
Kinzigtal	79	fis
Waldhausen	1159	fis ais cis
Dornberg	1145	fis ais cis
Ottenau	2268	E fis gis h
Hügelheim	390	a
Oberachern	80	fis
Münchingen	172	dis
Oberwittstadt	2271	E fis gis h
Heimbach	157	fis c
Blumberg	357	a
Schöllbronn	152	e
Ketsch	2674	Es f es g b
Unteralpfen	2278	E g b e
Geiberg	58	gis
Oberkirch	200	cis
Seckach	1809	f a c
Kappelrodeck	6077	H E fis gis h e
Niederbühl	573	b d f
Mannheim-Waldhof	4302	Des Es f a s b
Niedereschach	1081	a h d
Warmbach	337	des as
Freiburg-Wyhlen	48	gis
Bohlsbach	40	b
Stein b. Hechingen	1213	g a h
Berg	2145	E g a h
Kork	298	d f
Mürtingen	491	c e
Muggensturm	5414	Des Es f as des
Schönau	2694	Des ges b des
Geschwend	1142	fis ais cis
Steinbach	3429	Es f g b des
Mannheim-Neckarau	7660	H D E g a h
Rippberg	562	fis ais cis
Obernheim	1591	cis
Rütte	123	e
Zell a. A.	201	cis
Leutershausen	2298	E fis gis h
Glottertal	3527	D fis a h
Roth	2749	Es f g b
St. Märgen	50	gis
Riesingen	1490	f as c
Bilfingen	287	h
Stettfeld	323	b
Leopoldshöhe	531	h dis fis
Grenzach	159	e
Bochingen	2147	E g a h
Oberndorf	206	cis
Seppenhofen	521	h dis fis
Mahlstetten	149	es
Jettenhausen	115	e
Diersburg	84	fis
Kirchheim u. T.	1375	f a c
Moos	606	b d f
Pfullendorf	98	f
Buschweiler	153	f a
Schönenbuchen	83	fis
Saig	40	b
Lenzkirch	5530	C E g a c
Ulm b. L.	251	cis
Hörschwag	107	fis
Steinhilpen	715	g
Mühlenbach	42	b
Eigeltingen	2303	Es g b c es
Stetten b. Rottweil	621	fis
Flötzlingen	140	es
Oberkirch	1785	D
Bodman	3050	E fis gis h
Ludwigshafen a. S.	101	f
Höschingen	4737	D E fis d h
Mühlhofen	100	f
Obereggingen	226	d
Oberbühlertal	773	h cis e
Biberach	2144	fis gis ais cis
Schwenningen	78	gis
Rottweil	698	g
Reute	87	g
Schuttern	33	h
Neuhausen	56	gis
Mannheim St. Josef	3932	C f g a c
Balg	880	h f
Neuweier	2512	f g a c
Engen	713	a cis e
Wagensteig	76	fis
St. Märgen	5892	Des Es f as b des
Oftersheim	1198	fis a cis
Ottersweier	5509	Des Es f as des
Schuttertal	2521	E gis h cis
Grünwinkel	330	b

18

Ort	Gewicht kg	Töne
Bengetsweiler	191	cis
Gailingen	**6217**	H E fis gis h
Ziegelhausen	951	fis ais
Villingen	**11188**	As Des Es f as b des
Benzingen	561	g
Tuttlingen	255	cis
Zell a. A.	334	ais
Kuhbach	1543	fis ais cis
Wilhelmsfeld	419	c e g
Schielberg	786	a c es
Jestetten	130	f
Mannheim Lb. Frauenk.	**4601**	D E g a h
Stauffen	84	fis
Oberkirch	111	e
Rotenlachen	42	b
Oefingen	33	h
Boll bei Hechingen	1782	g a h d
Wehr	42	b
Zwiehaltendorf	237	c
Obereisenbach	**3088**	E fis gis h
Herzogenweiler	185	b
Kippenheim	57	g
Zwingenberg	52	a
Klepsau	2241	E fis gis h
Assamstadt	1100	Es
Konstanz	80	fis
Hollerbach	111	fis
Hirchheim b. H.	**3824**	Es f as b c
Fützen	**4517**	D E g a h
Mannnheim, Landesgefängn.	99	f
Riegel	156	f as
Urnau	1027	g h d
Iffezheim	342	cis dis
Zollhaus	268	d f
Hummersried	110	e
Kühlsheim	109	fis
Trossingen	155	f as
Mexiko	77	f as
Singen	77	h d e
Grafenhausen	182	f as c
Mexiko	47	b
Neckarhausen	109	gis h
Mexiko	975	g h d
Weinheim	113	a h d
Mexiko	512	c e g
Wangen	50	b
London	198	b c es g b
Walldürn	125	g h
Arlen	100	a h d
Bonndorf	159	gis h cis
Mundellingen	128	a h d
Bräunlingen	310	fis a cis
Emmendingen	154	fis a cis
Grasbeuren	104	f
Gottmadingen	93	g b d
Dossenheim	87	f
Stetten	31	h
Rastatt	133	fis gis

Ort	Gewicht kg	Töne
Dinglingen	131	f g
Wieblingen	169	d
Tennenbronn	757	fis dis
Reute	494	b d
Oberschmeien	435	b f
Dürrheim	101	f
Stubbach	2243	E fis gis h
Katzental	399	as c es
Hippetsweiler	132	fis a
Schwenningen	1241	fis a c
St. Peter	**6218**	H E fis gis h
Kollnau	**4550**	D E g a h
Gerichtsstetten	1571	fis gis ais cis
Sigmaringendorf	**3835**	Es f as b c
Buchhof	426	h dis
Windeschbuch	366	des f as
Stetten u. H.	290	h
Varnhalt	780	h cis e
Geisingen	52	gis
Beuren a. A.	1646	as b c es
Unterreute	148	es
Hütten	231	c
Oberwiehl	1500	fis a h cis
Dinglingen	513	h dis fis
St. Peter	48	a
Biengen	753	f
Herbolingen	109	e
Egringen	848	fis
Oberweiler	143	es
Lauf	1692	f g b
Tepfenhardt	166	es gis
Reinheim	2834	Es as b c
Mannheim Jesuitenkirche	**4246**	A
Mergentheim	**5673**	Des Es f as
Seckach	777	g
Triberg	51	a
Otterweier	49	a
Haigerloch	488	e fis gis
Bremen	40	b
Ewattingen	627	fis
Oberkirch	514	a
Flehingen	1559	gis ais cis
Todtnau-Berg	721	a cis e
Odenheim	**4294**	D E fis a h
Hohnau	109	fis
Neudenau	539	c d
Donaueschingen	313	des f as
Singen	**6239**	H E fis gis h
Wettelbrunn	**3012**	E fis gis h
Hockenheim	**6485**	H Dis fis gis h
Bassoco belg. Congo	439	h dis
Waibstadt	225	es g
Friesenheim	**3555**	D g a h d
Gülingen	236	c
Oberndorf	67	g
Dillweisenstein	2177	E fis gis h
Sulzburg	248	e fis gis
Oppenau	1947	E gis h cis e
Mergentheim	717	des f as es as

Ort	Gewicht kg	Töne
Oelkofen	41	b
Königheim	87	as c
Reicholzheim	431	b
Zimmern	606	fis
Obereggenen	1021	g b d
Weikersheim	199	f as
Niederwasser	148	e
Gaggenau	837	fis
St. Trudbert	40	b
Strittberg	101	f
Ellwangen	43	b
Holzen	608	fis
Ofteringen	297	d fis a
Harbolingen	199	cis
Lauf	223	c
Urloffen	**3483**	D fis a h
Oberschopfheim	**3419**	Es f as c es
Künzelsau	1470	as b c es
Raithaslach	2161	fis gis ais cis
Ehrenstetten	2146	fis gis ais cis
Schöllbronn	299	c
Saßbach	55	gis
Bühl b. O.	210	d
Wagenschwend	239	c
Brehmen	363	des f as
Gohrheim	306	e fis a
Locherhof	50	a
Feldberg	1713	E g h
Horgen	583	g
Dittishausen	40	h
Oberkirnach	48	a
Emmendingen	**5474**	C f g a c f
Nußloch	**4063**	Des Es f as b
Wattenweiler	42	b
Hatzenweiler	40	b
Hohensachsen	225	c
Wallstadt	**3008**	E fis gis h
Neusatz	1799	E fis h
Eßlingen	287	h
Kettenacker	300	c
Mühlhausen	509	a
Riedern	1489	as b c es
Bullenberg	2249	e fis gis h
Hausen	425	h dis
Sindeldorf	1422	g b c
Meckenbeuren	**3068**	E fis gis h
Elzach	98	f
Bammental	1072	as c es
Emmendingen	61	a
Denzlingen	1283	g h d
Oberwolfach	1695	E a
Baiertal	1312	fis a h
Elsenz	992	f c
Zell a. H.	183	es
Langenbach	49	a
Donaueschingen	1576	g d h
Schnetzenhausen	816	fis cis
Schlagetten	971	a h cis e
Grenzach	200	cis
Büchenau	2216	E fis gis h
Obersimonswald	56	gis
Röthenbach	42	h
Vormberg	42	a
Unterbiederbach	70	g
Säckingen	**3754**	D f g b
Klosterwald	738	b c
Unterschwarzach	768	b d f
Baden-Baden	**5085**	Des Es f as
Rast	34	h
Musbach	108	fis
Reute	**5155**	D E fis g a
Mühlhausen	1635	Es b c
Kettenacker	87	g
Kehl	**3011**	Dis fis gis ais cis
Rastatt	399	des f
Nordweil	109	fis
Hollerbach	80	fis
Stetten	534	gis e
Schramberg	2162	Dis fis gis
Oberndorf	52	a
Oberbiderbach	380	a
Unterschwarzach	911	a cis e
Weilersbach	1268	g h d
Aulfingen	2130	fis gis ais cis
Vöhrenbach	63	b des
Obereschach	1709	E a
St. Märgen	56	as
St. Märgen	55	as
Göschweiler	1300	f c
Reichental	258	cis
Obertsroth	2204	E fis gis h
Büßlingen	**3493**	Es f as b
Neuenbürg	428	gis
Mannheim Bonifatius	**5114**	C f g a c
Rohrbach	68	g
Aschhausen	784	f
Leipferdingen	**3453**	D fis a h
Holzhausen	40	b
Schonach	103	fis
Doldenhof	62	a
Weitenung	103	g b
Lembach	354	c e
Wermsreuthe	96	gis
Obernheim	2275	Es f as
Mengen	590	as
Neudingen	2222	Des as des
Lauf	557	b c
Albbruck	86	g
Hechingen	54	gis
Iffezheim	83	fis
Unzhurst	53	gis
Fulgenstadt	319	ais
Weilersbach	1091	g h
Maria-Thann	31	h
Obereschach	2346	E g h
Murg	2447	Es b c
Bachhaupten	1143	a h cis
Hausen b. Rottweil	604	a cis

Ort	Gewicht kg	Töne	Ort	Gewicht kg	Töne
Renosiushausen	155	e	Langensteinbach	1145	g b c es
Göllsdorf	104	f	Eubigheim	348	d f
Höfenspaichingen	979	gis h	Laufen	489	ais cis
Neukirch	500	h d b	Buggingen	963	g b d
Lellwangen	107	f	Bösingen	341	c es
Fridberg b. Saulgau	621	a e	Ligersdorf	870	a h
Lauterbach i. W.	**4416**	D E fis	Hohenwarth	70	g
Rast	312	cis e	Schöllbronn	131	es
Niedereschach	1221	fis ais	Weckershofen	84	g
Sauldorf-Roth	983	g a	Kirnbach	31	c
Halberstung	32	c	Waldhausen	191	cis
Oberwolfach	273	cis	Langenbach	101	f
Dürlinbach	71	g	Geisingen	71	a
Kappel	1842	E gis	Altheim A. Meßkirch	68	g
St. Blasien	1842	E gis	Ortenberg	506	g
Deißlingen i. W.	1566	g a h	**Schwenningen a. N.**	**2234**	fis a f g
Vahl	53	a	Unterrena	31	c
Gremmelsbach	377	h fis	Berghaupten	945	gis h
Schnetzenhausen	207	cis	Rietheim	492	a e
Waldulm	883	a e g	Hausen a. T.	179	e g
Ringelbach	55	gis	Gurtweiler	1404	fis ais cis
Untersickingen	2206	D f	Bräunlingen	1090	g c e
Hofsgrund	68	g	Linach	120	fis h
Waldmössingen	1616	fis a h	**Schramberg**	**4373**	Es f g b fis
Seedorf	1920	f g a e	Sulgen	2804	E g a h
Wurmlingen	1119	fis h cis	Eggartskirch	100	fis
Kommingen	67	g	Brochenzell	176	es
Untergrombach	69	g	Güntringen	215	dis fis
Günterstal	109	e	Hohenwarth	97	f
Schönbronn i. W.	332	c e	Saßbachried	141	d
Oberbahlbach	605	h g	Bergatreute	28	c
Stein a. K.	585	h d	Petershausen	103	f
Buchhof	140	dis	Hohensachsen	218	c
Wolfach	1417	E e	Zell i. W.	1067	gis h e
Altoberndorf	678	a h	St. Georgen	1066	ges des
Wellendingen i. W.	670	as c	Hohnau	393	h dis
Wellendingen i. W.	561	as es	Stollhofen	906	as d a
Aixheim	712	gis h	Reichenbach	494	ais cis
Hofweier	**4450**	D E g a h	Königsheim	413	h d
Lörrach-Stetten	1666	g a h d	Emmingen ab Egg	727	a c
Berental	52	gis	Fautenbach	956	f c
Horgen	597	a c	Möhringen	1120	Es
Michelbach	494	a c	Biesingen	927	a c es
Oberkirchberg	218	c	Oppenau	2999	Es fis gis h
Häg	350	cis e	Epfenhofen	230	d fis
Pfaffenweiler	807	a cis e	Müllheim	781	a c
Taldorf	1561	g b c d	Großherrischwand	69	b c
Wiesenbach	176	e g	Wieslet	1277	g b d
Unterbaldingen	430	a	Brohkammer	33	h
Bietingen	684	a h	Hattingen	1315	g b d c
Waldkirch	184	fis	Kappelwindeck	1526	d a c
Dormetingen	561	ais cis	Neuhausen	2212	f g a
Röthenbach	2067	fis gis ais cis	Haueneberstein	1964	fis gis ais cis
Rotenberg	573	a cis	Unterschwarzach	728	a cis
Mergentheim	159	gis a	Hüngheim	293	cis e
Moos b. Bühl	144	d	Oberkessach	1941	E fis gis
Trillfingen	823	a cis e	Tieringen	140	e
Tiergarten	199	d	St. Jlgen	123	gis
Geißlingen	265	h	Waldhausen	135	gis a

Ort	Gewicht kg	Töne
Sandhausen	1380	fis ais cis
Wagenstadt	124	es
Hettingen	607	ais cis
Rinschheim	230	c
Götzingen	279	c
Eschbach	167	f g
Eschelbach	100	f
St. Wendel	158	f as
Dometingen	83	fis
Hohrheim	105	fis
Schwerzen	1186	dis ais gis
Oberndorf	65	g
Obersimonswald	40	d
Heiligenbronn	341	c es
Unterbrendt	260	dis fis
Ueberauchen	503	h dis
Ruschweier	138	f a
Schlossau	546	h d
Weingarten	106	fis
Kürzel	1404	E g
Bieringen	205	d
Nußbach	745	a c
Stein a. K.	476	a
Niederwasser	707	a cis
Villingen evang.	**1112**	a h d
Dunningen	2079	D E g a
Epfendorf	1246	fis a h
Thalhausen	254	d f
Dogern	1780	E gis h dis
Hardt bei Sulgen	1957	E fis gis
Konstanz	137	e
Hardt	48	a
Zimmern	475	c e
Betra	1703	fis gis h
Renchen	1403	g a c
Schuttern	1144	f as
Wilflingen	488	h dis
Baindt	491	ais cis
Deubach	386	des es
Blumberg	2044	E g a h
Bermersbach	1103	f a
Glatt (Hohenz.)	1093	f a
Oberkirch	104	f
Oberkirch	2381	E fis h
Diersburg	236	D fis
Müllhausen	417	h d
Lenzkirch	124	e a c
Hohrheim	64	a
Sinsbach	45	h
Nußbach	1328	fis gis h
Erlach	835	g c es
Hausen	63	a
Heimbach	522	h dis
Berghaupten	1354	E e
Meersburg	28	c
Erlaheim	601	a c
Unterkirnach	46	c
Stetten a. D.	332	c es
Nordrach	**3993**	D fis a
Dürbheim	1607	Es b c
Weier b. O.	508	a e
Leustetten	64	a
Weingarten	605	h dis fis
Schlierstadt	205	d
Kartunk	237	cis
Hausen ob V.	829	gis h dis
Hänner	312	ais
Oberbiederbach	655	as cis
Feldhausen	495	ais cis
Dürrheim	1875	f as c
Neudorf	459	b d
Rippeldsau	718	gis h
Saßbachwalden	1603	fis gis ais cis c
Jttenschwand	63	a
Breg	103	f
Zarten	75	as
Todtnau-Berg	306	cis c
Urach	41	h
Dauchingen	1709	fis a h
Norsingen	319	b
Immendingen	893	a cis e
Dettensee	447	h fis
Todtnau	1247	as b c
Böhningen	47	h
Volkertshausen	656	a h
Inzlingen	727	h cis e
Sterzeln	107	f
Hechingen	1216	as b c
Gauselfingen	62	a
Burlatingen	1169	gis h cis
Hofstetten	860	as c
Freiburg-Littenweiler	579	b d f
Neusatzeck	102	f
Pfrohnstetten	420	a d
Mönchweiler	2731	E g a h
Eigeltingen	2159	Es ges as
Ebingen	819	gis cis
Epfenhofen	52	a
Sandweier	1721	fis a h
Hemmsbach	162	dis
Oppenau	48	h
Unterendersbach	890	b des es
Riedöschingen	2158	E gis h
Bubenbach	614	h dis fis
Altenbeuren	70	g
Emmingen	50	h
Eckertsbrunn	72	g
Gütenbach	811	fis cis
Rottweil	1706	f g
Unzhurst	109	e
Heiligenberg	43	b
Unterwangen	109	fis
Schnellingen	40	e
Winschschläg	1174	E h
Oehnsbach	519	g
Hubertshofen	1311	fis ais cis
Bräunlingen	59	gis
Unterbaldingen	815	fis

Ort	Gewicht kg	Töne	Ort	Gewicht kg	Töne
Habstal	78	b d	Saßbach	2175	Es g
Moos	517	g	**Sunthausen**	**3051**	D fis a
Oberweier	269	c	**Weissenbach**	**4726**	D E fis a h
Burbach	452	gis	Bela	367	des f
Bachheim	2059	fis gis ais cis	Jestetten	1206	g a
Hochemmingen	2170	E gis h	Haustetten	18	es
Steinbach	947	a c d	Gimmern	346	cis fis
Judentenberg	81	fis	Böhringen	734	a cis
Sauggart	845	as c	Hartheim	1410	f c f
Waldmühlbach	351	c es	Lörrach	2276	f g a
Kappel	1703	fis h a as	Eichstetten	1741	Es ges
Erdmannsweiler	87	fis	Steißlingen	2216	E fis gis cis
Richlinsbergen	518	h dis	Neuhausen	148	e
Schramberg	51	b	Talheim	143	e
Hettigenbeuren	257	d f	Mariazell	1307	g b d
Tannheim	230	es f	Schlatt	1236	fis ais
Heiligenbronn	309	b	Bellingen	324	b
Stetten bei Rottweil	631	d h	Pfullendorf	696	g
Gottmadingen	185	cis	Untersimonswald	1317	f des
Nesselried	506	ais cis	Reichenbach	1090	g as
Dunningen	277	c	Mahlspüren	984	a cis e fis
Alpirsbach	81	fis	Eschbach	523	a
Heudorf	321	des es	Leipferdingen	361	h
Pforzheim	**6813**	H dis fis gis h	Aufen	334	d f
Freudenstadt	263	d f	Boll	415	c e
Schramberg	41	c	Gutenstein	903	g d
Niederschopfheim	1765	fis gis h	Neukirch	1098	g b
Biberach	1366	fis gis cis	Hegne	689	h d e
Lackendorf	588	b d	Ehingen	1706	f as b c
Engen	378	a	Orsingen	1252	fis gis cis
Löffingen	**2827**	Es f as f as	Mühlhausen	815	g b
Rickenbach	29	c	Hummersried	116	e
Breitenfeld	71	dis	Stetten	612	b d
Altsimonswald	31	c	Urnau	440	h d
Obersimonswald	45	h	Marlach	1024	g b c
Achern	678	b c	Grießbach	570	as es
Gernsbach	**2868**	Es g b c	Stahringen	375	h gis
Weilheim	564	c es f	Schallach	66	a
Triberg	2723	e d a h	Büsingen	996	fis a
Weiterdingen	1941	E fis gis	Schura	316	cis dis
Einhardt	958	d c	Reichental	2033	f g c
Weikheim	595	b d	Durchhausen	240	e fis
Haigerloch	69	g	Bollschweil	878	g b
Münsterlingen	1264	fis ais cis dis	Tepfenhardt	55	gis
Seppenhofen	397	h dis	Hausserbach	39	b
Busenbach	1495	f g c	Ueberlingen	774	a c
Jllmensee	68	g	Stetten	58	gis
Kollnau	56	gis	Hesselbach	240	d fis
Mühlhofen	56	as	Beffendorf	924	fis ais
Urloffen	1704	fis a h	Buchenbach	1401	g b c
Heitersheim	990	as b c	Hausen	125	dis
St. Ullrich	700	a cis	Baltersweil	242	es g
Worndorf	234	cis	Aschhausen	665	as c
Wintersulgen	41	c	Brunnadern	101	f
Blumberg	104	fis	Wieden	553	as es
Holz	40	b	Detzeln	95	fis
Untereggertsweiler	101	f	Indlekofen	106	c
Hondingen	2072	fis gis ais cis	Neudenau	453	c d
Fürstenberg	1431	fis ais cis	Betra	146	c

Ort	Gewicht kg	Töne	Ort	Gewicht kg	Töne
Blumegg	58	a	Owingen	108	fis
Altdorf	1092	ges b des	Bamlach	455	h cis
Sölden	327	d f	Menningen	757	as b
Schönau	2571	Es f g b	**Hockenheim**	**5690**	H dis fis
Sickingen	122	es	Unterkirnach	1164	fis ais
Denkingen	1266	f b c	Varnhalt	597	h cis
Kirchen-Hausen	2680	d fis d	Bühl-Dorf	640	b des
Ballrechten	810	gis h c	Varnhalt	29	cis
Hirrlingen	1240	fis a	Kippenheimweiler	997	fis a
Bellingen	497	g	Herzogenweiler	196	as g
St. Georgen	1475	Es	Gütenbach	57	gis
Peterzell	216	c	Zell	220	des
Tuttlingen	39	c	Heudorf	467	h dis fis
Otterswang	237	es g b	Schielberg	346	c es
Hügelsheim	1250	f a d	Moos	261	g f
Gündlingen	959	g h	Betenbrunn	64	a
Buchenberg	1012	fis cis	Freiburg	70	gis
Deilingen	352	h	Grasbeuren	60	as
Delkofen	79	fis	Oberstetten	405	des es
Andelshofen	353	dis fis gis	Grimmelshofen	71	g
Uehlingen	430	des f as	Bergöschingen	84	g
Stetten	1142	f as	Tennenbronn	1854	Es ges c
Steinhofen	260	c	Sulzbach	1859	Es g c
Biengen	834	c as	**Ebingen**	**2940**	E g a h d
Tannheim	136	e	Warmbach	177	es
Wolterdingen	264	c	Bühlertal	525	c d
Forbach i. M.	**4372**	D E f a	Lenzkirch	2062	E a c
Oefingen	1038	d h	Singen	2197	E gis h
Fischbach	694	a cis	Badenweiler	30	c
Friedlingen	1581	fis a h	Rotzel	264	d f
Riedböhringen	1407	as b c es	Grüningen	347	h
Döggingen	1850	fis a h cis	Radolfzell	220	c
Aasen	1340	g b d	Oberbaldingen	1178	f as
Grüningen	1454	fis ais cis	Grafenhausen	1528	f as b
Schwenningen a. N.	**2026**	E fis gis	**Mexiko**	**184**	f a c
Weiler	526	a d	**Mexiko**	**165**	fis a h
Singen	608	ais cis	**Mexiko**	**166**	fis a h
Mauchen	612	ais cis	**Mexiko**	**252**	e fis gis
Nesselwangen	615	a e	**Mexiko**	**164**	fis a h
Bollstern	533	h d e	**Mexiko**	**314**	d fis a h
Rohrdorf	270	cis	**Mexiko**	**171**	fis a h
Uehlingen	494	cis e fis	**Mexiko**	**155**	fis a cis
Schönwald	478	h e	**Mexiko**	**74**	a cis
Leiberstung	227	e g	Achkarren	1421	fis ais dis
Boll	1488	g a h	Neudingen	2390	E g h
Tennenbronn	822	a h cis	Rohrbach	531	a d
Marbach	927	g b d	Oberhausen	1307	Es c
Uigendorf	236	c es	Dumbach	115	g h
Nordweil	515	h dis	Oberbichtlingen	137	e
Bischweier	343	h	Murg	140	c
Urach	913	b c d	Mimmenhausen	1216	f d
Binsdorf	838	a h	Beuren	447	c es
Brombach	270	dis fis	Niedergebisbach	85	fis
Baltersweil	243	es g	Posthalde	50	b
Klepsau	446	gis	Stetten	360	c es
Schönenbach	41	gis	Schollach	488	h c
Langenrain	334	c e	Schörzingen	919	E
Neubrunn	46	h	Günterstal	587	a c
Neuweier	1793	f a c	Gailingen	919	gis h

Ort	Gewicht kg	Töne	Ort	Gewicht kg	Töne
Bankholzen	139	e	Oberhausen	24	cis
Bollenbach	131	es	Dinglingen	78	fis
Arlen	2196	D fis a	Kuhbach b. Lahr	1496	fis ais cis
Freiburg	379	des f	Spessart	112	e
Freiburg	105	fis	Eschelbach	56	a
Oehningen	415	b	Seelbach	914	g h d
Hausen-Raitbach	896	as c	Dittishausen	743	a c d
Konstanz	**3776**	Es f as b des	Schatthausen	50	b
Bleichheim	1333	g b c	Wallburg	789	as c es
Leutershausen	73	gis	Schönfeld	2126	Es g b c
Hörden	41	b	Magenbuch	312	d fis
Kippenheimweiler	43	h	Geisingen	56	gis
Reiselfingen	69	g	Berolzheim	1970	f a c d
Schonach	108	fis	Heudorf	467	h dis fis
Altheim	507	b des	Eichelberg	737	a c d
Seebach	2495	f g a c	Wiechs	541	h d
Wilsingen	1132	f a	Sulzburg	211	dis fis
Wettelbrunn	907	fis ais	Oberwittstadt	1124	fis gis h
Wittlekofen	30	c	Böhringen	498	c d
Karlsruhe	25	fis	Niederrimsingen	571	h d
Forchheim	616	a e	Reichenbach	139	f
Zell	615	fis	Harthausen	1073	g b c
Kappel	120	e	Scheringen	45	b
Gommersdorf	965	g h d	Vormberg	58	a
Waldstetten	689	b c d	**Mannheim** Hl. Geist	**4204**	Des es as
Ueberlingen	1414	f as c	**Mannheim** St. Josef	**4760**	D E fis a h fis
Oberhausen	1109	gis h dis	**Bürglen** (Schweiz)	**6417**	H E g a h
Wembach	62	a	Titisee	38	c
Wittschwende	33	c	Weitenung	1258	g h d
Waldhaus	55	g	Jach	601	a c
Peterstal	178	e g	Rielasingen	2771	E g a h
Storzingen	208	d a	Waldshut	145	e
Hausen	571	c es f	Mundelfingen	312	des f
Oberrimsingen	1012	g d e	Liggeringen	797	g g
Zell	126	f	Schlatt	156	g
Winterspüren	105	f	Deissendorf	73	as
Minseln	86	g	Krauchenwies	577	ais dis
Grießen	643	a h	Kenzingen	458	a
Rorgenwies	926	d h d	Straß-Hilpensberg	39	b
Waldhausen	315	ais	Kohlenbach	52	a
Gamburg	1228	f g	Steinach	2157	Es g b c
Zeuthern	2055	E g a h	Scherzingen	148	g
Griesheim	188	des	Oberwangen	173	dis
Bittelbrunn	265	h	Jordanbad	19	f
Zimmerholz	272	c	Ortenberg	126	es
Anselfingen	604	gis	Büßlingen	755	g
Reichenbach	46	h	Villingen	437	b
Bargen	48	a	Heiligenzell	1725	g a h d
Lautenbach	68	g	Oberzell	616	a c
Unteralpfen	841	a h	Säckingen	1623	g b c d
Spessart	657	g d	Weildorf	240	cis
Sigmaringen	**6855**	C Es f as b c es	Laufen	187	cis
Sigmaringen Fidelishaus	263	cis	Kirchheim-Teck	670	as c
Hagnau	38	c	Weil-Leopoldshöhe	344	h fis
Wöschbach	1254	f b c	Gündelwangen	390	des es as
Konstanz	126	g gis	Tunsel	783	a c
Radolfzell	220	c	Schuttertal	240	cis
Weiler-Rasbach	81	fis	Dreifaltigkeitsberg	878	g h e
Oberschmeien	448	b f	Segalen	32	c

Ort	Gewicht kg	Töne
Hochdorf	2302	f as b c
Duchtlingen	614	a e
Gretzhausen	30	d
Marktlustenau	1041	as c es
Lauffen	965	gis ais cis
Hinterzarten	1834	E h cis
Kirchdorf	2068	f a c c f
Rotenfels	**7824**	H D E g a h d
Berental	512	h dis
Frohnstetten	266	h
Heiligenberg	70	gis
Melchingen	472	a
Schweighausen	200	cis
Göggingen	362	h
Fützen	196	des
Unterwittstadt	862	a cis e
Pfaffenweiler	1253	as b c
Biesingen	1167	f as
Thalheim	585	h d
Weiler	275	h
Säckingen	62	a
Völlkofen	34	h
Bad Dürrheim	62	h c
Börstingen	255	e fis
Geisingen	40	b
Liebenau	106	g b
Rosenharz	34	h
Opferdingen	88	d
Strittmatt	55	gis
Mexiko (Glockenspiel)	**983**	C d es e f g as a b h c d es e
Mexiko	**144**	g a c
Mexiko	**117**	g a
Mexiko	**132**	g b c
Mexiko	**144**	g b c
Mexiko	**131**	g b c
Mexiko	**168**	gis a
Mexiko	**125**	fis a
Konstantinopel	**192**	cis
Mexiko	**124**	a h c
Mexiko	**126**	a h c
Mexiko	**123**	a h c
Mexiko	**108**	g b
Mexiko	**93**	as b
Hohentengen	60	a
Klengen	210	d
Marbach	210	d
Oberndorf	**2120**	Cis
Oberstadion	**1875**	fis gis cis dis
Wiesloch	395	c e g
Vöhrenbach	**3903**	Des Es des
Kreenheinstetten	246	cis
Schelingen	966	g h d
Ringingen	193	cis
Schuttern	**1593**	Des
Schutterzell	908	g d
Dillendorf	740	a d
Rastatt	**4712**	H fis gis
Wehr	**2217**	Es b c as b
Herten	**2807**	Es g b d
Mexiko	202	f as b
Brandenberg	49	a
Stadelhofen	1730	E h
Aichhalden	1610	E gis h
Mexiko	49	b
Beuren bei Ueberlingen	211	f g
Mimmenhausen	1055	as b
Denzlingen	590	h d
Hettingen	270	Es g
Oberhof	110	f
Feckenhausen	190	cis
Ringenweiler	330	b
Honstetten	2095	E g a h
Nusplingen	910	g a
Karlsruhe St. Stefan	**9550**	G D f g
Gengenbach	446	cis dis
Holzschlag	115	e
Winzeln	1128	a h
Lahr	**1766**	Es c
Säckingen	119	f
Heiligenzimmern	818	g h
Tunsel	1040	f
Rippoldsau	115	e
Riegel	240	e gis
Schonach	290	c
Freiburg Münster	704	cis d f b h
Heudorf	375	h
Herrischried	638	h cis
Küßnach	69	g
Wiechs	55	gis
Oberwittighausen	1865	f a c
Klepsau	680	fis b
Moosheim	1149	gis h e
Heuweiler	1327	as b des
Billigheim	580	as es
Friedenweiler	150	e
Unadingen	105	fis
Mexiko	40	b
Zimmern	1445	Es b
Rickenbach	1262	gis h cis
Sindeldorf	1354	g b d
Dettlingen	875	a h
Nenzingen	783	b c d b c
Obersäckingen	2509	f g b c
Zoznegg	415	h dis
Rottweil	**2540**	Es g b
Ebersteinburg	624	as
Obrigheim	375	h
Greffern	1390	f a c
Neckarelz	700	a cis e
Niederwihl	784	g b d

26

12/12

Verzeichnis aller zwischen um 1900 und um 1927 gegossenen Glocken der Firma Grüninger (Quelle: Erzbischöfliches Archiv Freiburg B2-38/19 in: Broschüre Bronceglockengießerei Benjamin Grüninger Söhne, 1927).

Kurze Firmenchronik

Chronik

der Firma Benjamin Grüninger Söhne, Villingen.

Im Jahre 1575 errichtete der Meister Hans Reble in Villingen im Schwarzwald eine Glockengießerei, welche nach seinem Tode im Jahre 1615 auf seinen Sohn Christoph Reble überging. — Letzterer übergab im Jahre 1625 dieselbe seinem Schwiegersohn Joachim Grieninger, dem Nachkommen eines alten Adelsgeschlechts derer „de Grieningen" später Grieninger und Grüninger. Joachim übergab das Geschäft an Mathias Grieninger, welchem 1710 Jakob Pelagius Grieninger folgte, der mit seinem Bruder Anton Meinrad Grieninger zusammen bis zum Jahre 1725 arbeitete, wo ersterer starb.

Nach dem Tode Anton Meinrad Grieninger im Jahre 1750 kam das Geschäft in die Hände dessen Sohnes Johann Pelagius Grieninger und diesem folgte wiederum Josef Benjamin Grieninger 1795. Nach dem Tode des lezteren folgte Nikolaus Meinrad Grüninger und auf diesen Benjamin Severin Grüninger. — Nach dessen Tode 1840 folgten seine beiden Söhne Lukas Meinrad und Benjamin Benedikt Grüninger. Letzterer ist der Gründer der heute noch bestehenden Firma Benjamin Grüninger und betrieb nach dem Tode seines Bruders 1849 das Werk weiter mit seinen beiden Söhnen Benjamin und Adalbert Grüninger, bis zu seinem Tode 1879, von wo ab seine beiden Söhne das Werk weiter leiteten. Im Jahre 1897 trat noch hinzu, der jetzige Meister Josef Benjamin Grüninger, ein Sohn Benjamin Grüningers. Benjamin Grüninger selbst trat 1911 und sein Bruder Adalbert 1914 aus dem Betriebe aus, das nun der Sohn des Ersteren weiterführte.

Die Lage der Not nach Glocken im Jahre 1919 erkennend, wurde von dem jetzigen Meister ein neues, mit den modernsten Mitteln der Technik ausgerüstetes Werk errichtet. An seiner Seite steht sein ältester Sohn, der Gießerei-Ingenieur Benjamin Grüninger, dem die gesamte technische Leitung obliegt.

Großes wurde in der altehrwürdigen Werkstätte zu Villingen unter der Leitung der jetzigen Generation geleistet, denn weit über 3000 Glocken in verschiedenen Gewichten sind daraus für das In- und Ausland hervorgegangen. Ein Kenner unserer Kunst schreibt: „Die immense Zahl der von der Firma B. Grüninger Söhne fertig gestellten Glocken ist ein Beweis dafür, daß die Meister auf der Höhe ihres Kunsthandwerkes stehen — erfüllt von Gewissenhaftigkeit, Tüchtigkeit und reinster Pflichtauffassung. Hört man ein großes Geläute der Meister im Einzelnen an, so findet man jede Glocke in ihrer Eigenart und eins in harmonischem Zusammenklang. Reiche Melodien wechseln miteinander ab, ein Singen und Klingen, erfreuend, erhebend, ergreifend entströmt dem ehernen Munde. Es wird beim Läuten das starre Gebilde zum lebenden Wesen, singt in des Menschen Herz hinein und aus ihm heraus, begleitet und versteht sein Weh und seine Freude, spricht aus, was er selbst nicht zu sagen weiß; trauert mit ihm, freut sich mit seiner Freude, tröstet, mahnt, straft, erhebt, demütigt, richtet empor, weckt alle geheimen Regungen der Seele, ja kann zum Richter werden, durch mächtiges Anklopfen an dem schuldbeladenen Gewissen. Wollte man noch näher eingehen, auf die Eigenart, den Charakter und das Wesen jeder Glocken, es ließe manches Blatt sich füllen."

Im Jahre 1926 wurde dem Werk ein chemisch-technisches Laboratorium angegliedert, das die Möglichkeit gibt, sämtliche ein- und ausgehenden Materialien auf das Genaueste zu untersuchen und somit Gewähr bietet, für nur erstklassige Metalle.

3

Kurze Chronik der Firma Grüninger 1927 (Quelle: Erzbischöfliches Archiv Freiburg B2-38/19 in: Broschüre Bronceglockengießerei Benjamin Grüninger Söhne, 1927).

Firmenportrait aus der Zeitschrift „Die Gartenlaube“

1.

Abb. 2

Die Meistergiesser vom Schwarzwald

Sonderaufnahmen für die „Gartenlaube“

Im Jahre 1570 errichtete Hans Reble zu Villingen in Baden eine Glocken- und Stückgießerei, die später auf seinen Sohn Christoph und 1625 auf dessen Schwiegersohn Joachim Grüninger überging. Seitdem ist die Gießerei in Händen der Familie Grüninger verblieben. So goß z. B. Josef Benjamin Grüninger für das Kloster St. Blasien i. Schw. ein Geläute von fünfzehn Glocken, von denen eine mit dem stattlichen Gewicht von 130 Zentnern noch heute in der evangelischen Stadtkirche von Karlsruhe Zeugnis für seine Kunst ablegt. Ein Nachkomme dieses berühmten Meisters in der dritten Generation, Benjamin Benedikt Grüninger, wurde der Begründer der noch heute bestehenden Firma B. Grüninger Söhne, die im Laufe der Zeit weit über 2000 Glocken für das In- und Ausland gegossen hat.

. 3.

Abb. 1.
kleinen Glocken bis zu
150 kg werden auf
„Lägern“ geformt.

Abb. 2.
der gegossenen Glocke
werden Einguß und
ichter weggeschlagen.

Abb. 3.
r Kern wird nach der
ablone ausgeführt und
glattgedreht. Die
chablone ist an einer
ndel befestigt, die an
m Lager an dem über
r Grube befindlichen
Balken läuft.

Abb. 4 (nebenstehend).
Glocken, die nach dem
zen durch den Lehm ein
arzes Aussehen haben,
den mittels Sandstrahl-
bläse geputzt und mit
Wasser und Sand
blank gescheuert.

1/2

Nummer 47 — Die Gartenlaube — Seite 939

Abb. 5. Der Klöppel wird in der Glocke angebracht

Nach mehrfachem Personenwechsel in der Leitung, die aber doch immer in den Händen von Familienmitgliedern blieb, übernahm schließlich im Jahre 1914 der gegenwärtige Besitzer, Benjamin Grüninger, allein die Gießerei und führte sie in der Folgezeit zu neuem Aufschwung. Zwar mußte während des Weltkriegs der Betrieb vorübergehend geschlossen werden; aber dann folgte bald eine Zeit der Hochkonjunktur. Die Gießerei wurde für die großen Anforderungen zu klein, und es mußte ein neues, mit den modernsten Einrichtungen ausgestattetes Werk gebaut werden. Aus der Hand des jetzigen Meisters sind allein weit über 3000 Glocken hervorgegangen.

Abb. 6. Blick auf verschiedene Formen
Abb. 7. Probeläuten auf dem Prüfstand

Die Lies von Belag'ün — Von Jakob Schaffner

1. Fortsetzung

„War nicht der kleine Knecht, an dem du damals den Besenstiel über dem Kopf zerschlagen hast, getauft und konfirmiert, und hatte das heilige Abendmahl genossen in beiderlei Gestalt, dank der todesmütigen Bemühungen unserer Reformatoren und Theologen? Und hat man gehört, daß in einem Entenkükеn göttlicher Geist lebt? Aber du dachtest nicht an den göttlichen Geist, sondern an die paar Batzen, die dir damit verlorengingen, obwohl Gott nicht nach dem Geld fragen wird, sondern nach der Seele.

Sage selber, du abscheidender Geist, ob du jemals genug kriegen konntest? Große Angst hast du, und mit Recht, an der himmlischen Tür den Cherub mit dem bloßen, hauenden Schwert stehen zu sehen, aber noch größere Angst hast du, deine Kühe, Schweine, Pferde, deine volle Speckkammer, deine Scheunen und Keller zu verlassen. Alles ist geliehen von Gott dem Herrn, du aber betrachtest es als dein Eigentum. Die Bettler mußten dir arbeiten, eine Stunde für ein Zehnuhrbrot, drei Stunden für ein Mittagessen, einen halben Tag für ein Nachtlager und Abendessen mit Frühstück. Wo in der Heiligen Schrift steht die Berechtigung dazu? Dafür liest man darin, daß Gier, Eigenmächtigkeit und Geiz die schwierigsten Laster sind, aus denen am Jüngsten Gericht langwierige Verfahren entstehen werden. Wohl dem, der durch ein Wort des Richters selig wird. —

Aber das ist alles noch wenig. Anna Implond, sterbendes Menschenkind, Beute des Todes, was sagst du, wenn du an deine Kinder und deinen Mann denkst? Wie wird dir? Welche Gefühle bewegen dich? Der brave, redliche, geduldige Mann! Die beiden hübschen, guten, freundlichen Kinderchen! Kam denn außer Kälbern und Ferkeln ein Leben neben dir auf? Wie viele Fohlen hast du aufgezogen, große Bäuerin! Deine Kinder, deine Leibesfrucht, hast du in die Erde verscharrt. Warum? Frage dich selber, verlöschende Seele! Deinen Mann hast du unter der Tanne gelassen! Weshalb? Denke wahr! Wer hat ihn bei Schnee und Eis in den Wald gehetzt? Er hatte dir im Sommer noch nicht genug eingebracht! Und Ruhe sollte bei dir niemals sein! Krank sein sollte auch niemand. Schmale Kost gibt große Leute. Nicht? Sieben Schuh hoch gediehen deine Kinder — aber niederwärts. Grund genug zu weinen hast du, Anna Implond. Laß deine Tränen fließen. Schon hat Gott seinen Bannstrahl über dir gezückt; vielleicht, daß du dich noch errettest, um im Himmel ein bescheidenes Plätzchen als Schuhputzerin oder Botenfrau zu ergattern, denn die Ersten werden die Letzten sein."

2/2

Beitrag über die Glockengießerei Grüninger in der Zeitschrift „Die Gartenlaube", Ausgabe Nr. 47/1925 (Quelle: Stadtarchiv Villingen-Schwenningen).

Werbeanzeigen

1/2

Die Kunst des Glockengusses

liegt in der Anwendung neuerer metallurgischer Erkenntnisse und Erfahrungen einer fast 400 jährigen Gießerdynastie.

Eine vollkommene, gleichmäßige Verteilung des Kupfers und Zinns in einer Bronze steigert deren Gütewerte. Die Anwendung dieser in der Technik längst bekannter metallurgischer Erfahrungen in den Glockenguß erreicht Höchstwerte an Nachhall und Steigerung bisheriger Werte bis teilweise 100 %.

kg	Seither übliche Nachhallwerte	Neu erreichte Nachhallwerte
3 000	120 Sekunden	210 Sekunden
2 600	100 "	200 "
1 600	80 "	180 "
1 200	75 "	170 "
800	75 "	140 "
700	70 "	120 "
350	62 "	110 "
300	60 "	100 "
200	55 "	90 "

Man fordere Gutachten unserer neuesten Arbeiten an

2/2

Werbung der Firma Grüninger um 1950 (Quelle: Stadtarchiv Villingen-Schwenningen).

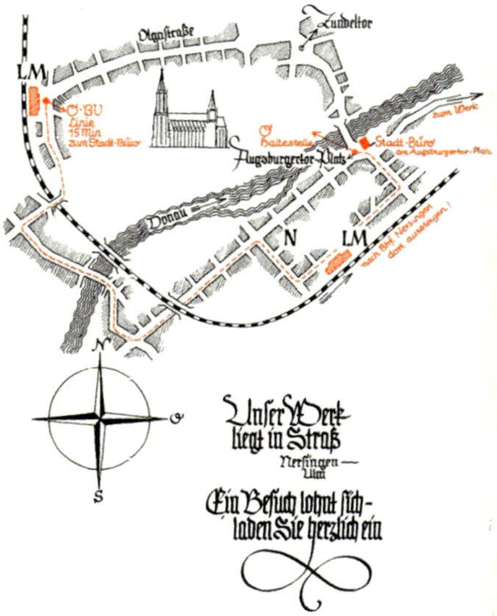

Werbung der Firma Grüninger 1950 (Quelle: 380 Jahre Glockenguss B. Grüninger Söhne KG 1950).

BEWÄHRTE GLOCKENGIESSER

ANDREAS HAMM SOHN
GLOCKENGIESSEREI · GEGRÜNDET 1850
FRANKENTHAL / PFALZ
Glocken aus nur erstkl. Bronze / schmiedeeis. Glockenstühle / Armaturen / Vertretung elektr. Läutewerke

Franz Schilling Söhne
Apolda
gießen gesprungene Glocken um und reparieren Glockenanlagen

Klanggußglocken
Glockenarmaturen / Glockenstühle
Glockenläutemaschinen
Turmuhren
in jeder gewünschten Schlagweise und mit Betglockenwerken
liefert bei fachmännischer Beratung
J. F. WEULE
BOCKENEM AM HARZ

F. W. SCHILLING
GLOCKENGIESSEREI
HEIDELBERG
Alte Bergheimerstr. 9
und Römerstraße 1–3
TELEFON 6048

Karlsruher Glockengießerei
Gebrüder Bachert
Karlsruhe / Baden
Ursprung 1780
Bronze-Glocken
Glockenstühle u. Armaturen
Elektrische Läutemaschinen

Bronceglocken
in erstklassiger Tonfülle u. Tonreinheit
F. OTTO
GLOCKENGIESSEREI
Bremen-Hemelingen
Gegr. 1874 Fernruf Bremen 40259

Altbewährte Bronceglocken
aus Kupfer und Zinn, in Ton und Ausstattung vollendet
Glockenstühle in Stahlkonstruktion
Elektr. Läuteanlagen
Armaturen in bester Ausführung
Musikalische und technische Beratung auf Wunsch
Glockengießerei A. Bachert, Heilbronn a. N.
BRÜGGEMANNSTRASSE 41 / STAMMHAUS SEIT 1775

BEWÄHRTE GLOCKENGIESSER

GLOCKEN
in jeder Größe aus EUPHON-METALL (ohne Zinn) und aus altüblicher GLOCKEN-BRONZE mit herrlicher Klangfülle und garantiert reiner Stimmung liefert
KARL CZUDNOCHOWSKY
(J. BACHMAIR NACHF.)
ERDING BEI MÜNCHEN
LANGE ZEILE 31

Bronceglocken
seit Jahrhunderten bewährt
GEBR. RINCKER
SINN / DILLKREIS
seit 1590 im Familienbesitz

Briloner Glocken haben Weltruf
unübertrefflichen Wohlklang
wirkungsvolle Klangfülle
und Resonanz
Glocken
aus altüblicher Zinnbronze
und Briloner Sonderbronze
Elektrische Läutemaschinen
in bewährter Konstruktion
ALBERT JUNKER
BRILON / WESTF.
SEIT 1506

Im neuen Werk erstellt
B. Grüninger Söhne
KOMMANDITGESELLSCHAFT
VILLINGEN / SCHW.
NEU-ULM / DONAU
GEGR. 1570
KIRCHENGLOCKEN
in Rotbronze mit 80% Kupfer u. 20% Zinn
in Weißbronze nach DRP Nr. 698659

ECHTE BRONZE-GLOCKEN
in altbewährter Qualität
PETIT & GEBR. EDELBROCK
GEGRÜNDET 1690
Bronzeglockengießerei
Gescher in Westfalen

Werbung deutscher Glockengießereien in der Zeitschrift „Musik und Kunst“, 20. Jahrgang 1950 (Quelle: Archiv J. Schultheiß).

Zeitungsberichte

Südkurier - Konstanz, 2.12.1948, Nr. 110, S.3 (Do).

Josef Honold.

„Was in des Dammes tiefer Grube die Hand mit Feuers Hilfe baut …"

Altvillinger Kunsthandwerk erwacht zu neuem Leben — Festakt bei der Glockengießerei Benjamin Grüninger, Zweigwerk Neu-Ulm

v. Auf bayerischem Staatsgebiet, etwa 12 km von Neu-Ulm, unweit des 800 Einwohner zählenden Dorfes Straß, liegt, verzettelt auf ein 250 ha großes Gelände die „Muna", ein abgekürzter Name für die Anlage einer demontierten Munitionsanstalt. Am Saume des jetzt durch Planierung und Umbruch durchfurchten ehemaligen Waldareales ist eine Industrieansiedlung im Entstehen begriffen. Als größtes Gebäude von den einstigen Munitionskammern ist das Kesselhaus, die Zentral-Fernheizungsanlage, übrig geblieben. In diesem stattlichen, wohl 80 Schritt langen Hochbau, dessen Kamin mehr einem Kirchturm ähnelt, hat das Stammhaus Grüninger zu Villingen für seine bayerische Zweigniederlassung mit vorläufig 50 Arbeitskräften Fuß gefaßt. Selbst dem unkundigen Fremdling wird der letzte Zweifel über den Sinn der sich hier entfaltenden neuen Betriebsamkeit genommen, wenn sein Augenmerk auf die im Vorhof versammelte bunte Reihe frisch gegossener Kirchenglocken fällt. Alle Größenstufen, von 5 bis 50 Zentnern sind vertreten. Wir, am Sonntag in einem Omnibus von Villingen angefahrenen 25 Gäste, in denen die Vorstellung von Glanz und Schimmer der im Rotguß strahlenden neuen Glocken noch lebendig ist, erfahren aber erst im Laufe der Werksbesichtigung Aufklärung, warum die gegenwärtigen, zu Schall und Klang berufenen erzenen Gebilde nunmehr ein bescheidenes mattsilbernes Kleid zur Schau tragen.

Kurz bevor die Tore des Werkes sich den Gästen und den in Scharen aus der Umgegend herbeigeeilten Neugierigen öffnen, ist im lichten Dorfkirchlein ein Hochamt vorausgegangen. Dekan und Stadtpfarrer Weinmann von Villingen, als Festprediger, sprach in Auslegung des Evangeliums des ersten Adventssonntag über die liturgische Bedeutung der Kirchenglocke. Mit seiner Assistenz und im Verein mit dem Ortspfarrer nahm alsdann Dekan Wäldner vom Landkapitel Ulm die Zeremonien der Einweihung an Ort und Stelle vor. Dekan Wäldner entledigte sich, auch des Auftrages des Ordinariates München, dem Werk und seinem Träger Glückwünsche zu übermitteln. Zunächst die Zeitumstände des beklagenswerten Glockensterbens schildernd entbot alsdann für das gleichnamige evangelische Dekanat der Pfarrgeistliche von Neresheim, Gruß und Gratulation.

Beim Rundgang durch das Werk wurde die Wißbegierde, inwieweit wohl der Werdegang der Glocke gegenüber früher sich verändert habe, durch leicht faßliche Erläuterungen gestillt. Es sind im Prinzip die Entwicklungsstufen die gleichen geblieben, hinzugekommen aber ist die Rationalisierung in der Arbeitsmethode, so die Serienherstellung von Form und Krone, die Verbesserung der Ofen-Heiztechnik für den Schmelz und als wohl Wichtigstes die Veränderung in der Zusammensetzung des Gusses. Unter Erzielung des Klanges in gleicher Reinheit und Tonfülle hat sich als Beigabe zum Kupfer an Stelle des Zinns eine Zinklegierung gesellt. Es ist eine unter Patentschutz gestellte eigene Erfindung Grüningers, die jetzt das uns Deutschen schwer zugängliche und außerordentlich teuere Zinn ersetzt. Die Verschiedenheit im spezifischen Gewicht der neuen Beigabe bedingt allerdings nunmehr eine etwa 10prozentige Aufstockung der Dimensionen und im Gefolge steht der Farbwechsel vom Hellglanz zum Silbermatt.

Ein vielverheißender Anfang in der Betriebsaufnahme ist mit der bereits erfolgten Fertigstellung von über 60 Glocken zurückgelegt. Alle 8—14 Tage läßt sich ein Guß ermöglichen und jeder Gußakt kann sich auf 27 Lehmformen erstrecken. So ist also mit einer Kapazität von monatlich 90 Glocken die frühere Leistungsfähigkeit um ein Mehrfaches übertroffen.

Am Nachmittag fand dann noch eine Feierstunde statt, die dem Repräsentanten der zwölften Nachfolgeschaft im Geschlechte der Grüninger, Benjamin Grüninger, und seiner 25jährigen Tätigkeit als Glockengießer galt. Den Reigen der Reden eröffnete Dekan Weinmann mit einem auf Einträge in den Kirchenbüchern gestützten Rückblick auf die Etappen in der Grüninger'schen Familiengeschichte. Das urkundlich schon 1323 in Villingen genannte Geschlecht wird mit Ausgang des 30jährigen Krieges und als Nachfolger des Meisters Reble nunmehr über eine Zeitspanne von mehr als 350 Jahren zum Träger des Glockengießereiberufes. Der seltene Fall, daß über eine solche Zeitspanne eine Gründung in Familienhand verblieb, sei auf handwerkliches Können wie auf Treue zum Vätergeist zurückzuführen. Aus aller Munde, so des Leiters des Landkreises, des zweiten Bürgermeisters von Neu-Ulm, des Vertreters des bayerischen Staatsministeriums und desjenigen des Arbeitsamtes kam immer wieder die Freude zum Ausdruck, eine Betriebsstätte solchen Charakters für Gegend und Land gewonnen zu haben.

Nachdem schließlich der Senior des Geschlechtes, Kaufmann Adalbert Grüninger, seine Erzählung über die Jugenderlebnisse aus der Zeit der Verlegung des Betriebes an das Bickendorf beendet hatte, überbrachte Kaufmann Honold im Namen des Gewerbeverbandes noch die Glückwünsche Villingens, dem Festkind die Mahnung auf die Seele bindend, recht bald auch mit der Wiederaufnahme des Glockengusses in der Heimat zu beginnen. Dem Erfinder der Neulegierung werde sicherlich bei seiner Suche nach Grund und Boden für einen Neubau aus dem Kern der Einwohnerschaft wertvolle Unterstützung erwachsen. Die Verlesung eingegangener schriftlicher Gratulationen, so des Ordinariates München, des Ordinariates Rottenburg, des Abtes von Weingarten, des Badischen Staatsministeriums und der Universität Freiburg, leitete dann zur gesanglichen Weihestunde über. Margarete Grüninger, die in der Förderung des Unternehmens ihrem Mann treu zur Seite stehende Gattin, spendete mit ihrer Sopranstimme mehrere Lieder, und Ventur Singer bewegte mit seinem Tenor durch Vortrag von Wagners „Allmächtiger Gott" und Schuberts „Erlkönig" ebenso sehr die Herzen der daraufhin Abschied nehmenden Festteilnehmer. Der Abend war der kameradschaftlichen Geselligkeit der Belegschaft gewidmet. J. H.

Südkurier vom 2. Dezember 1948 (Quelle: Stadtarchiv Villingen-Schwenningen).

Glocken, die nicht läuten werden

Inhaber einer Neu-Ulmer Glockengießerei in Untersuchungshaft

Ulm. (W.-Eigenbericht.) In Deutschland gibt es nur noch wenige Glockengießereien. Das Handwerk des Glockengießers droht auszusterben — der Verdienst ist zu gering. Heute noch geht der Guß nach den alten Regeln vor sich, und heute noch ist das Glockengießen eine Kunst. Die Legierungen bestehen seit Jahrhunderten aus den gleichen Metallen; sie sind rar geworden und vor allem teuer. Wenn eine Gemeinde Glocken in Auftrag gibt, muß zumeist an den Opfersinn aller appelliert werden. Das geschah und geschieht immer noch. So sammelten auch 20 Gemeinden aus dem Bodenseegebiet, dem Linzgau und dem Schwarzwald Geld und bestellten bei der Neu-Ulmer Glockengießerei Grüninger neue Glocken.

Dieses Unternehmen übersiedelte im Jahre 1948 von Villingen in das Dörfchen Straß bei Neu-Ulm. Es handelt sich um einen technisch gut ausgestatteten Betrieb mit handwerklicher Tradition. Hier in Straß wurden bisher Glocken gegossen; jetzt liegt der Betrieb still. Im November 1951 hatte der Inhaber ein Vergleichsverfahren angestrebt, das mangels Masse abgelehnt wurde. Der Konkurs steht vor der Tür. Der Inhaber ist in Untersuchungshaft.

Wie es dazu kam? Nun, der Inhaber ging von der Ueberlegung aus, daß die Zukunft des Betriebs mit dem Glockenguß allein nicht gesichert sei. Die Beschaffung des Materials wurde immer schwieriger und kostspieliger. Es war auch anzunehmen, daß in absehbarer Zeit, wenn die Gemeinden wieder ihre vollständigen Geläute beisammen haben würden, die Aufträge für Neugüsse zurückgingen. Aus diesen Ueberlegungen heraus wurden Pläne verwirklicht, denen wohl eine nützliche Absicht zugrunde lag, die sich aber zu einem beträchtlichen Verlust und Schaden für die Gemeinden auswuchsen.

Mit Glockengießen sind, wie gesagt, keine Reichtümer zu verdienen, es sei denn, daß man die übrigen im Betrieb vorhandenen technischen Möglichkeiten voll ausnützen könnte. Der Gedanke lag also nahe, der Glockengießerei eine Abteilung anzugliedern, in der Gußteile für die Industrie hergestellt werden sollten.

Um aber diesen Gedanken Wirklichkeit werden zu lassen, benötigte der Betriebsinhaber Geld. Geld ist heute rar und auch im Kreditwege schwer zu beschaffen. Im Herbst vergangenen Jahres ist durch den Aufbau einer Abteilung für Gußeisen die finanzielle Lage bei Grüninger sehr schwierig geworden. Wie abhelfen? Da lagen Aufträge für Kirchenglocken. Es war Geschäftspraxis geworden, daß bei jeder Bestellung von Glocken die Hälfte des Preises zur Beschaffung der Metalle anbezahlt wurde. Je nach dem Umfang der Bestellung bzw. je nach Zahl und Größe der Glocken gingen von der Gemeinde Beträge ein, die z. B. bei der Gemeinde Vöhrenbach im Schwarzwald 39 000 DM ausmachten. 28 000 DM waren durch Sammlung und Stiftungen aufgebracht worden, 11 000 DM legte die Gemeinde selbst für das neue Geläut hinzu. Dieser Betrag und viele andere von rund 20 Gemeinden, im ganzen über 100 000 DM wurden nach den Feststellungen der Staatsanwaltschaft Memmingen für den Aufbau der Gußeisen-Abteilung der Grüninger'schen Glockengießerei verwendet. Glocken konnten nicht geliefert werden, weil auch die Beschaffung der zum Guß notwendigen Metalle nicht rechtzeitig möglich war. Das ist der erste Anklagepunkt, den die Staatsanwaltschaft der Glockengießerei vorhält.

Weiter wird der Firma vorgeworfen, 7471 kg Gußbruch, d. h. Glockengußmaterial, das von zerstörten Glocken stammt, für andere Zwecke verwendet zu haben. Dieses Material im Wert von 25 000 DM wurde der Glockengießerei Grüninger von der Diözese Rottenburg und der Erzdiözese Freiburg zur Verfügung gestellt. Es ist nicht mehr vorhanden.

Die Erhebungen, die die Landespolizei Nersingen im Auftrage der Staatsanwaltschaft Memmingen durchführt, sind noch nicht abgeschlossen. Über den Betrieb der Glockengießerei Grüninger in Straß bei Neu-Ulm ist das Konkursverfahren eröffnet worden. Die Beträge, die als Anzahlung eingegangen sind, liegen in den Anlagen für die neue Guß-Abteilung fest. Die Gemeinden, die die Gelder gesammelt haben, werden wohl in absehbarer Zeit keine neuen Glocken erhalten. Es wird noch einige Zeit dauern, bis das Gerichtsverfahren über diesen Fall, der in Baden und Württemberg viele bewegt, eröffnet wird und dann alle Umstände und Vorgänge geklärt werden.

Südkurier vom 31. Januar 1952 (Quelle: Stadtarchiv Villingen-Schwenningen).

Das unrühmliche Ende einer alten Glockengießerei

Anzahlungen auf Glocken veruntreut — Gefängnis für Grüninger

Neu-Ulm (iu). Nach dreitägiger Verhandlung endete der Prozeß gegen den 52 Jahre alten Glockengießer Benjamin Grüninger vor der in Neu-Ulm tagenden Großen Strafkammer des Memminger Landgerichts mit der Verurteilung des Angeklagten zu einem Jahr und neun Monaten Gefängnis und 1000 Mark Geldstrafe wegen fortgesetzter erschwerter Unterschlagung in Tateinheit mit Untreue, wegen fortgesetzten Betrugs und wegen Gläubigerbegünstigung.

Grüninger, der in Straß im Kreis Neu-Ulm eine gutgehende Glockengießerei betrieb, wollte dem Unternehmen eine Eisengießerei angliedern, um eine etwaige rückläufige Konjunktur in der Glockenfabrikation rechtzeitig auffangen zu können. Er begann mit dem Bau der Eisengießerei, noch ehe ein Kredit, den ihm die Bayerische Landesanstalt für Wiederaufbaufinanzierung in Aussicht gestellt hatte, genehmigt war. Die Mittel, 400 000 Mark, entnahm er vorerst der Glockengießerei, die dadurch im zweiten Halbjahr 1951 in eine schwierige Lage geriet. G. suchte sich nun unter anderem dadurch zu helfen, daß er 7500 Kilogramm Glockenschrott, den die Diözesen Rottenburg und Freiburg bei ihm eingelagert hatten, zum Guß von Glocken für andere Auftraggeber verwendete und sich von mehreren Pfarreien, die neue Glocken bestellt hatten, Anzahlungen zur Beschaffung des Metalls geben ließ, diese Beträge — über 100 000 Mark — aber im Betrieb verbrauchte.

Die Verhandlungen wegen des Staatskredits zerschlugen sich Ende Oktober 1951 endgültig, nicht zuletzt deshalb, weil sie von einem Angestellten der Glockengießerei, den man nicht zum Direktor gemacht hatte, hintertrieben worden waren. Der Betrieb ging im Dezember 1951 in Konkurs. Er war seit 1590, also seit über 350 Jahren, ununterbrochen im Familienbesitz gewesen und hatte allein in den wenigen Jahren nach Kriegsende aus 800 000 Kilogramm Metall 1843 Glocken gegossen.

Die Strafkammer bescheinigte dem Angeklagten in der Urteilsbegründung ausdrücklich, daß er nicht aus niedrigen Motiven gehandelt habe und sich vornehmlich von sozialen Beweggründen, nämlich von der Fürsorge für seine Arbeiter, habe leiten lassen. Andererseits habe man nicht übersehen können, daß der Schaden sehr erheblich sei und daß sich die veruntreuten Anzahlungen fast ausschließlich aus Spenden zusammengesetzt hätten, die von den Gemeindemitgliedern oft recht mühsam aufgebracht worden seien.

Zeitungsausschnitt vom 16. November 1953 (Quelle: Stadtarchiv Villingen-Schwenningen).

100 000 DM Glockenspenden sind verloren

Prozeß um eine Glockengießerei / Gut gemeint und schlecht gewirtschaftet

ir. **Neu-Ulm.** Die in Neu-Ulm tagende Große Strafkammer des Landgerichts Memmingen verurteilte nach dreitägiger Verhandlung den 52-jährigen früheren Glockengießereibesitzer Benjamin Grüninger aus Straß bei Neu-Ulm wegen fortgesetzter Unterschlagung, Untreue und Betrug zu einem Jahr und neun Monaten Gefängnis und zu 1000 DM Geldstrafe. Die Strafkammer fand Grüninger, dessen Familie seit Jahrhunderten als Glockengießer tätig ist, schuldig, einen Schaden von 200 000 DM verursacht zu haben.

Die Vergehen fallen in das zweite Halbjahr 1951, als die nach Kriegsende in Straß gegründete Glockengießerei um ihre Existenz kämpfte, nachdem sie in den Jahren 1948/49 gut florierte und einen Jahresumsatz von 2,5 Millionen DM erzielte. Die Aufträge für neue Glocken ließen 1950 allmählich nach. Um den Betriebsumfang aufrechtzuerhalten, wollte Grüninger eine Tempergießerei einrichten und beantragte zu diesem Zweck einen Staatskredit von 300 000 DM, von dem er aber nur 150 000 DM erhielt. Obwohl dieser Betrag nicht ausreichte, begann er mit dem Bau der Gießerei, mußte aber, um ein Schuldenloch stopfen zu können, ein anderes aufreißen. So nahm er einfach 7500 kg Glockenschrott, den die Diözesen Freiburg und Rottenburg bei ihm für spätere Aufträge gelagert hatten. Mit diesem Metall im Werte von 50 000 DM goß er andere Glocken. Weiter ließ er sich von zahlreichen Pfarrgemeinden Anzahlungen in Höhe von 100 000 DM geben, die er zur Bezahlung seiner Arbeiter und alter Schulden verwendete, ohne dafür zu liefern.

Die Strafkammer hilt dem Angeklagten zugute, daß er nicht aus niedrigen Beweggründen gehandelt habe, sondern um seinen Betrieb aufrechtzuerhalten, und daß Grüninger wohl ein Techniker, aber kein versierter Kaufmann sei. Strafverschärfend sei zu werten, daß er zahllose Spender von Glockengeldern enttäuscht habe. Das Gericht hatte während der dreitägigen Verhandlung 20 Zeugen vernommen, unter ihnen den früheren bayerischen Innenminister Dr. Ankenmüller.

Schwarzwälder Bote vom 16. November 1953 (Quelle: Stadtarchiv Villingen-Schwenningen).

Ein historisches Villinger Grundstück

Das ehemalige Grüninger'sche Anwesen und seine Geschichte

v. Mit dem Uebergang an die Kreisverwaltung kehrte das Anwesen der früheren Glockengießerei Grüninger in der Birkenstraße, nachdem es schon vor 150 Jahren Staatsbesitz geworden war, wieder in das Eigentum der öffentlichen Hand zurück.

Das nahezu 15 ar Grundfläche aufweisende Grundstück ist ein Teil der ehemaligen, 1257 von Graf Heinrich zu Fürstenberg gestifteten Johanniterkommende. Mit der Säkularisation fiel neben den Klöstern auch das Besitztum dieses seit den Kreuzzügen bestehenden und Spitaler unterhaltenen Ritterordens den Fürsten zu. Als die Württemberger 1805 in der Erwartung, das österreichische Villingen würde zu ihrem Lande geschlagen, voreilig die Stadt besetzten, war es eine ihrer ersten Taten, aus der Johanniterkommende alle Vorräte samt dem an Kunstwerten reichen Mobiliar nach Stuttgart zu verfrachten. Ein halbes Jahr später, als Villingen endgültig dem neuen Großherzogtum Baden einverleibt war, bezogte der mit einem Beamtenstab nach Villingen beorderte Geh. Hofrat von Jagemann die geleerten Räume als Sitz des Bezirksamtes, oder wie es damals noch hieß, des Obervogteiamtes Villingen. Wenige Jahre später, 1809, nahm eine weitere höhere Behörde, das Direktorium des Donaukreises, unter Leitung des Geh. Referendärs und späteren Staatsrat Daniel von Guerth, Unterkunft im gleichen Hause. Diese Regierungsstelle wurde aber schon 1819 unter Verschmelzung mit dem Landeskommissariatsbezirk Konstanz, sehr zum Leidwesen der Villinger, wieder aufgehoben.

Das Gebäude befand sich in dieser Zeit noch in dem Zustand eines kurz vor dem dreißigjährigen Kriege erfolgten Umbaues. Der Hauptbau, das sogenannte Amtshaus schloß ab mit dem Treppenhaus das heute noch zum Einwohnermeldeamt führt. Anschließend daran befand sich ein niedriger Scheunenbau, der Fruchtkasten, mit einem bis auf die Stadtmauer sich herabneigendem Dach; er war in seiner Querstellung mit dem Birkentor verbunden. In diesem Fruchtkasten lagerte in Gestalt von Feldfrüchten der aus den Gemeinden Dürrheim, Obereschach und Neuhausen dem Ritterorden zufließende Zehnte. Im rückwärtigen Areal, längs der Stadtmauer, stand das baufällig gewordene und von Angehörigen des Ordens längst nicht mehr bewohnte Ritterhaus. Es wurde 1811 abgebrochen und später 1888, an seiner Stelle das neue Bezirksamtsgebäude erstellt. Die zum Komplex gehörende Kirche samt ihrem Turm, dessen Spitze man einmal abhauen wollte, erfuhr eine Umwandlung zum Amtsgefängnis.

1868 benützte das Bezirksamt die Gelegenheit, freiwerdende Räume im neuerbauten Hause des Kaufmanns Franz Josef Dold in der Rietstraße, der heutigen Villinger Bank, zu beziehen. Das alte, von der Domäne dem Verkaufe ausgesetzte Amtshaus wurde dann von der Stadtgemeinde erworben, aber schon 1872 unter Genehmigung des Bürgerausschusses wieder weiterverkauft. Erwerber waren die Gebrüder Grüninger, die bis dahin in der Zinsergasse ansässig waren und zwar in dem Rondellbau, der lange noch den Namen „Glockenhäusle" trug. Ihnen schien das Anwesen zur Erweiterung ihrer Glockengießerei als geeignet. Der alte Fruchtkastenanbau wurde jetzt abgerissen und an seiner Stelle, in gleicher Flucht und Höhe mit dem bisherigen Amtshaus ein Wohngebäude mit eigenem Treppenaufgang erstellt. Die Querverbindung zum Birkentor fiel hierbei weg, woraus sich der erwünschte freie Durchgang zur eben in Betrieb gekommenen Station der Eisenbahn ergab. Im Hofe, längs der Stadtmauer, wurde die einstökkige Gießerei errichtet, zunächst mit einem Kamin und viel später bei Anlegung eines zweiten Ofens und bei Verlängerung des Baues nach dem Bezirksamt zu, mit einem zweiten, weit höheren versehen. Für die Herren des Bezirksamts bildete dieser Gewerbebetrieb aber dauernd eine unliebsame Nachbarschaft.

50 Jahre hindurch mit dieser Oertlichkeit verbunden, erwies sich die Glockengießerei als eine, dem Ruf der Stadt mehrende Betriebsstätte. In allen Beschreibungen der Stadt, vom Reiseführer bis zum Lexikon, wurde auf die Existenz eines solch kunsthandwerklichen Gewerbes als Besonderheit hingewiesen. Auch die Einwohner der Stadt pflegten mit Interesse die Vorgänge in der Glockengießerei zu verfolgen, namentlich wenn ein fertiges Geläute vor seiner Abreise in dem im Hofe ausgebauten Glockenstuhl aufgehängt war und einer Tonprobe unterworfen wurde. Roch es zuvor im angrenzenden Viertel süßlichsauer vom gebrannten Ton der Glockenformen, wußte man, daß ein Auftrag in Arbeit stand; züngelte die gierige Flamme zum Kamin hinaus, so war es Tagesgespräch, daß im Verlauf des Tages ein Glockenguß stattfinde.

Diesem feierlichen Akt beizuwohnen waren Deputationen der auftraggebenden Gemeinden erschienen, Zuschauer aus der Stadt stellten sich ein und vor allem erbettelte die Schuljugend die Genehmigung, Zuschauer sein zu dürfen. Es blieb für sie ein nachhaltiges Erlebnis, wenn der Meister mit seinem weißwallenden Barte nach gesprochenem Vaterunser mit einer Stange den weißglühenden Zapfen des Schmelzofens einstieß, das goldgelbe flüssige Metall in die Kanäle zischte, gurgelnd in die im Boden eingebettete Form floß und nach deren Füllung einige Spritzer in die Höhe jagte. Ringsherum standen die mit großen Schlapphüten bedeckten Gesellen mit ernster Miene, Werkzeuge in der Hand, einen Ausbruch des Metallflusses zu verhindern. Ob der Guß geglückt war, erfuhr man erst nach einigen Tagen, wenn aus der aufgebrochenen Grube die noch mit schwerem Lehmmantel umgebenen Glocken mit Winden hochgezogen waren.

Mit der Verlegung der Gießerei in einem Neubau neben dem Aluminiumwerk ist es dann stille geworden auf der in der Gemarkung der ehemaligen Johanniterkomturei liegenden Betriebsstätte. Zuletzt diente sie der Lagerhaltung für eine Stabeisenhandlung. Mit ihrem vorgesehenen Abbruch aber wird auch ein Mißton im Bilde des Haupteinganges zur Stadt ausgemerzt, die beiden Kamine werden den Blick zum Turm der Evangelischen Stadtkirche nicht mehr beeinträchtigen. Welche Wandlung aber das alte Amtshaus erfahren wird, bleibt ein Problem für spätere Jahre. J. H.

[illegible] die ehemalige Glockengießerei Grüninger, [illegible] und den Turm der evangelischen Kirche. Zeichnung: Keibl Schaaff

Südkurier Nummer 255 vom 4. November 55.

Südkurier vom 4. November 1955 (Quelle: Stadtarchiv Villingen-Schwenningen).

Die Kamin-Spezialisten leisteten Maßarbeit

Ein Bagger zog das „Ofenrohr" um — Fallrichtung stimmte zentimetergenau

v. Es war in den letzten Tagen nachgerade zu einem beliebten Rätselspiel geworden: „Wird er abgetragen oder wird er gesprengt?" Kein Mensch wußte genau Bescheid. Weder die mit dem Abbruch der Grüninger'schen Glockengießerei beschäftigten Arbeiter, noch die alten Rentner, die dutzendweise die Bänke in den Anlagen bevölkerten und mit Spannung das Schauspiel verfolgten, konnten sagen, auf welche Weise der 32 m hohe Kamin wohl fallen werde.

Nun, er wurde weder in die Luft gejagt, noch völlig abgetragen. Die Stuttgarter Spezialisten, über deren Arbeit wir gestern in Wort und Bild berichteten, haben das riesige „Ofenrohr" lediglich um etwa zehn Meter verkürzt. Dann bauten sie das Kunstgerüst wieder ab und begannen, den Kamin an seinem Fuß mit Preßluftbohrern regelrecht auszuhöhlen. Starke Holzpflöcke stützten die so entstandene Bresche im Mauerwerk ab. Am Mittwoch, Punkt 12.20 Uhr, war es dann so weit. Um die Holzstützen wurden Drahtseile gelegt. Ein schwerer Bagger zog ruckartig an, die Pflöcke lösten sich und gaben den Hohlraum frei. Langsam neigte sich der Riese auf die Seite und stürzte mit donnerartigem Getöse in die Anlagen. Bruchteile von Sekunden später war nur noch ein wüster Trümmerhaufen von Backsteinen zu sehen.

Das war Maßarbeit! Weder das in unmittelbarer Nähe stehende Denkmal, noch ein Gebäude, ja nicht einmal ein Baumzweig wurden beschädigt. Keinen Zentimeter wich der Kamin von der vorgesehenen Fallrichtung ab. „Schade", grinsten die Polizisten. Ihnen kann man's wirklich nachfühlen, wenn sie sich insgeheim wünschten, der Kamin möge doch einen unprogrammgemäßen „Seitensprung" auf ihre alte „Bruchbude" in der Bickenstraße machen. „Schneller würden wir wohl nicht zu einem neuen Dienstgebäude kommen", meinten sie. Aber der hohe Koloß war folgsam und tat der Polizei den Gefallen nicht.

Vielleicht erbarmt sich aber nun Stuttgart endlich doch der Villinger Landespolizei und bewilligt die Mittel zum Ankauf und Um- bzw. Neubau des Hauses Bickenstraße 24. Der schmucke Neubau der Kreisverwaltung neben diesem schäbigen, alten Kasten? Wenn die Polizisten Minderwertigkeitskomplexe kriegen, ist's wahrlich kein Wunder! wg.

Aufnahmen: Kohler (1), Wegmann (3)

GENAU IN DIE VORGESCHRIEBENE RICHTUNG STÜRZTE DER KAMIN. Eine Stuttgarter Spezialfirma hat, wie bereits in unserer gestrigen Ausgabe berichtet, in präziser Arbeit den 32 Meter hohen Kamin der Grüningerschen Glockengießerei umgelegt. Der Abbruch ging, obwohl sich in unmittelbarer Nähe Häuser befanden, glatt vonstatten. Unsere Bildleiste zeigt von links nach

Südkurier vom 26. Oktober 1956 (Quelle: Stadtarchiv Villingen-Schwenningen).

ABNAHMEGUTACHTEN VON GRÜNINGER-GELÄUTEN

1. Gutachten nicht mehr existierender Geläute

Gutachten vom 22. Mai 1906 für das neue Geläute der ***Pfarrkirche Herz Jesu in Ettlingen*** (Quelle: Erzbischöfliches Archiv Freiburg B2-38/19 in: Broschüre Bronceglockengießerei Benjamin Grüninger Söhne, 1927).

Gutachten

über das

neue Geläute für die neue kathol. Stadtpfarrkirche zu Ettlingen

bestehend aus sieben Glocken mit den Tönen:

As, Des, es, f, as, b, des.

Freiburg, den 22. Mai 1906.

Der Unterzeichnete hat gestern das für die neue Stadtpfarrkirche von Grüninger Söhne, Glockengießerei in Villingen gegossene Geläute in deren Werkstätten geprüft. Nicht ohne eine gewisse Bangigkeit traten Meister und Experte an die Prüfung eines so großen Werkes heran. Gottlob! löste sich unsere bange Erwartung in volle Befiedigung auf, sodaß wir Herrn Dekan Albert telegraphieren konnten: Geläute vorzüglich gelungen! Sieben Glocken im Gesamtgewichte von über 200 Zentnern bilden eine Melodie auf Des mit einer sog. Brummglocke, „Bourdon", die in der unteren Quart vier Töne tiefer als der eigentliche Grundton steht. Wir fanden beim Läuten aller im Glockenstuhl aufgehängten Glocken diese Anordnung voll und ganz bewährt. Es läutet die Reihe aller sieben Stücke:

As, Des, Es, f, as, b, des.

Die nicht leicht einzustimmenden Oktave von As und Des sind gut getroffen.

Für das Auge ist der Guß aller Glocken tadellos gelungen. Besonders sind die drei großen in ihrer Gußhaut innen und außen ohne alle Unebenheit, was bei solch ausgedehnten Verhältnissen sehr anzuerkennen ist. Daß die kleineren Stücke intakt sind, begreift sich leichter.

Das schwere Gewicht macht sich bei allen Glocken vorteilhaft geltend. Mächtig, in kräftigem Umfange zeigen sich die Schlagringe und der Mund der edlen, imponierenden Gebilde. Edelgeformt verbürgen die Rippen und die ganze Form, weiche, große, singende, lang nachhaltige Töne. Gefällig umsäumen die Verzierungen den oberen Rand, korrekt und sauber stehen Figur und Schrift. Die Farbe des Gusses deutet auf vertragsmäßige Mischung des Glockengutes und die richtige Hitze der Glockenspeise.

Wohlgeformt und gefällig überragt die Krone die Körper und kräftig hängt der Schwengel an wohlbefestigten Platten.

Verhältnismäßig leicht werden auch die großen Stücke in dem luftig und doch fest aufgebauten Glockenstuhle geläutet, der nicht die leiseste Bewegung merken ließ.

Hören wir die Glocke im einzelnen an, so finden wir jede in ihrer Eigenart und doch eins in harmonischem Zusammenklange. Reiche Melodien wechseln miteinander ab, ein Singen und Klingen, erfreuend, erhebend, ergreifend entströmt dem ehernen Munde. Wir sahen Tränen in manchem Auge, als alle Glocken zusammen läuteten, in gewaltigen Akkorden und wieder in lieblichen Weisen; denn nicht nur die großen haben ihren Reiz, auch die obere Reihe bietet Musik und Gesang wie aus Frauen- und Knabenmund. Wollte man näher eingehen auf die Eigenart, den Charakter, das Wesen der Glocke, es ließe manches Blatt sich füllen. Es wird beim Läuten das starre Gebilde zum lebendigen Wesen, singt in des Menschen Herz hinein und aus ihm heraus, begleitet und versteht sein Weh und seine Freude, spricht aus, was er selbst nicht zu sagen weiß, trauert mit ihm, freut sich mit seiner Freude, tröstet, mahnt, straft, erhebt, demütigt, zieht empor, weckt alle geheimen Regungen der Seele, ja kann zum Richter werden durch mächtiges Anklopfen an dem schuldbeladenen Gewissen.

Das Alles vermag unser herrliches Geläute im ganzen und im einzelnen.

Lang muß man der majestätischen großen Glocke lauschen, bis immer reicher und tiefer ihre Stimme gehört, ihr Gesang verstanden wird.

Erhebend und stolz erklingen Des und Es, sie sind wie die Ehrendiakone des ehernen Hohenpriesters, des großen As, wenn sie ihres hohen Amtes nach empfangener Salbung waltet. Und Licht und Weihrauch bringen gleich niedergeweihten Klerikern die übrigen bescheideneren Gebilde mit. Fröhlicher und frischer klingen und singen sie als die ernsten, tiefen Grundtöne.

50

1/2

In reiner Stimmung sind sie alle gegossen, wenn auch die eine oder die andere in verschiedenen Verbindungen und Mischungen ein wenig zu schweben scheint. Je nach der Windrichtung kommen sie immer wieder im melodisch-harmonischer Reinheit zusammen.

Noch wollen wir eine Reihe möglicher Geläute hier verzeichnen:

1. As, Des, Es, F, as, des (b wird beim vollen Geläute besser nicht mitgenommen).
2. Des, F, as, des;
3. Des, F, as;
4. Des, Es, F, as, b;
5. Es, F, as, b;
6. Es, F, as;
7. F, as, des;
8. F, as, b;
9. F, as, b, des;
10. as, b, des;
11. Des, Es, F, as, des;
12. Des, Es, F, as, b, des;
13. As, Des, Es, F, as.

As läute am Donnerstag abend und Freitag mittag; sie soll nicht gespart werden, als Einzelglocke, im Gesamtgeläute zeichne sie die Festtage aus. An hohen Festen läute As in des Morgens Frühe zum Angelus den hl. Tag weihevoll ein. Als Bußglocke bei Missionen, einladend zu Festpredigten; am Sylvesterabend, als hochfestliche Predigtglocke usw.

Beim Läuten fange die kleinste an, es sollen etwa 10 Sekunden Abstand vom Eintreten einer zur anderen sein. Am Schlusse nicht straff abreißen, mehr ausläuten lassen.

Die Glockengießer mögen um Belehrung gebeten werden.

Möge das herrliche Geläute glücklich an seinen erhabenen Ort gelangen, dorten Gottes Lob, des Meisters Ehr', den Stiftern Dank, der guten Stadt Freud' und Frieden verkünden.

Mit dem vortrefflichen Gelingen dieses größten Geläutes, das unter Leitung der jetzigen Generation die altehrwürdige Werkstätte Grüninger's verließ, haben die Meister bewiesen, daß sie ganz auf der Höhe ihres Kunsthandwerkes stehen. Gewissenhaftigkeit, Tüchtigkeit, ernste Auffassung ihrer Pflichten mögen der ehrenwerten Familie auf Jahrhunderte hinaus des „Meisters Lob" und „Gottes Segen" verbürgen.

Kostenberechnung und Vertrag sind in allen Teilen erfüllt und eingehalten; die Vertragssumme kann ungeschmälert ausbezahlt werden.

Der Erzbischöfliche Orgel- und Glockeninspektor:

gez. Msgr. G. Schweitzer,
Domkapellmeister.

Gutachten vom 14. Mai 1926 für das neue Geläute der ***Pfarrkirche St. Laurentius in Bad Rotenfels***
(Quelle: Erzbischöfliches Archiv Freiburg B2-38/19 in: Broschüre Bronceglockengießerei Benjamin Grüninger Söhne, 1927).

Freiburg, den 14. Mai 1926.

Geläute für die Pfarrkirche in Rotenfels betr.

Gutachten.

Auf Ersuchen des Hochw. Erzb. Pfarramts Rotenfels hat der Unterzeichnete am 11. ds. Mts. die für die dortige Pfarrkirche von der Firma B. Grüninger Söhne in Villingen gegossene Glocken geprüft und kann derselbe darüber folgendes Gutachten abgeben:

Das große Geläute von sieben Glocken befand sich aufgehängt im neuen solid gearbeiteten schmiedeisernen Glockenstuhl.

Die Besichtigung der Glocken zeigte, daß jede derselben im Guß tadellos ausgefallen ist. Die Inschriften und die sehr schön modellierten Bilder und Ornamente sind überall klar und deutlich ausgeprägt. Die scharfe Prägung und die Farbe des Metalls läßt auf gute Metallzusammensetzung und Mischung sowie auf sehr hohen Hitzegrad beim Gusse schließen.

Bei der darauffolgenden Prüfung mit dem Stimmgabelapparat ergaben sich folgende Schwingungszahlen:

		Grundton	Unteroktave	Terz	Quinte	Oberoktave
	h	242	121	293	366	496
normal		244	122	290	365	488
	d	289	145	345	435	581
"		290	145	345	435	580
	e	325,8	162,9	397	488	652
"		326	162,9	387	488	651
	g	387	193,7	468	580	779
"		387	193,7	460	580	775
	a	434	217,5	517	647	872
"		435	217,5	517	651	870
	h	488	242	583	731,5	1000
"		484	242	580	731,5	976
	d	580	282	690,5	870	
"		580	289	690,5	870	

Daraus ergibt sich, daß die erforderlichen Schwingungszahlen alle mit geradezu mathematischer Genauigkeit getroffen sind, ebenso auch die Nebentöne mit ganz wenigen Ausnahmen. Dabei ergeben sich keine so großen Differenzen, daß sie etwa störenden Einfluß auf Tonhöhe oder Klangfarbe haben könnten. Die Prüfung mit dem Stimmgabelapparat führte demnach zu einem recht gut befriedigenden Resultat.

Beim Probeläuten ließ die größte Glocke ihre gewaltige Tonmasse mit mächtiger Kraft und Fülle erklingen. Auch die beiden nächsten Glocken sind im Tone recht kräftig und voll. Die vierte klingt ebenfalls rund und voll. Die fünfte ist im Klang ziemlich weich und mild. Die beiden kleinsten klingen hell und frisch. Jede Glocke läßt außer dem Grundton noch deutlich die untere Oktave, die Terz, Quinte und obere Oktave und meistenteils für das geübte Ohr noch weitere günstige Obertöne hören. Ungünstige Beitöne sind keine bemerkbar. Da die Stimmung der Glokken eine recht gute ist, so lassen sich bei dieser Disposition eine große Zahl sehr brauchbarer Geläute zusammen stellen. Ueberwältigenden Eindruck macht das Gesamtgeläute nicht blos durch die große Zahl der Glocken und durch die Wucht der mächtig schwingenden Klangkörper, es zeigt sich infolge der reinen Stimmung noch die akkustische Wirkung, daß sich noch andere, besonders tiefere Töne bilden, von denen ein tiefes g besonders hervortritt und das Geläute noch mächtiger erscheinen läßt, als es in Wirklichkeit ist.

Da die Glocken in schwach gekröpften Jochen hängen und in Rollagern liegen, lassen sie sich leicht in Bewegung setzen.

Das ganze monumentale Geläute kann als eine vorzügliche Arbeit der Glockengießerei B. Grüninger Söhne in Villingen gelten. Da die Firma bei Verwendung besten Metalls ihre in fast drei Jahrhunderten gesammelten Erfahrungen in Verbindung mit den neuesten technischen Errungenschaften benützt, kann sie ein Geläute liefern, das in technischer und musikalischer Hinsicht allen Anforderungen genügt.

Wenn das Geläute von der Höhe des Turmes klingen und singen kann, dann wird es erst seine volle Wirksamkeit entfalten können. Sicherlich wird die Gemeinde eine große Freude an dem wohlgelungenen Geläute haben. Mag es dann recht lange weithin mit ehernem Munde verkünden, was badischer Gewerbefleiß geschaffen hat und mag es dann als ein Denkmal aus Erz auch späteren Generationen immer wieder zum Bewußtsein bringen, was die Gemeinde in frommem Sinn und großen Opfern in schwerer Zeit geleistet hat.

gez. Schweitzer, Domkapellmeister,
Erzb. Glocken- und Orgelbau-Inspektor.

Gutachten vom 26. Dezember 1926 für das neue Geläute der ***Pfarrkirche St. Stephan in Karlsruhe*** (Quelle: Erzbischöfliches Archiv Freiburg B2-38/19 in: Broschüre Bronceglockengießerei Benjamin Grüninger Söhne, 1927).

DAS WERDEN DER STEFANSGLOCKEN.

Im April 1926 traten Angehörige der St. Stefans-Kirchengemeinde, der Mutterkirche der Stadt Karlsruhe, zusammen, um einen Weg zu suchen, auf welchem die verlorenen Glocken der Kirche wieder ersetzt werden könnten und man kam auf den Gedanken, einen Bazar zu veranstalten. —

Derselbe wurde am 12. bis 14. Iuni 1926 abgehalten und ergab wider Erwarten ein solch günstiges Resultat, daß der sofortige Guß der Glocken in Auftrag gegeben werden konnte. —

Die große B-Glocke im Gewicht von 70 Zentner und die kleine b-Glocke im Gewicht von 10 Zentner sollten erhalten bleiben. Vier neue Glocken: G 120 Zentner, D 34 Zentner, f 21 Zentner, g 15 Zentner, sollen zur Ergänzung der Disposition G—B—d—f—g—b neu gegossen werden. **Eine schwierige Aufgabe** erwartete den Meister, da die noch vorhandene große B-Glocke nicht normal war. Der **Tradition und Leistungsfähigkeit** Vertrauen schenkend, wurde der Auftrag der seit über 350 Jahren bestehenden Firma **B. Grüninger Söhne in Villingen** übertragen mit der Bestimmung, denselben bis Weihnachten auszuführen. —

Am Freitag, den 26. November fand bereits der Guß statt. In früher Morgenstunde dieses Tages fuhren verschiedene Herren unter Führung des Herrn Geistl. Rates Monsignore Dr. Stumpf gen Villingen. Um die Mittagszeit war man am Ziel, wo zunächst eine Besichtigung der beiden Werke stattfand. Gar manche Glockengießerei hatte ich schon zu besichtigen Gelegenheit, doch **keine kommt dem neuen Werk dieser Firma gleich.** Das Werk besitzt die modernste Einrichtung, die man sich in einer Glockengießerei denken kann, darunter einen Flammofen mit einem Fassungsvermögen von 16 Tonnen mit Oelfeuerung, die es ermöglicht, den gesamten Inhalt in 7 Stunden zum Schmelzen zu bringen. Es würde zu weit führen, die gesamte Anlage an dieser Stelle zu beschreiben. —

Im Flammofen, der in der geräumigen und luftigen Gießereihalle steht, war bereits der größte Teil des 250 Zentner schweren Glockengutes zum Schmelzen gebracht. Vor dem Ofen lag noch etwas Kupfer und eine Menge silberhellen Zinnes, das noch in die glühende Masse geworfen wurde. Dabei fuhren die Arbeiter mit kleinen Baumstämmen in die Metallglut hinein, um die Masse gut zu verrühren und zugleich eine Desoxydation des Kupfers zu erzielen. Eine harte, überaus harte Arbeit, wobei

„Von der Stirne heiß
Rinnen muß der Schweiß."

Nachdem endlich der Hitzegrad, gemessen durch ein besonderes Instrument, erreicht war, schien der ersehnte Augenblick gekommen zu sein. In höchster Erwartung standen wir vor dem Flammofen. Noch einmal wurde die Ofentüre aufgerissen, die Leute eilten herbei und warfen Holzkohlengrieß zur Reinigung des Metalls und zur Verhinderung der Bildung von Zinnsäure auf die weißglühende Masse, einer entnahm in einem Schöpflöffel eine Metallprobe. Inzwischen hatte man aus den Kanälen, die zu den 4 Formen führten, die zur Trocknung benötigten Holzkohlen entfernt, Grüninger, der Meister, öffnete zum letzten Mal den Ofen, der Herr Geistliche Rat tat die Stola um und segnete das geschmolzene Metall aus dem die Glocken neu erstehen sollten. —

„Soll das Werk den Meister loben,
Doch der Segen kommt von oben."

Nun ruht in allen Abteilungen die Arbeit. Die Maschinen standen still, die Werkleute hatten Hammer und Feile hingelegt und sammelten sich um den Ofen. —

„Wohl nun kann der Guß beginnen,
Schön gezacket ist der Bruch.
Doch, bevor wir's lassen rinnen,
Betet einen frommen Spruch. —"

Da trat Grüninger der Sohn einen Schritt vor, nahm seine Kopfbedeckung ab und sprach: „Lasset uns beten ein Vater unser, auf daß Gott im Himmel das Werk unserer Hände zum guten Gelingen führe. —

Alle waren von der Größe des Augenblicks tief ergriffen.

„Stoßt den Zapfen aus!
Gott bewahr das Haus!
Rauchend in des Henkels Bogen
Schießt's mit feuerbraunen Wogen."

Mit langer Eisenstange stieß Grüninger der Sohn und der Vorarbeiter den das Ausgußloch abschließenden Zapfen in das Innere des Ofens und sofort sprang silbern, weißflüssig das Glockenmetall durch den Kanal in die Form der großen Glocke. —

In begreiflicher Aufregung lauschten alle Umstehenden auf die Zeichen des Gelingens des Gusses. Denn:

„Wenn der Guß mißlang?
Wenn die Form zersprang?
Ach, vielleicht indem wir hoffen
Hat uns Unheil schon getroffen."

Nein. Die Form hielt stand. Schon hörte man das Metall im Boden oben in der Glockenform aufspringen und jetzt sprudelte es überschäumend herauf und die kleine Mulde wurde sofort mit Holzkohle bedeckt, um zu frühes Erkalten der Masse zu verhindern. — Darauf wurde das glühende Bächlein nach der zweiten und dann nach den anderen Formen geleitet. In einer Viertelstunde war alles geschehen. —

„In die Erd' ist's aufgenommen,
Glücklich ist die Form gefüllt;
Wird's auch schön zu Tage kommen,
Daß es Fleiß und Kunst vergillt?"

Das Glück war mit dem Meister. Am 15. Dezember 1926 konnte die Prüfung der Glocken durch die bekannten und erfahrenen Kirchenmusiker H. H. Pater Suitbert vom Kloster Beuron sowie H. H. Domkapellmeister Schweitzer von Freiburg i. Br. erfolgen, welche folgendes Gutachten abgaben:

CARL SCHWEITZER
Domprābendar und Domkapellmeister
FREIBURG I. BR.

Abschrift.

Freiburg den 26. Dezember 1926.

Geläute für die Stefanskirche in Karlsruhe betr.

Auf Ersuchen der Firma Grüninger in Villingen hat der Unterzeichnete am 15. ds. Mts. zusammen mit H. H. P. Suitbert Krämer O. S. B. die für die Stefanskirche in Karlsruhe von der Firma Grüninger gegossenen Glocken geprüft und kann derselbe darüber folgendes Gutachten abgeben:

Die G- und D-Glocke befanden sich aufgehängt in ihrem neuen schmiedeisernen solid gearbeiteten Glockenstuhl. Die F- und die kleine G-Glocke waren in einem provisorischen Glockenstuhl läutfertig untergebracht.

Die Besichtigung ergab, daß der Guß sauber ausgeführt ist. Besonders wirkungsvoll kamen die von Bildhauer Kubanek in Freiburg nach einem Entwurf von Professor Graf in Karlsruhe ausgeführten kräftigen Ornamente zur Geltung. Der saubere Guß und die scharfe Prägung der Bilder und Ornamente deutet hin auf genaue und gewissenhafte Anfertigung der Formen und auf einen hohen Hitzgrad beim Guß. Die gleichmäßige Färbung der Legierung läßt ebenfalls auf eine hohe Gußtemperatur sowie auf eine günstige Zusammensetzung der Glockenbronce schließen. **Die quantitative Analyse des Glockenmetalls ergab 75,6% Kupfer und 24,24% Zinn. Im Rückstand von 0,16% konnten nur Spuren von Eisen und Blei erkannt werden.** Aus der Analyse geht hervor, daß der Gießer am teuren Zinn nicht gespart hat, zumal da beim Schmelzprozeß ein großer Prozentsatz des Zinnes durch Oxydation verloren geht. Die im Vertrage genannte Toleranz von 1% an fremden Bestandteilen ist vom Gießer gut eingehalten worden.

Dem Gießer war die Aufgabe gestellt, zu den vorhandenen Glocken mit den Tönen b^0 mit 223 Schwingungen in der Sekunde und b^1 mit 455 Schwingungen vier Glocken mit den Tönen g^0, d^1, f^1, g^1 anzufertigen.

Bei der akustischen Prüfung ergaben sich bei der Untersuchung mit dem Stimmgabelapparat, wenn man das vorhandene b⁰ mit 223 Schwingungen der Berechnung zu Grunde legt folgende Schwingungszahlen:

Glocke:		g^0	d^1	f^1	g^1
Unteroktave	soll	92,5	139	167	186
	hat	92	138	164	184,5
Grundton	soll	186	278,7	334	372
	hat	185	276	332	371
kl. Terz	soll	223	335	402	446
	hat	222	336	404	449
Quinte	soll	279,2	418	501	558
	hat	277,5	425	483	564
Oberoktave	soll	372	557,4	668	744
	hat	383	576	682	752

Aus obiger Tabelle ergibt sich, daß die Schwingungszahlen der Grundtöne der Glocken sowie die wichtigsten Nebentöne besonders Unteroktave und Terz mit nahezu mathematischer Genauigkeit getroffen sind.

Nach der Untersuchung mit dem Stimmgabelapparat wurde zunächst jede Glocke einzeln geläutet.

Der Klang der großen g^0-Glocke (⌀ 2,06 m, Gew. 6000 kg) war von überwältigender Wirkung. Die gewaltige schwingende Metallmasse entwickelte eine Tonfülle von majestätischer Kraft, dabei war die angenehme Weichheit des Tones ganz bewundernswert.

Die zweite Glocke mit dem Tone d^1 (⌀ 1.40 m und Gew. 1680 kg) klingt ebenfalls recht voll und kräftig. Tadellos ist auch der Klang der dritten der f^1 Glocke (⌀ 1,18 m, Gew. 1040 kg) sowie der der g^1 -Glocke (⌀ 1,03 m und Gew. 704 kg).

Jede Glocke läßt für das geübte Ohr mit Leichtigkeit 5—8 Parzialtöne hören, welche den Glocken Kraft und Fülle und edlen Wohlklang verleihen. Ungünstige Beitöne sind keine bemerkbar.

Die Glocken stimmen und klingen auch gut zusammen. Das Gesamtgeläute ist von imposanter Wirkung, die sich noch erhöhen wird, wenn die Stimmen der vorhandenen Glocken die Melodie ergänzen, sich mit ihnen vereinigen werden. Wie der Silberglanz der Glocken und ihre tadellos gegossenen Ornamente das Auge erfreuen, so bietet auch ihr musikalischer Gehalt, ihre feierliche, klangliche Wirkung dem Ohre einen hohen Genuß.

Es möge noch beigefügt sein, daß die Läutart der gewaltigen Metallmassen sehr leicht ist, da die etwas gekröpften Joche in leicht gehenden Rollen- und Kugellager aufgehängt sind.

Dieses prächtige und monumentale Geläute zeigt, daß die Firma Grüninger in Villingen ihre seit fast 300 Jahren bewährte Leistungsfähigkeit in einem vorzüglichen Werke badischen Gewerbefleißes aufs Neue bewährt hat. Wenn jahrhundertjährige Erfahrung, verbunden mit den Errungenschaften moderner Technik sich betätigt, wo Gewissenhaftigkeit bei Auswahl des Materials und bei der Ausführung der Arbeit sich zeigt, kann beim Glockenguß etwas künstlerisch Vollendetes in Guß und Klang geleistet werden.

Das wohlgelungene Werk gibt uns die Berechtigung, dem alterfahrenen Meister. und seinem Sohne, der nach vollendetem Studium als Hütten- und Gießerei-Ingenieur diesen Guß geleitet hat, unsere volle Anerkennung auszusprechen.

Mögen die Glocken von St. Stefan recht lange zur Freude der Gemeinde und zu Gottes Ehre erklingen und auch ihr Klang das Lob des Meisters verkünden.

Ergebenst

gez.: Schweitzer
Domkapellmeister, Erzb. Glocken-Inspektor.

gez.: Pater Suitbert Kraemer
O. S. B.

An verehrl.

Kath. Stiftungsrat der Stefanskirche

in Karlsruhe.

Schon am Mittwoch, den 22. Dezember 1926 konnten die Glocken in festlichem Zuge am Güterbahnhof zu Karlsruhe abgeholt und unter dem Geläute der Glocken katholischer und evangelischer Kirchen zur Pfarrkirche geleitet werden. Die Glockenweihe am 26. Dezember vollzog sich in Anwesenheit des Staatspräsidenten, zweier Minister, des Oberbürgermeisters und der Pfarr-Vorstände der übrigen Pfarrbezirke und einer großen Schar Gläubiger in feierlicher Form nach kirchlicher Vorschrift.

In den nächsten Tagen hielt der Aufzug der neuen Glocken die Oeffentlichkeit in Spannung. Schon am Sylvesterabend 6 Uhr konnte das erste Probeläuten mit den einzelnen Glocken vor sich gehen. In der Jahresmitternacht sodann durfte das Geläute zum ersten Male mit seinen Schwestern auf den übrigen Türmen der Stadt seine Glück- und Segenswünsche den Bewohnern Karlsruhes verkünden.

Gutachten vom 28. April 1927 für neue Glocken für das *Münster in Freiburg* (Quelle: Erzbischöfliches Archiv Freiburg B2-38/19 in: Broschüre Bronceglockengießerei Benjamin Grüninger Söhne, 1927).

KARL SCHWEITZER
Dompräbendar und Domkapellmeister
FREIBURG I. BR.

Freiburg, den 28. April 1927.

No. 91

Abschrift.

Münstergeläute hier betr.

Als Ersatz für die im Kriege abgelieferten fünf Glocken mit den Tönen cis" d" f" b" h" wurden von der Firma Grüninger in Villingen fünf neue Glocken mit den gleichen Tönen für das Münster in Freiburg i. Br. gegossen.

Durch den Unterzeichneten wurden am 28. März ds. Js. die in der Gießerei aufgehängten Glocken geprüft und kann derselbe darüber folgendes Gutachten abgeben:

Die äußere Besichtigung ergab, daß der Guß sauber ausgeführt ist. Inschriften und Ornamente, die nach Modellen der Münsterbauhütte ausgeführt sind, sind scharf und deutlich ausgeprägt.

Bei der Berechnung der erforderlichen Schwingungszahlen wurden die Schwingungszahlen der vorhandenen Glocken festgestellt und berücksichtigt.

Für die Glocke d" als Octave der vorhandenen d' Glocke (mit 282,5 Schw.) wurden 565 Schwingungen errechnet; für f" als Octave der vorhandenen f' Glocke (mit 338 Schw.) wurden 676 Schwingungen festgesetzt. Für die b"-Glocke mußte als Basis die tiefste Glocke des Geläutes b° (mit 224 Schw.) angenommen werden, da b' mit 458 Schw. im Verhältnis zu den anderen Glocken zu hoch ist, so daß für b" entsprechend b° 896 Schw. berechnet wurden. Bei der Prüfung mit dem Stimmgabelapparat ergaben sich für:

	Grundton	Unt.-Oct.	Terz
d' =	562 (565)	282	680 Schwingungen
f' =	678 (676)	338	840 "
b" =	895,5 (896)	444	— "

Für die cis"-Glocke wurde entsprechend der vorhandenen fis'-Glocke 534 Schwingungen berechnet und für die h"-Glocke 949 Schwingungen angenommen. Bei der Prüfung mit dem Stimmgabelapparat zeigte:

	Grundton	Unt.-Oct.	Terz
cis" =	534 (534)	265	644 Schwingungen
h" =	951 (949)	474	— "

Die erforderlichen Schwingungszahlen der Grundtöne sind demnach mit nahezu mathematischer Genauigkeit eingetroffen.

Beim Anschlagen mit dem Klöppel war die cis-, d- und f-Glocke recht voll und kräftig im Ton. Die beiden kleineren Glocken klangen hell und klar und im Raume der Gießerei etwas scharf. Ungünstige Beitöne sind keine bemerkbar.

Beim Probeläuten vom Münsterturm stimmte das Geläute fis —a—cis gut zusammen. Beim großen Geläute (B-dur Dreiklang durch zwei Octaven) kommt dem geübten Ohr das obere b" etwas tief vor. Die Ursache liegt darin, daß das alte mittlere b' und auch das f' im Verhältnis zu den anderen Glocken in der Stimmung zu hoch stehen. Wenn es allgemein störend empfunden würde, könnte durch Ausfeilen, was man zu vermeiden sucht, die Stimmung etwas höher gebracht werden, jedoch nicht soviel, daß es mit dem Grundton b° des Geläutes zu sehr differiert.

Durch diese fünf Glocken ist das Freiburger Domgeläute wieder glücklich ergänzt. Die Firma Grüninger in Villingen, hat die schwierige Aufgabe, dem alten Geläute die fehlenden Glokken wieder beizufügen, recht gut gelöst. Besondere Anerkennung verdient die Sicherheit, mit der sie die verlangten Schwingungszahlen bei den verschiedenen Glocken durch genaue Berechnung und Konstruktion der Rippen getroffen hat.

Wenn jetzt die Glocken wieder vollzählig von der hohen Warte unseres Münsterturmes ihre Stimme aus ehernem Munde erschallen lassen, möge dann das alte Glockengebet der Hosanna, das sie schon seit beinahe 670 Jahren über Stadt und Land zum Himmel ruft, sich erfüllen:

„O REX GLORIAE VENI CVM PACE"

O König der Herrlichkeit, komm, schenk uns den Frieden.

Mögen unsere Glocken und mit ihnen Stadt und Land von schlimmen Kriegsläuften für immer verschont bleiben.

gez. C. Schweitzer,
Erzb. Glocken- und Orgelbauinspektor.

An das
Hochw. Erzb. Dompfarramt
Hier.

56

1/1

Gutachten vom 3. Oktober 1935 für das neue Geläute der ***Stiftskirche in Baden-Baden***
(Quelle: Erzbischöfliches Archiv Freiburg B22-957).

A b s c h r i f t !

Carl Schweitzer
Dompräbendar und Domkapellmeister

F r e i b u r g i/B.

Freiburg, den 3. Oktober 1935.

Geläute für die Stiftskirche, Baden-Baden.

№ 76

Der Unterzeichnete hat gestern in Anwesenheit des Herrn Musikdirektor Schäfer in Baden-Baden und mehreren Herren des dortigen Stiftungsrats die von der Firma Grüninger in Villingen gegossenen Glocken geprüft und kann darüber folgendes Gutachten abgeben.

Die 8 Glocken haben die

Töne	Durchmesser		Gewicht
gis	1.94 m	ca	5000 kg
cis'	1.46		2100
dis'	1.32		1400
e'	1.22		1200
fis'	1.09		800
gis'	0.97		600
ais'	o.87		400
h'	o.85		350
		Sa	11850 kg

Die Glocken befanden sich aufgehängt in gekröpften Jochen, deren Zapfen in Rollager laufen, sodass die Läutart recht leicht ist. Jhren Platz haben sie im dreistöckigen sehr solid gebauten schmiedeisernnn Glockenstuhl.

Die äussere Besichtigung ergab, dass die Glocken, von der Feile unberührt, sich in sauberem Rohguss befinden. Die sehr schön modellierten Jnschriften, ornamente und Bilder sind scharf und deutlich ausgeprägt. Gussfehler sind keine zu bemerken.

Mit Rücksicht auf die vorhandene H Glocke, die um 5/16 Halbton zu tief steht, musste auch die Rippe für die neuen Glocken ebenso viel unter der normalen Stimmung genommen werden.

Bei der Prüfung mit dem Stimmgabelapparat zeigte es sich, dass bei der gis - e und ais Glocke dieses Verhältnis mit mathematischer Genauigkeit getroffen ist, Bei den übrigen Glocken ist eine Differenz von 1/16 Halbton, die aber so gering ist, dass selbst ein geübtes Ohr sie kaum wahrnehmen kann. Auch die Prüfung der wichtigsten Beitöne, - Unteroktave, der Terz, Quinte und Oberoktave - gab ein befriedigendes Resultat.

Beim Läuten der einzelnen Glocken gab jede den verlangten Ton rein und deutlich an. Jede Glocke liess auch die wünschenswerten Beitöne, die ihr Kraft und Fülle geben, in grosser Zahl, teilweise bis in die 2. Oktave hören. Störende Beitöne sind keine Bemerkbar.

Gewaltige Tonmassen ergossen sich aus der grössten Glocke, deren Ressonanz, mit der Stoppuhr gemessen, 2 Minuten und 25 Sekunden hörbar war.

Jede Glocke hat ihren eigenen Charakter, bald ernst, bald freudig und herzerhebend.

Jn verschiedener Weise wurden darauf Geläutezusammenstellungen gemacht, die alle einen vorzüglichen Eindruck machten. Wiederholt wurde das volle Geläute zu Gehör gebracht, das von überwältigender Wirkung ist. Klingend und singend setzten die kleinsten Glocken ein und immer mehr schwollen die Tonwogen

An den
Kath. Stiftungsrat

B a d e n - B a d e n .

1/2

an bis die grösste Glocke mit wuchtiger Kraft, gleichsam das Fundament der Tonmasse bildend, dem ganzen Geläute eine feierliche und das Gemüt mächtig ergreifende Wirkung verlieh.

Die volle Pracht des Geläutes wird sich erst dann entfalten können, wenn dasselbe auf dem Turm des Gotteshauses thront und seine eherne Stimme weit übbr Stadt und Tal erklingen lässt.

Das ganze Geläute, das als ein herrliches Meisterstück badischen Kunstgewerbefleisses betrachtet werden muss, zeigt, dass die Firma Grüninger, gestützt auf Jahrhundertjährige Erfahrung, verbunden mit den technischen Errungenschaften der Neuzeit, Vorzügliches leistet.

Möge das Geläute noch recht lange das Lob des Meisters verkünden, es wird auch den Opfersinn seiner Stifter späteren Generationen immer wieder in's Gedächtnis rufen.

Ergebenst

gez. Msgre Carl Schweitzer

Glocken-und Orgelbauinspektor

Gutachten vom 28. Oktober 1949 für das neue Geläute der ***Pfarrkirche St. Nikolaus in Markdorf*** (Quelle: Erzbischöfliches Archiv Freiburg B22-1945/9347).

A b s c h r i f t .

Dr.Johannes Maier
Chordirektor
Erzbischöfl.Orgel-und Glocken-
inspektor

14b Sigmaringen, den 28.10.1949
Josefsstr.22

N a c h t r a g

zum Gutachten über die Prüfung des Sechsgeläutes für die katholische Pfarrkirche zu Markdorf.

Unterzeichneter hat am 19.10.1949 unmittelbar im Anschluss an die Fertigstellung der Montage des von der Fa. B. G r ü n i n g e r gegossenen Sechsgeläutes für die katholische Stadtpfarrkirche in M a r k d o r f das Geläute in Markdorf selbst gehört.
Das elektrische Läutewerk war zwar noch nicht angeschlossen, sodass die Glocken "von Hand" zum ersten Mal geläutet wurden.

Der Eindruck der Läutewirkung war ein guter, bei den größeren Glocke sogar ein sehr guter. Der sehr gute Sitz der Schlagtöne machte sich auch in der Turmwirkung vorteilhaft geltend, sodass das vereinigte Dur- und Mollmotiv in seinem glockenmelodischen Aufbau klar herauskommt. Am allermeisten befriedigt - ja tief beeindruckt - hat mich in ihrer Klangwirkung die resonanzgesättigte, ausgezeichnet tragende "St. M i c h a e l s "-Glocke, die e' -Glocke, welche auch die beste Innenharmonie aufweist. Aber auch die große St."N i k o l a us -Glocke " schwingt mit ihren Klangwogen rund und voll über dem Städtchen. Hoffentlich ist der an ihr angebrachte Läutearm, der zu kurz war, inzwischen verlängert worden, sodass die Glocke voll zum Ausschwingen gebracht werden kann.

Von den in meinem ersten Gutachten aufgeführten Läutecombinationen empfehle ich nach Anhören des Geläutes insbesondere das tiefgelegene "Te Deum" Motiv cis - e - fis sowie die beiden auf der "e-Glocke" basierenden "Salve Regina" Motive : e - gis - h - cis sowie e - fis - gis - h - cis.

Die große Nikolausglocke möge allein bei besonderen Anlässen (z.B. als Totenglocke) und als Fundament des ganzen Geläutes bei besonderen Anlässen geläutet werden.

Möge das imposante Geläute, dessen Fertigstellung der Gießerfirma von B. G r ü n i n g e r zur Ehre gereicht. inzwischen sich viele Freunde erworben haben.

gez. Dr.Johannes Maier
Erzbischöfl.Orgel-u.Glockeninspektor

Zur Beglaubigung: Markdorf,den io.November 1949.

A b s c h r i f t

Dr.phil.Joh.Maier
(14b)Sigmaringen/Hohenzoll.
Josefstr.22
Erzbischöflicher Orgel-u.
Glockeninspektor

den 14.10.1949

T o n a n a l y s e des Sechsgeläutes für die katholische Pfarrkirche Markdorf.

I.Glocke (St.Nikolaus)

Gewicht	2.100 kg.
Durchmesser	1,451 mm.
Schlagton	cis' + 2/16
Primton	cis' - 9/16
Terz	e' + 2/16
Quinte	gis' - 5/16
Oberoktav	cis''+ 2/16
Unteroktav	cis - 2/16
Nachhalldauer	100 Sekunden.
Decime	f - 2/16

II. Glocke (St.Michael)

Gewicht	1,2oo kg.
Durchmesser	1,234 mm.
Schlagton	e' + 1/16
Primton	e' - 2/16
Terz	g' + 2/16
Quinte	h' normal
Oberoktav	e'' + 2/16
Unteroktav	e - 2/16
Nachhalldauer	90 Sekunden.
Decime	gis normal

III. Glocke (St.Agatha)

Gewicht	800 kg.
Durchmesser	1,o84 mm.
Schlagton	fis' norm.
Primton	fis' - 4/16
Terz	a' + 1/16
Quinte	cis''+ 1/16
Oberoktav	fis'' norm.
Unteroktav	fis + 1/16
Nachhalldauer	80 Sekunden.

IV. Glocke (Schutzmantelmadonna)

Gewicht	600 kg.
Durchmesser	968 mm.
Schlagton	gis' normal
Primton	gis' - 13/16
Terz	h' - 1/16
Quinte	dis''- 9/16
Oberoktav	gis'' normal
Unteroktav	gis - 9/16
Nachhalldauer	80 Sekunden.

V. Glocke (St.Joseph)

Gewicht	350 kg.
Durchmesser	816 mm.
Schlagton	h' norm.
Primton	h' - 12/16
Terz	d''- 1/16
Quinte	fis''-15/16
Oberoktav	h''- 1/16
Unteroktav	h - 10/16
Nachhalldauer	65 Sekunden.

VI. Glocke (St.Cäcilia)

Gewicht	250 kg.
Durchmesser	719 mm.
Schlagton	cis'' + 3/16
Primton	cis'' - 12/16
Terz	e'' + 3/16
Quinte	gis''- 4/16
Oberoktav	cis'''+ 3/16
Unteroktav	cis' normal
Nachhalldauer	70 Sekunden.

NB.: Die gemessenen Werte beziehen sich auf Teilwerte eines halben Tones: 4/16 - 1/4 Halbton.

gez. Dr.Johannes Maier
Erzbischöflicher Orgel- und Glocken-
inspektor

Zur Beglaubigung: Markdorf,den 10.November 1949.

A b s c h r i f t .

Dr.phil.Joh.Maier
(14b)Sigmaringen/Hohenzoll.
Josefstr.22
Erzbischöflicher Orgel- u.
Glockeninspektor

den 14.10.1949

G u t a c h t e n
über das Sechsgeläute, bestimmt für die katholische Pfarrkirche
zu Markdorf bei Überlingen .

Unterzeichneter prüfte am 13.10.1949 in der Glockengießerei von B. G r ü n i n g e r zu Straß bei Neuulm ein Sechsgeläute in Rotbronce und schwerer Rippe, bestimmt für die katholische Stadtpfarrkirche Markdorf Dekanat Linzgau.
Es waren auf dem Werkhof der Gießerei in einem Glockenstuhl frei aufgehängt sechs Rotbronce-Glocken, welche schon äußerlich einen sehr guten Eindruck machten. Die Glocken sind in Guß und Form sauber herausgekommen weisen klar gegoßene Inschriften sowie gut verwachsene Flachreliefs mit den Bildern des hl. Nikolaus, des St. Michael, der hl. Agatha, der Schutzmantelmadonna, sowie des hl. Joseph und der hl. Cäcilia auf. Auch tragen die Glocken das Wappen der Stadt Markdorf. Besonders schön ausgearbeitet ist der Fries der großen St. Nikolausglocke, welcher die Leidensgeschichte des Herrn darstellt.
Das gesamte Sechsgeläute hat die Motivfolge:

" cis' - e' - fis' - gis' - h' - cis'' "

also das vereinigte Dur- und Mollmotiv mit verdoppeltem Grundton, ein Motiv, dass eine beträchtliche Anzahl wirkungsvoller Läutecombinationen zulässt. Es besteht auf 2 aufeinander gebauten " Te Deum "-Motiven:

" cis - e - fis " und " gis - h - cis ",

welche beide einzeln geläutet werden können. An weiteren Läutemöglichkeiten seien empfohlen:

1.) e - gis - h - cis, (Salve Regina Motiv)

2.) e - fis - gis - h - cis , (ausgefülltes Salve Regina Motiv)

3.) fis - gis - h , (Gloria Motiv)

4.) fis - gis - h - cis, (erweitertes Mollmotiv)

Mit Hilfe von Barthelmes-Präcisionsstimmgabeln wurde die Tonanalyse der einzelnen Glocken vorgenommen und sämtliche wichtigsten, den Glocken eingegoßenen Haupt- und Harmonietöne festgestellt.
Das Ergebnis der eingehenden musikalischen Prüfung der Innenharmonie de Geläutes ist aus der dem Gutachten angefügten Tabelle ersichtlich.
In Auswertung der genau gemessenen Werte lässt sich zur Tonanalyse des Sechsgeläutes der katholischen Stadtpfarrkirche zu Markdorf sagen:
Als wichtiges Rückgrad der Glockenmusik erscheint bei allen Glocken der am meisten hervortretende Schlagton oder Läuteton sehr gut getroffe Wir haben bei dem Geläute in Markdorf folgende Schlagton-Linie, die mit den Werten:

" cis' + 2/16, e' + 1/16, fis' norm., gis' norm. h' norm.
und cis'' + 3/16 "

als gut übereinstimmend zu bezeichnen ist. Eine Differenz von 1 bis 2/16 Halbton ist mit dem unbewaffneten Ohr ohne dies gar nicht hörbar.

-2-

- 2 -

Betrachtet man die musikalischen Werte der Primtöne, welche im Idealfall sich mit dem Schlagton decken sollen, so ist ein gewisses Unterschweben der Prim bei der I., IV., V.und VI.Glocke wohl zu bemerken. Dieses Unterschweben, d.h., Tieferstehen der Primtöne unter dem Schlagton hält sich in vertretbaren Grenzen und gefährdet in keinem Falle ernstlich im Nachhall die klangliche Wirkung der Glocken.
Die kräftig herauskommenden Mollterzen stehen bei allen Glocken in sehr gutem Verhältnis zum Schlagton und reagieren kräftig auf die Stimmgabel.
Für die gute Resonanz der Glocke wichtig erscheint der Sitz der Unteroktave. Nur bei der V.und VI.Glocke neigt die Unteroktav etwas zur Vertiefung, während bei allen übrigen Glocken die Unteroktaven tonlich erfreulich gut getroffen wurden.
Die Quinten erscheinen entweder als reine Quinten oder zur verminderten Quinte neigend. Die Quinte tritt zwar nicht leutsprechend als Harmonieton aus der Glocke hervor. Bei den zwei größten Glocken wurde auch die leuchtkräftig hervortretende Dur-Oberdecime gemessen.
Hinsichtlich der Reinstimmung gab das Sechsgeläute also zu keinen wesentlichen Beanstandungen Anlaß.
Bei Fixierung der Nachhalldauern - nach dreimaligem Klöppelanschlag auf die freihängenden Glocken - wurden bis zum Verstummen der Glocke folgende Werte ermittelt:

I. Glocke	Nachhalldauer	100	Sekunden
II. Glocke	"	90	"
III. Glocke	"	80	"
IV. Glocke	"	80	"
V. Glocke	"	65	"
VI. Glocke	"	70	"

Diese Nachhallwerte sind durchgängig als gut zu bezeichnen. Die ganz besonders in ihrer Klangwirkung majestätische St.Nikolausglocke wird ihre volle Nachhalldauer erst auf dem Turm entwickeln. Der Fluß der Nachhallwirkung erscheint bei der I.,II. und III.Glocke ruhig fließend, bei den drei kleineren Glocken mit ziemlich vertieften Primen zunächst etwas wellig und unruhig, dann aber sich beruhigend. Am glattesten fließ in der Nachhallwirkung die " e-Glocke". (II.Glocke)
Zu der Resonanzentwicklung aller Glocken ist zu sagen, dass es sich um gut resonanzkräftige, sonor und wirklich kräftig tragende Glocken handelt. Der rund singende Ton dieser Rotbronce-Glocken lässt darauf schließen, dass die bekannte Gießerfirma B.Grüninger und Söhne eine einwandfreie Legierung von Kupfer und Zinn verwendet hat.
Die Resonanz in dem guten Ineinanderschwingen aller Haupt-und Harmonietöne im Nachhall entfaltet sich naturgemäß bei den Glocken am besten, welche die ausgeglichenste Innenharmonie haben. Am überzeugendsten wirkte hier auf den Unterzeichneten die ausgezeichnete Nikolausglocke, die Michaelsglocke und die Agathenglocke-.
Zusammenfassend kann gesagt werden, dass die alt renomierte Gießerfirma von B. G r ü n i n g e r sich sehr bemüht hat für die Stadtpfarrkirche in Markdorf ein wirklich repräsentatives Sechsgeläute zu schaffen was ihr hinsichtlich sowohl der äußeren Erscheinung der Glocken, als auch der tonlichen Schönheit und Kraftfülle des Geläutes wirklich gelungen ist.
Möge das Geläute zur Freude der hochherzigen Stifter und zum Segen der ganzen Pfarrei Generationen hindurch das Gotteslob über das Bodenseeland künden. Da das Sechsgeläute in Neuulm nicht voll ausgeläutet werden konnte, muss ich mir eine Beurteilung der Klangwirkung vom Turme vorbehalten, über welche in einem kurzen Nachtrag zu diesem Gutachten demnächst berichtet wird. Bei dieser Gelegenheit sollen auch die bestmöglichen Läutecombinationen praktisch erprobt werden.

gez. Dr.Johannes Maier
Erzbischöflicher Orgel- u.Glocken-inspektor

Anlage:
Tabelle der Tonanalyse

Zur Beglaubigung: Markdorf,den 10.November 1949.

2. Gutachten noch vorhandener Geläute

Gutachten vom 26. April 1950 für das neue Geläute der ***Pfarrkirche St. Josef in Albbruck***
(Quelle: Erzbischöfliches Archiv Freiburg B22-1945/206).

8363

Professor FRANZ STEMMER

FREIBURG i. Brsg. 26.4.50.
Schloßbergstr. 20,
Tel. 4298

An den
Erzb. Oberstiftungsrat,
<u>Freiburg i.Br.</u>

Erzb. Oberstiftungsrat
Eingeg. 28.APR 1950

Die große neue Kirche in A l b b r u c k hatte vor dem Kriege ein 7stimmiges Geläute, das außer der c"-Glocke restlos zu Kriegszwecken beschlagnahmt wurde. Es war eine Sorge der dortigen Gemeinde, das alte Geläute möglichst bald wieder herzustellen, was auch gelang, dank der Stiftung einer Glocke durch die dortige Papierfabrik und die politische Gemeinde. Das jetzige Geläute ist in der Tonfolge genau so disponiert wie das dem Krieg zum Opfer gefallene. Es wurde in schwerer Bauart hergestellt von der Firma Grüninger, Neuulm-Villingen. Das Gesamtgewicht der neubeschafften 6 Glocken beträgt 6.700 kg.

Im einzelnen lautet das Prüfungsergebnis wie folgt:

	I	II	III	IV	V	VI	VII (vorh.)
Gewicht	2.600 kg.	1.400	1.000	700	600	400	
Schlagton	c - 4	es - 4	f - 5	g- 5	as - 4	b - 4	c - 2
Prim	c - 3	es - 9	f - 7	g-10	as - 9	b - 8	c - 6
Terz	es- 2	ges- 4	as- 5	b- 4	ces- 3	des-3	es- 2
Quinte	g -13	b - 10	ces-2	d-12	d - 1	fes±0	g - 6
Ober-Oktav	c - 4	es- 5	f -5-	g- 5	as - 4	b - 4	c - 2
Unter-Oktav	C - 8	Es -6-	F-10-	G- 6	As - 9	B - 8	c - 8
Nachhalldauer	140 Sek.	90	110	80	100	80	

Die musikalische Prüfung ergab zu allererst eine gut getroffene Schlagtonlinie. Auch die anderen Partialtöne sitzen gut und weisen nur mikrotonische Abweichungen von der Normalstimmung auf, die in keiner Weise den guten Gesamteindruck des Geläutes beeinträchtigen. Es ist selbstverständlich, daß bei diesen soliden musikalischen Voraussetzungen die Wirkung der Einzelglocke als auch der verschiedenen Kombinationen des Geläutes, vor allen Dingen aber auch das Gesamtgeläute von großem Tonvolumen festlich, feierlich, sacral wirkt. Der großartige Träger des ganzen Geläutes ist die c'-Glocke, die ihre Schönheit und Klangfreudigkeit auf das ganze Geläute ausstrahlt. Man hat den Eindruck, daß die anderen Glocken wenigstens bis zur Quinte g', der tiefen Glocke völlig ebenbürtig sind. Die kleineren Glocken as'-b'-c" geben dem profunden Geläute eine wohltuende-klangliche Auffrischung.

Das Geläute in A. ist der Fa. Grüninger in jeder Hinsicht sehr wohl gelungen. A. besitzt nun wieder auf seinem stolzen Kirchturm, der weit in die Rheinebene und hinein in die Schweiz grüßt, ein herrliches Geläute, das einer Kathedralkirche würdig wäre.

Stemmer

III 1F
11b

1/1

Gutachten vom 20. Juni 1949 für das neue Geläute der ***Pfarrkirche St. Vitus in Balzhausen*** (Quelle: Archiv J. Schultheiß).

GUTACHTEN

Betreff: GLOCKEN IN BALZHAUSEN

Firma B. Grüninger, Neu-Ulm, hat für die Pfarrei Balzhausen ein neues Geläute d-fis-a-h geliefert dessen Tonprüfung am 1. 4. und Geläuteprüfung am 19. 6. 1949 von dem Unterfertigten vorgenommen wurde. Das Resultat ist folgendes:

Schon der erste Blick auf die Bronceglocken ließ erstklassige Arbeit erwarten Außenhaut glatt, (kleine Adern bei der großen Glocke infolge Lehmriß ohne Bedeutung für Ton und Klang), Ornamentik hervorragend plastisch, Beschriftung einwandfrei, Farbe, untrügliches Zeichen für bestes Material, nämlich Kupfer und Zinn ohne Beimischung.

Wie das Auge erfreut wurde, ebenso das Ohr.
Das Tonbild ist folgendes:

Schlagton:	Primton	Terz	Quinte	Oberoktav	Unteroktav
d' -1/4	d' -8/16	f'	a' -9/16	d'' -1/4	d 1/8
fis' -5/16	fis' -1/16	a' -3/16	cis'' -7/16	fis'' -1/4	fis -5/16
a' -3/16	a' -5/8	c'' -1/8	e'' -3/16	a'' -1/4	a -3/16
h' +1/16	h' -1/2	d'' +1/8	fis'' +1/8		h +1/2

Die Stimmung des Geläutes ist sehr gut getroffen. Die Schlagtöne der drei ersten Glocken liegen auf gleicher Linie, der der obersten Glocke (nachgegossen) fügt sich dem Ohre vollkommen überzeugend an. Daselbe gilt von den Teiltönen der Terzen und Unteroktaven. Letztere ist, was für das ganze Geläute von großem Vorteil ist, bei der großen Glocke stark bestimmend, während ihre Terz (f') nicht stark hervortritt. Die Tonverhältnisse der einzelnen Glocken sind außerordentlich befriedigend; ihre Resonanz, wie es eben von edlen Bronceglocken erwartet werden kann, beglückend rein und ausgeglichen. Der Nachhall bei Klöppelanschlag 150 / 130 / 110 / 90 Sekunden.

LÄUT-PRÜFUNG:

Wie zu erwarten, erfreut das Geläute durch seinen herrlich weichen, dabei kräftigen, edlen Klang; weittragend und klar, in der Nähe ebenso weich. Die h'-Glocke, die Kleine ist die hellste ohne jegliche Schärfe; durch ihren großen Ganztonschritt klare Spitze des Salve-Regina-Motivs. Die a'-Glocke, die 12erin, klingt ruhiger, beide zusammen geben mit bestimmtem Ganztonschritt schon eine ausgezeichnete Glockenmusik. Die fis'-Glocke, die 11erin, für sich würdevoll, die d'-Glocke, die große, gibt machtvollen Ton, der bei vollem Geläute sich fast noch steigert. Was mir als charakteristisch aufgefallen ist, kann ich nicht unerwähnt lassen, nämlich der reizvolle Kontrast der beiden Terzen. Während sonst die kleine Terz zweier Glocken lieblich-sentimental erklingt, tönt die Terz der 11er und 12erin bei aller Süße des Tones mit einem feierlichen Ernst und die große Terz der großen Glocke und der 11erin liefert einen majestätischen Zweiklang, gewürzt durch die — ich möchte in diesem Falle sagen, erfreuliche — Terztrübung durch die sich schwach behauptende Mollterz f' der großen Glocke.

Doch was besagen dem Laien diese Ausführungen. Ich fasse es zusammen in den Glückwunsch an die Balzhausener Gemeinde zu ihrem Geläute. Sie hat den Jahrhunderte alten Brauch, Glocken besten Materials mit großen Opfern anzuschaffen beibehalten und hat dafür ein Geläute von so edlem Klang, milder und doch kerniger Kraft, von reicher melodischer Abwechslung erhalten, daß ihm, so wir hoffen wollen, Generationen noch dankbar sein werden. Ersatz bleibt immer Ersatz und zur Ehre Gottes ist immer das Beste gut genug. Der Firma Grüninger gebührt nicht minder Anerkennung für die Sorgfalt und den Ernst der Ausführung. Sie hat mit dieser Lieferung und dem Geläute in Thannhausen dazu beigetragen, sooft ihre Meisterwerke ertönen, den Menschen in diesen harten Zeiten das Herz zu erleichtern und zu unvergänglichen Werten zu weisen.

Augsburg, den 20. Juni 1949

K. GLONING
amtl. Glockensachverständiger

1/1

Gutachten für das neue Geläute der ***Pfarrkirche St. Peter und Paul in Bürglen/Schweiz***
(Quelle: Erzbischöfliches Archiv Freiburg B2-38/19 in: Broschüre Bronceglockengießerei Benjamin Grüninger Söhne, 1927).

Abschrift des Expertenberichtes

über die von der Firma B. Grüninger Söhne in Villingen gegossenen neuen Glocken für die Pfarrkirche in Bürglen, Kanton Uri, Schweiz.

Hochwürdiger Herr Pfarrer!

In Ihrem Auftrag haben die Unterzeichneten am 26. und 27. November das neue Geläute der Pfarrkirche in Bürglen geprüft und erstatten Ihnen hiermit Bericht.

Es liegt nicht in unserer Aufgabe, die Ursachen der bedeutend verspäteten Ablieferung nachzuprüfen. Laut Vertrag mußten zur vorhandenen **D-Glocke passend** fünf neue Glocken mit den Tönen

H, E, g, a und h

gegossen werden. Die alte D-Glocke (II.) ergab bei der Prüfung mittels einer Appun-Stimmgabel 285 Schwingungen. Die neuen Glocken zeigten nach demselben Apparat folgendes Bild:

I.	H.-Glocke		239/40	Schwingungen
III.	E -	„	315	„
IV.	g -	„	377	„
V.	a -	„	429	„
VI.	h -	„	478/79	„

Das Intervall-Verhältnis ist (praktisch) richtig getroffen, bei der ersten, dritten und vierten Glocke; die fünfte steht zu hoch, die sechste ein klein wenig zu tief. Wenn auch diese Abweichungen nicht direkt falsche Melodielinien oder kraß störende Harmoniegebilde ergeben, so würden wir doch persönlich eine Korrektur wenigstens der zweitkleinsten Glocke — a — wünschen. Das Terzenverhältnis ist durchgehendst dasselbe: kleine Terzen, obwohl bei der g-Glocke wegen der tonlichen Nachbarschaft die große Terz sich besser einfügen würde.

Beim Probeläuten ergab sich folgendes: Die neuen Glocken haben eine sehr einheitliche Klangfarbe, gegenüber der alten Glocke, freilich etwas bedeckter, dunkler. Indessen mag dies hauptsächlich von den Umständen herrühren, daß die alte Glocke zu oberst, in luftiger, offener Höhe plaziert ist. Jede Glocke klingt einzeln für sich rein wohlklingend, voll weittragend; dies gilt insbesondere für die **h- und g-Glocke.** Die große Glocke ist eine würdige Beherrscherin ihrer Gespielinnen. In Kombination versuchten wir Zweier-, Dreier-, Vierer- und Fünfergeläute, nebst dem Vollgeläute aller 6 Glocken.

Es ergab sich eine Menge interessanter und schöner, melodischer Tongebilde und reichstem, rhythmischem Wechsel. Besondes gut kommt beim Doppelgeläute d-g der tiefe Summationston G zu Gehör. Das Vollgeläute wirkt feierlich, hehr, majestätisch.

Eine chemische Prüfung von Gußzapfen war nicht mehr möglich. Indessen wurde uns vom Glockengießer ehrenwörtlich versichert, daß die Legierung der vertraglichen Bestimmung entspreche; 78% Kupfer und 22% Zinn. Der Guß selbst ist rein und eben. Die Ornamente, Bilder, Inschriften usw. entsprechen den gemachten Vorschriften. Die Schwengel weisen richtige Gewichtsverhältnisse auf und sind richtig eingepaßt, die Montage der Joche, Lager und des ganzen Glockenstuhles erscheint sach- und fachgemäß.

Das ganze ins Auge, resp. ins Ohr fassend, sind wir in der angenehmen Lage, das Geläute in seiner Totalität als „gutgelungen" zu bezeichnen und zweifeln nicht daran, daß dasselbe sowohl zur Ehre des Verfertigers als auch der Pfarrgemeinde zur Freude und Erbauung gereichen werde.

Indem wir Ihnen das uns geschenkte Vertrauen höflich verdanken, entledigen wir uns hiermit des gegebenen Auftrages und zeichnen

hochachtungsvoll und ergeben

gez. Tobler, Musikdirektor,
Berichterstatter

gez. J. M. Gisler, Kapl.

35

1/1

Gutachten vom 5. August 1949 für das neue Geläute der ***Pfarrkirche St. Fidelis in Burladingen***
(Quelle: Erzbischöfliches Archiv Freiburg B22-1945/2245).

1.

Dr. phil. Joh. Maier
(14 b) Sigmaringen/Hohenzoll.
Josefstraße 22
Erzbischöflicher Orgel- u. Glockeninspektor

den 5. August 1949

G u t a c h t e n
über die Abnahme des neugegoßenen Sechsgeläutes für die katholische Pfarrkirche St. Fidelis Burladingen Hohenzollern.

- -

Der Unterzeichnete hat am 4.8.1949 auf Wunsch von Hochwürden Herrn Pfarrer Richard B i e n e r das von der Fa. B. G r ü n i n g e r , Glockengießerei Villingen/Neuulm neugegoßene Rotbronce - Sechsgeläute, bestimmt für die kath. Pfarrkirche St. Fidelis zu Burladingen in dem Werk zu Straß bei Neuulm einer eingehenden Prüfung unterzogen, über deren Ergebnisse wie folgt gutachtlich berichtet wird:
Das große Sechsgeläute mit der Motivfolge

" h - d' - e' - fis' - gis' - h' "

war im Werkhof der Gießerei auf dem originalen umgebauten Glockenstuhl aufgehängt, konnte voll ausgeläutet und folglich auch bei der Prüfung voll bewertet werden.
Als der Unterzeichnete mit Hochwürden Herrn Pfarrer Biener zur Prüfung ankam, wurde zunächst überraschend das gesamte Geläute zum Erklingen gebracht. Die eherne Macht des Ineinanderschwingens der Haupt-und Harmonietöne dieses großen, einer Domkirche würdigen Sechsgeläutes übte auf die Anwesenden einen überwältigenden Eindruck aus. Es hat sich hier gleich gezeigt, dass die Motivwahl mit dem Übereinanderbauen eines " Te Deum - Motivs " mit großen Glocken in tiefer Lage und eines " Gloria - Motivs " mit kleineren Glocken in höherer Lage mit Recht bestehen kann, auch wenn diese Wahl des Motivs nicht einem gebräuchlichen Normalmotiv entspricht.
Von den beiden am selben Tage anwesenden Glockenexperten der Erzdiözese Freiburg den Herren: Domkapellmeister Prof. Stemmer, Freiburg, und Dipl. Ingenieur Rolli, Heidelberg, wurde diese - von mir im Einvernehmen mit dem Gießer - getroffene Motivwahl anerkannt und in ihrer feierlich ernsten Wirkung bestätigt.
Wenn über dem Zusammenklang des großen Sechsgeläutes etwas Herbes und Ernstes schwebt, so erscheint uns dieser Charakter des Geläutes einer modernen Kirche als angemessen.
Die Inspektion des Äußeren der Glocken ergab Folgendes:
Die in schwerer Rippe gegoßenen 6 Glocken sind in Guß, Form und Profil schön herausgekommen, weisen sparsame, klar profilierte Inschriften und schöne Flachreliefs auf.
Über das im Auftrag verlangte hinaus hat die Gießerfirma sich mit Erfolg Mühe gegeben, diesem repräsentativen Geläute auch hinsichtlich des Äußeren der Glocken entsprechende Schmuckmotive vor allem am Kranz unter den Kronen der großen Glocken zu geben.
Da begegnen wir etwa in der Verzierung der großen St. Benediktus-Glocke einem Fries mit den Reliefbildern der 12 Apostel.
Sämtliche 6 Glocken machen schon äußerlich gesehen einen sauberen imposanten Eindruck.
Die mit Hilfe von Barthelmes-Präzisionsstimmgabeln vorgenommene Tonanalyse ergab folgende Werte:

Dr. phil. Joh. Maier
(14 b) Sigmaringen/Hohenzoll.
Josefstraße 22
Erzbischöflicher Orgel- u. Glockeninspektor

2.

den 5. August 1949

Blatt Nr. 2

T o n a n a l y s e
des 6 stimmigen Geläutes der kath. Pfarrkirche St. Fidelis
zu Burladingen/Hohenzollern.

I. Glocke (St. Benediktus)

Gewicht	2.950 kg.	
Durchmesser	1.651 mm.	
Schlagton	h	+ 1/16
Primton	h	- 10/16
Terz	d'	- 1/16
Quinte	fis'	- 4/16
Oberoktav	h'	+ 2/16
Unteroktav	H	- 4/16

II. Glocke (St. Fidelis)

Gewicht	1.692 kg.	
Durchmesser	1.399 mm.	
Schlagton	d'	normal
Primton	d'	- 11/16
Terz	f'	- 1/16
Quinte	a'	- 4/16
Oberoktav	d''	normal
Unteroktav	d	- 2/16

III. Glocke (Marienglocke)

Gewicht	1.248 kg.	
Durchmesser	1.240 mm.	
Schlagton	e'	+ 1/8
Primton	e'	- 4/16
Terz	g'	+ 3/16
Quinte	h'	+ 7/16
Oberoktav	e''	+ 2/16
Unteroktav	e	+ 3/16

IV. Glocke (St. Anna)

Gewicht	774 kg.	
Durchmesser	1084 mm.	
Schlagton	fis'	+ 1/16
Primton	fis'	- 8/16
Terz	a'	+ 1/16
Quinte	cis''	- 8/16
Oberoktav	fis''	+ 2/16
Unteroktav	fis	- 6/16

V. Glocke (St. Joseph)

Gewicht	602 kg.	
Durchmesser	980 mm.	
Schlagton	gis'	+ 2/16
Primton	gis'	- 10/16
Terz	h'	+ 2/16
Quinte	dis''	- 2/16
Oberoktav	gis''	+ 2/16
Unteroktav	gis	- 1/16

VI. Glocke (St. Johannes Ev.)

Gewicht	327 kg.	
Durchmesser	809 mm.	
Schlagton	h'	+ 2/16
Primton	h'	- 11/16
Terz	d''	normal
Quinte	f''	- 2/16
Oberoktav	h''	+ 1/16
Unteroktav	h	- 11/16.

NB.: Die gemessenen Bruchzahlen beziehen sich auf Teilwerte eines halben Tones: 4/16 = 1/4 Halbton.

2.950
1.692
1.248
774
602
327
7.593

Dr. Johannes Maier.
Erzbischöflicher Orgel- u. Glockeninspektor

3.

Dr. phil. Joh. Maier
(14 b) Sigmaringen/Hohenzoll.
Josefstraße 22
Erzbischöflicher Orgel- u. Glockeninspektor

den 5. August 1949

Blatt Nr. 3

Fortsetzung des Gutachtens über das Sechsgeläute der St. Fidelis Kirche zu Burladingen.

- -

Als wichtigstes Kriterium für die Bewertung der Reinstimmung eines Geläutes wird allgemein das Getroffensein der Schlag-oder Läutetöne angesehen. Diese treten naturgemäß beim Glockenanschlag am schärfsten hervor.
Für das Burladinger-Geläute ergibt sich eine Schlag-oder Läutetonlinie, welche laut vorstehender Klanganalyse folgendermaßen lautet:

" h + 1/16, d' normal, e' + 2/16, fis'+ 1/16, gis' + 2/16, h'+ 2/16 ".

Diese Schlagtonlinie ist als sehr geradlinig und sehr gut zu bezeichnen. Im Höchstfalle beträgt die Differenz zwischen den einzelnen Glocken im Schlagtonverhältnis " 1 bis 2/16 " Halbton, also einen Wert mikrotonischer Natur. Die große St. Benediktusglocke steht in ihrem Schlagton nur " 1/16 " Halbton über den Normalschwingungen, die St. Fidelisglocke ist in ihrem Schlagton mit " d " normal haarscharf getroffen, die übrigen 4 Glocken stehen jeweils nur " 1 oder 2/16 " Halbton über den Normalschwingungen.
Es gebührt der Gießerfirma von B. Grüninger warme und aufrichtige Anerkennung, dass dieses Sechsgeläute in seinen Schlagtonverhältnissen ohne Nacharbeiten so geradlinig und übereinstimmend aus der Grube gebracht werden konnte.
Betrachtet man das Verhältnis von Schlag-und Primton, welche im Idealfalle möglichst zur Deckung kommen sollen, so ist zu bemerken, dass die Primtöne bei dem Burladinger-Geläute gesenkt erscheinen, also tiefer stehen als die Schlagtöne. Im Allgemeinen kann gesagt werden, dass ein Tieferstehen der Primtöne gegenüber dem Schlagton im Glockenguß eine häufige Erscheinung ist und günstiger wirkt, als wenn die Primtöne über den Schlagtönen liegen. Die Abschwankungsverhältnisse der Primtöne bewegen sich in gleicher Richtung, sind für das geschulte Ohr ~~wohl h~~ im Nachhall wohl hörbar, üben aber auf den Glockenklang - bei welchem der Schlagton dominiert - keine wesentliche nachteilige Wirkung aus.
Für die Bewertung eines Geläutes ist weiterhin von Wichtigkeit, wie die Harmonietöne der Unteroktaven getroffen sind, da diese erst der Glocke die volle Majestät und Rundung verleihen. Hier kann gesagt werden: Die Unteroktaven der 6 Glocken des Burladinger - Geläutes sind sehr gut getroffen, nur die letzte Glocke das " h' " tendiert zur None. Im Zusammenhang mit sonstigen kleineren unerheblichen Vertiefungen der Unteroktaven erscheinen die Quinten mehr oder minder etwas gesenkt, was für den Klang ohne Belang ist, da die Quinte nicht als Lautsprecher hervortritt.
Beim sämtlichen 6 Glocken erscheinen die im Grüninger'schen Rotbronceguß besondert leuchtkräftig und füllig hervortretenden Mollterzen im besten Verhältnis zu den Schlagtönen bestens getroffen. Die eingehende Untersuchung der Haupt-und Harmonietöne der 6 Glocken gab also zu keinen wesentlichen Beanstandungen in Hinsicht auf die Innenharmonie Anlaß.

4

●Dr. phil. Joh. Maier
(14 b) Sigmaringen/Hohenzoll.
Josefstraße 22
Erzbischöflicher Orgel- u. Glockeninspektor

den 5. August 1949

<u>Blatt Nr. 4</u>

Fortsetzung des Gutachtens über das Sechsgeläute der St. Fidelis-Kirche zu Burladingen.

- -

Die Fixierung der Nachhalldauern nach 3 maligem Klöppelanschlag auf die freihängenden Glocken mußte unter ungünstigen Umständen - bei heftigem Westwind - vorgenommen werden. Dieselbe kann nur vorläufigen Charakter haben. Es wird eine Nachprüfung derselben auf dem Turme erforderlich sein. Folgende Nachhallzeiten wurden ermittelt:

St. Benediktus-Glocke	12o	Sekunden	Nachhall
St. Fidelis - Glocke	8o	"	"
Marien - Glocke	9o	"	"
St. Anna - Glocke	11o	"	"
St. Joseph - Glocke	11o	"	"
St. Johannes - Glocke (Ev.)	7o	"	"

In der Wirkung des Nachhallflußes war keine Unterbrechung durch Stöße oder Reibungen hörbar. Sehr sympatisch wird auch in der Nachhallwirkung fühlbar, dass die im 2. Geschoß des Glockenstuhls hängenden kleineren Glocken über eine überdurchschnittlich feurige Resonanz verfügen. In der runden, vollen und warmen Nachhallwirkung der großen St. Benediktus-Glocke macht sich die Gußart in schwerer Rippe sehr vorteilhaft geltend, was bei einem Vergleich mit einer " h" Glocke in mittelschwerer Rippe des nebenan aufgebauten Gengenbacher-Geläutes hörbar wurde. Das Zusammenschwingen aller Haupt-und Harmonietöne des großen Sechsgeläutes ergibt ein wogendes Tonmeer von packender überaus majestätischer Wirkung. Keine einzige Glocke fällt hart oder aufdringlich aus diesem Klanggefüge heraus.
Mit diesem imposanten Geläute erhält die St. Fideliskirche zu Burladingen dank der Initiative ihres Pfarrherrn und der opferfreudigen Gesinnung der ganzen Pfarrgemeinde - darunter besonders hochherziger Stifter - das größte Geläute von Hohenzollern.
Es gebührt vor allem der bekannten Gießerfirma von B. Grüninger Villingen/Neuulm vollste Anerkennung, dass sie keine Anstrengung gescheut hat, diesen ehrenvollen Auftrag bestmöglichst zu erfüllen, ein repräsentatives Geläute von bester Tragfähigkeit des Tons und guter Übereinstimmung der Klangwirkung zu schaffen, das dem Rufe dieser seit Jahrhunderten in Süddeutschland eingesessenen Gießerfirma erneut zur Ehre gereicht.
Der Umbau des Glockenstuhles von gekröpften Jochen zu geraden Jochen wurde ebenfalls in der Grüninger'schen Gießerei vorgenommen und kommt der Läutewirkung des Sechsgeläutes sehr zugute.
Möge dieses imposante Geläute für die schöne moderne St. Fidelis-kirche des aufstrebenden Orts Burladingen ein bleibendes Dokument christlichen Zusammenhaltens und christlicher Opferfreudigkeit sein.
Gegenüber der Gießerfirma muß noch besonders dankbar hervorgehoben werden, dass sie bei sehr preiswerter Berechnung des Gesamtgeläutes auch auf äußerlich repräsentative Ausgestaltung der Glocken großen Wert gelegt hat.
Im Nachfolgenden seien betreff der vielen ~~Möglichkeiten der~~ variablen Möglichkeiten des Läutens noch einige Anregungen gegeben:

5.

DR. JOHANNES MAIER
CHORDIREKTOR
Erzbischöfl. Orgel- und Glockeninspektor

14b SIGMARINGEN, Josefstraße 22 den 9. August 1949

Fortsetzung des Gutachtens über das Sechsgeläute der St. Fidelis Kirche zu Burladingen.

- -

Die römischen Zahlen bedeuten die Glocken.

I - II - III h - d - e Te Deum-Motiv

IV - V - VI fis - gis - h Gloriamotiv

I - II - IV h - d - fis h-Molldreiklang

III - V - VI e - gis-h Dur-Dreiklang

II - III - IV d - e - fis drei aufsteigende Sekunden

I - II - IV - VI h - d - fis - h Mollakkord mit verdoppeltem Grundton

III - IV - V - VI e - fis - gis - h ausgefülltes Durmotiv

I - II - III - IV h - d - e - fis ausgefülltes Mollmotiv

I - II - III - IV - VI h - d - e - fis - h ausgefülltes Mollmotiv mit verdoppeltem Grundton

I - II - III - IV - V - VI h-d-e-fis-gis-h Gesamtgeläute.

Für Kirchenfeste freudigen Charakters seine mehr die Dur-motive empfohlen, für Kirchenfeste ernsten Charakters mehr die Mollmotive Für Beerdigungen erschiene es angebracht das ausgefüllte Mollmotiv h - d - e - fis zu läuten. Für Werktage könnte das " Gloria-Motiv " fis - gis-h geläutet werden, oder der Dreiklang e - gis -h. Um das imposante Gesamtgeläute nicht zu einem alltäglichen Eindruck werden zu lassen, schlage ich vor alle 6 Glocken nur bei besonderen Anläßen und an den kirchlichen Hochfesten läuten zu lassen. Beim Anläuten beginne man jeweils mit der kleinsten Glocke.

Es war für den Unterzeichneten eine große Freude, eine große Anzahl von Läutezusammenstellungen, die sämtlich hochbefriedigend wirken, bei der Prüfung des Geläutes vorgeführt zu bekommen. Möge das imposante Geläute hoffentlich für viele Generationen bei leid-und freudvollen Anläßen das Gotteslob vom Turme der St. Fideliskirche künden.

Dr. Johannes Maier
Erzbischöflicher Orgel- u. Glockeninspektor

Gutachten vom 4. September 1950 für das neue Geläute der ***Pfarrkirche St. Marien in Gengenbach***
(Quelle: Erzbischöfliches Archiv Freiburg B22-1945/4427).

OTTO SCHÄFER

(17b) BADEN-BADEN, den 4.September 195o.
Gernsbacher Straße 23, Fernruf 61327

G u t a c h t e n

über das neue Geläute in der Kath.Stadtkirche in Gengenbach.

Die Kath.Stadtkirche in Gengenbach erhielt im Jahre 1949 ein neues fünfstimmiges Geläute von der Glockengießerei B.Grüninger Söhne in Neu-Ulm mit den Tönen h° - cis' - dis' - fis' - gis'. Die Glocken sind aus Bronze 78/22/1 in mittelschwerer Rippe gegossen. Am 24.September 1949 unterzog ich alle Glocken einer genauen Stimmgabel- und Läuteprüfung mit folgendem Ergebnis:
(Die Stimmgabelwerte beziehen sich auf Sechzehntels-Halbtonwerte).

Glockenton:	h°	cis'	dis'	fis'	gis'
Gewicht:	44,40 ztr	32 ztr	21,40 ztr	12 ztr	8,40 ztr
Durchmesser:	1,57 m	1,35 m	1,2o m	1,ol m	0,90 m
Glockennamen:	Christus König	Maria	Benedictus	Martinus	Joseph
Primton:	h°-12/16	cis'-10/16	dis'-5/16	fis'+4/16	gis'-2/16
Schlagton:	h°-4/16	cis'-1/16	dis'+3/16	fis'+5/16	gis'+5/16
Terz:	d'+2/16	e'+2/16	fis'-5/16	a'+4/16	h'+6/16
Quinte:	fis'-8/16	gis'+1/16	cis'+2/16	cis" normal	dis"-1/16
Oberoktav:	h'+1/16	cis'+2/16	dis"+3/16	fis"+3/16	gis"+4/16
Unteroktav:	H normal	cis°+11/16	dis°+5/16	fis°+5/16	gis°+1/16
Nachhall:	75 Sek.	70 Sek.	80 Sek.	105 Sek.	65 Sek.
Fluß des Tones:	Glatt	glatt	glatt	glatt	etwas wellig

Die Aufgabe der Stimmgabelanalyse ist, die mehr oder minder genaue Lage der Teiltöne im Sinne der natürlichen Obertonreihe festzustellen. Damit ist aber die Arbeit nicht erschöpft; es ist ebenso wichtig, die mehr oder minder gute Verschmelzung von Teiltönen zu beachten, die von größter Bedeutung für den Gesamtklang ist. Diese Aufgabe ist nur mit dem geschulten Ohr zu lösen.

Der innenharmonische Aufbau aller Glocken ist bei den beiden tiefen Glocken etwas bewegt, bei den drei höheren Glocken aber durchaus befriedigend und sauber. Ebenso verhält es sich mit der Schlagtonstimmung und deren klanglicher Verbundenheit mit den Oberoktaven.

./.

1/3

Die Klarheit, mit der alle Teiltöne ansprachen, lassen erwarten, daß dem Glockenklang Einheitlichkeit, Kraft und Tragfähigkeit eigen ist, die auch durch die guten Nachhallzeiten fundiert sind. Die formale Gestaltung der Glocken ist auf eine klare einfache Linie abgestimmt, die Oberfläche glatt und einwandfrei. Die Beschriftung ist gut leserlich, die Reliefs zeigen noch alte Entwürfe.

Diese Stimmgabelergebnisse bilden die Unterlage zur Erklärung aller klanglichen Erscheinungen bei der Läuteprobe, bei der ja der Klangwert einer Glocke erst voll erfasst und beurteilt werden kann. Mit welcher Stärke die Haupt- und Teiltöne einer Glocke beim Läuten vernehmbar sind, den Glockenklang füllen oder ihn beunruhigen, liegt das Geheimnis, ob der Glocke Klangschönheit und Tragfähigkeit eigen ist, ob sie überhaupt Klangwert besitzt.

Als Eindruck der einzelnen Glocke konnte festgestellt werden:

Josephsglocke gis': Ein weicher, schöner, heller und klarer Ton ist dieser Glocke eigen; Schlagton und Unteroktav ziehen gut durch.

Martinusglocke fis': Auch diese Glocke verfügt über einen weichen und ~~klaren Ton. Bei dem~~ sehr sauberen innenharmonischen Klangaufbau möchte man wünschen, daß der Ton dieser Glocke noch voller und flüssiger wäre.

Benedictusglocke dis': Eine gute, im Ton tragende, dunkelklingende Glocke. Die Unteroktav zieht klar durch und auch die Dezime beleuchtet mild und schön den Klang.

Mariaglocke cis': Eine klanglich hervorragend schöne Glocke mit wuchtigem, dunklem tragendem Ton. Unteroktav und Nebentöne einschließlich der Dezime geben der Glocke einen seelenvollen Klang.

Christus-Königglocke h°: Die Aufgabe der tiefsten Glocke, das Gesamtgeläute kräftig zu fundieren, erfüllt diese Glocke in hervorragender Weise. Ihr Ton ist voll, wuchtig und weittragend.

Im Zwei-, Drei- und Viergeläut, das in den verschiedensten klanglichen Möglichkeiten geprüft wurde, befriedigten alle Zusammenstellun-

\- 2 -

gen durch die Reinheit der Intervalle. Wie bei den Einzelgeläuten konnte man auch hier feststellen, daß der hellere und dunklere Klangcharakter der Glocken sich gegenseitig bemerkbar abhebt, ohne dem Zusammenklang eine Reibung oder Härte zu geben. Sehr eindrucksvoll ist das Praefations-Motiv dis - fis - gis, ebenso das Gloria-Motiv: cis - dis - fis. Sehr stimmungsvoll ist der H-dur Akkord: h - dis - fis und das aus ihm herauswachsende Salve-Regina-Motiv: h - dis - fis - gis. Gewaltig und imponierend sind die großen Sekundschritte h - cis - dis, und von voller, festlicher Stimmung das Gesamtgeläute, bei welchem die tiefe Christus-König-Glocke überragend dominiert.

"Mich goß Meister Benjamin Grüninger!" So ist auf jeder Glocke zu lesen und man darf der Firma Grüninger zu dieser Leistung ihres Betriebes gratulieren.

Dem Hochw.Herrn Stadtpfarrer Schuler, seinen Stiftungsrat und die ganze katholische Gemeinde Gengenbach beglückwünsche ich herzlichst zu dem klangvollen und feierlich klingenden Geläute.

Otto Schäfer

Erzb.Glockeninspektor

3/3

Gutachten vom 20. Mai 1949 für das neue Geläute der *Pfarrkirche St. Magnus in Kempten-Lenzfried*
(Quelle: Archiv J. Schultheiß).

OBERLEHRER PAUL KUEN
amtl. Glockenexperte
SULZBERG/ALLGÄU

Sulzberg, den 20. Mai 1949

Abschrift

Amtliches Gutachten

Der Unterzeichnete prüfte am 19. Mai 1949 in der Glockengießerei Benjamin Grüninger in Straß bei Neu-Ulm sieben Bronze-Glocken, bestimmt für die katholische Pfarrei Lenzfried (Kempten).

Die Prüfung ergab:

Die Glocken sind kunstgerecht und in jeder Beziehung aufs peinlichste sauber hergestellt, die edle Form und die tadellos mit größter Sorgfalt künstlerisch gelungenen Inschriften und Ornamente machen einen vornehmen Eindruck und heben sich ausgezeichnet plastisch hervor. Die Glocken sind deshalb schon rein äußerlich als Kunstwerke zu bezeichnen.

Die akustische Prüfung wurde vermittelst der Edelmannschen Präzisionsstimmgabeln vorgenommen. Jede Glocke gab beim Aufsetzen der Gabel den eingestellten Ton rein, deutlich und mit großer Fülle zurück. Es wurden folgende Tonbilder festgestellt:

Glocke 1

Hl. Magnus, Apostel des Allgäus beschütze deine Pfarrgemeinde.

Bild: Hl. Magnus. — Dem Andenken unserer Gefallenen und Vermißten der beiden Weltkriege die dankbare Pfarrgemeinde 1914-18 u. 1939-45.

Schlagton:	b	—3/8
Primton:	b	—1/8
Terz:	des'	0
Quinte:	f'	—1/8
Oberton:	b'	—1/16
Unterton:	b	—1/2

Eine herrliche Glocke. Eine Meisterglocke mit einem sonoren, wuchtigen, runden und weichen Vollton und einem glattfließenden Nachhall von 195 Sekunden.

Glocke 2

Hl. Maria, Schutzfrau Bayerns, bewahre unser Land vor Pest, Hunger und Krieg.

Bild: Maria, Schutzfrau Bayerns.

Schlagton:	des'	—3/8
Primton:	des'	—1/2
Terz:	fes'	—1/8
Quinte:	as'	—7/16
Oberton:	des''	—3/8
Unterton:	des	0

Ebenfalls eine ganz prächtige Glocke mit einem herrlichen, runden weichen Vollton und einem anfangs etwas unruhigen, dann aber glattfließenden Nachhall von 190 Sek.

1/4

Glocke 3

Hl. Josef, nimm unsere Familien unter deinen Schutz.
Bild: Hl. Josef

Schlagton:	es'	—3/8
Primton:	es'	—1/2
Terz:	ges'	—1/4
Quinte:	b'	—13/16
Oberton:	es''	—3/8
Unterton:	es	—3/8

Eine sehr schöne Glocke mit einem überaus angenehmen, weichen runden Vollton und einem stoßfreien Nachhall von 140 Sekunden.

Glocke 4

Hl. Ursula, bitte für die Jugend
Bild: Hl. Ursula

Schlagton:	f'	—1/4
Primton:	f'	—3/8
Terz:	as'	—1/8
Quinte:	c''	—9/16
Oberton:	f''	—1/8
Unterton:	f	0

Eine sehr schöne Glocke mit einem runden, singenden, weichen Vollton und einem glatten Nachhall von 170 Sekunden.

Glocke 5

Hl. Franziskus und Hl. Antonius bittet für uns.
Bild: Hl. Franziskus und Antonius

Schlagton:	as'	—3/8
Primton:	as'	—9/16
Terz:	ces'	—3/8
Quinte:	es''	—7/8
Oberton:	as''	—3/8
Unterton:	as	—1/2

Eine herrliche Glocke mit einem runden, weichen, sehr angenehmen Vollton und einem absolut stoßfreien Nachhall von 125 Sekunden.

Glocke 6

St. Georg zu Ehren — der Stifter
Bild: St. Georg

Schlagton:	b'	—3/8
Primton:	b'	—5/16
Terz:	des''	—3/16
Quinte:	f''	—3/4
Oberton:	b''	—3/8
Unterton:	b	—1/2

Eine sehr gute Glocke mit einem überaus weichen, runden Vollton und einem glatten Nachhall von 115 Sekunden.

Glocke 7

Hl. Bonifatius, Apostel der Deutschen, erflehe die Einheit im Glauben
Bild: Hl. Bonifatius

Schlagton:	c''	—3/8
Primton:	c''	—5/16
Terz:	es''	—3/16
Quinte:	ges''	—1/2
Oberton:	c'''	—3/8
Unterton:	c'	—3/4

Auch diese kleinste Glocke hat einen überaus sympathischen, weichen, edlen Ton und einen glatten Nachhall von 105 Sekunden.

Das Gesamtbild der Schlagtöne

b – $^{3}/_{8}$ des' – $^{3}/_{8}$ es' – $^{3}/_{8}$ f' – $^{1}/_{4}$ as' – $^{3}/_{8}$ b' – $^{3}/_{8}$ c'' – $^{3}/_{8}$

ergibt eine geradezu vollkommene Geradlinigkeit der Stimmung, wie sie bei einem Siebengeläute wohl nur ganz selten anzutreffen ist. Der mikrotonische Unterschied von $^{1}/_{8}$ Halbton bei 4 tritt praktisch nicht in Erscheinung, er kann nur mit dem Instrument nachgewiesen werden.

Auch die Nebentöne der schönen Glocken vereinen sich mit dem Schlag- bzw. Primton zu einem äußerst befriedigenden, reinen Klang.

Die Terzen, die den Charakter der Glocke bestimmen (ob Dur- oder Moll-Glocke) zählen zu den wichtigsten Nebentönen. Bei sämtlichen Glocken konnte die fast absolut reine Moll-Terz festgestellt werden. Moll-Glocken sind es, die dem Geläute ein überaus weiches, angenehmes Gepräge verleihen. Die Quinten sind für den Charakter des Schlagtones fast belanglos. Sie neigen alle nach unten, wodurch das Geläute an Weichheit gewinnt. Nur bei 5 und besonders bei 7 zeigen sie eine etwas zu starke Tendenz nach unten. Die Oberoktaven stehen im absolut reinen Oktavenverhältnis zum Schlagton. Die Untertöne bewirken eine äußerst wertvolle Steigerung und Bereicherung der Klangfülle. Sie neigen bei 1, 6 und 7 unbedeutend nach unten. Bei 3 und 5 stehen sie in mathematisch genauem Oktavenverhältnis zum Schlagton, nur bei 2 und 4 zeigen sie eine leichte Tendenz nach oben, was aber ihre Kraft und Fülle nicht beeinträchtigt. Wichtig ist auch das Verhältnis zwischen Prim- und Schlagton. Sie stehen auf derselben Tonstufe (oder in engster Fühlung) und gewährleisten so Klarheit und Klangfülle der Schlagtöne (Unterschiede von $^{1}/_{8}$ Halbton scheiden praktisch aus).

Aus den angegebenen Analysen ergibt sich, daß das Intervallverhältnis zwischen den einzelnen Glocken in ihren Kombinationen ein durchaus ungetrübtes sein muß. Es gestaltet sich folgendermaßen:

Glocken 1 und 6 die absolut reine Oktave, was für das Gesamtgeläute von größter Wichtigkeit ist.

Glocken 1 und 4
„ 2 und 5
„ 3 und 6
„ 4 und 7 } absolut reine Quinten

Glocken 1 und 2
„ 2 und 3 auch 4 und 5 } völlig ungetrübte ideale Kleinterzen

Glocken 3 und 4
„ 5 und 6
„ 6 und 7 } markige, wuchtige, entschiedene Ganztöne

Glocken 1, 2 und 3
„ 4, 5 und 6 } Te Deum-Motive von prächtigster Wirkung

Glocken 3, 4 und 5 ein herrliches Gloria-Motiv
„ 2, 4 und 5 Des-Dur Dreiklang, absolut rein
„ 2, 4 und 6 b-moll Dreiklang, absolut rein
„ 1, 2, 4, 6 b-moll Vierklang von herrlichster Klangfülle
„ 2, 4, 5, 6 ein einzig schönes Salve Regina-Motiv

Dieses Bild vollkommenster Reinstimmung wird noch weiter aufs günstigste beleuchtet durch das äußerst erfreuliche Resultat der Resonanzverhältnisse: Der Nachhall ist sehr lange dauernd — Zahlen wie 195, 190, 170 Sekunden — sind Seltenheiten. Dazu fließt der Nachhall ölglatt, absolut stoßfrei. Die angeführten Sekundenzahlen ergaben sich nach den Hammerschlägen auf die provisorisch ohne Läutevorrichtung aufgehängten Glocken. Bei regelrechtem Läuten dürfte sich der Nachhall sicher noch verlängern.

Die absolute Reinstimmung und die ausgezeichneten Resonanzverhältnisse wirken zusammen, um ein Geläute zu präsentieren, das sich durch eine Klangfärbung von runder Fülle und wuchtiger Kraft auszeichnet. Die sieben Glocken von seltenster Ausgleichung einigen sich zu einer Gesamtwirkung, die als hervorragend bezeichnet werden muß. Dieses Geläute ehrt seinen Meister und erfreut seinen Besitzer.

Ich beglückwünsche die Pfarrei Lenzfried aus ganzem Herzen zu diesem herrlichen Geläute. Dem Meister Grüninger spreche ich meine vollste Anerkennung aus. **Er hat mit diesem Geläute nicht nur seine alte Höhe als Glockengießermeister bewiesen, sondern seinen guten Ruf durch die Vervollkommung der Tonreinheit und der Resonanzverhältnisse noch wesentlich erhöht.**

Möge das schöne Geläute der Pfarrgemeinde Lenzfried durch viele Jahrhunderte zum Segen gereichen und Frieden und Freude verkünden!

Nach genauester und gewissenhaftester Prüfung kam der Unterzeichnete zu diesem hocherfreulichen Resultat.

Sulzberg, den 20. Mai 1949

gez. **Paul Kuen**,
amtlicher Glockenexperte
für die Diözese Augsburg.

Gutachten vom 20. September 1950 für das neue Geläute der Pfarrkirche ***St. Stephan in Kirchdorf bei Bad Wörishofen*** (Quelle: Archiv der Kirchengemeinde St. Stephan Kirchdorf bei Bad Wörishofen).

Glocken-Gutachten

über

das neue Bronce-Geläute für K i r c h d o r f, Lkr. Mindelheim, gegossen von Fa. B. G r ü n i n g e r, Neu-Ulm, bestehend aus den Glocken c' – es' – f' – g' – b' – c'', vom Unterfertigten am 1. Sept. 1950 auf dem Gelände der Gießerei geprüft.

Das herrliche, neue Sechs-Geläute ist in mehr als einer Hinsicht interessant; einmal in der Erprobung einer Sonderberechnung der Rippe, die mit größerem Gewicht nicht die größeren Durchmesser der schweren Rippe erfordert. Das Geläute hat folgendes Gewicht und Durchmesser:

Kg:	2270	1250	884	606	340	250
mm:	1507	1261	1121	998	826	747

ferner bringt dieses Geläute eine interessante Abwechslung durch die modernen Symbole, mit denen liturgisch und künstlerisch wertvoll der Patron oder das Geheimnis bezeichnet wird, dem die einzelne Glocke geweiht ist: Christkönig – Hl. Maria – Hl.- Joseph – Hl. Kreuz – Hl. Stephanus – letzte Glocke zeigt schwebenden Engel; interessant weiterhin durch die anfänglich eintönig wirkenden Inschriften, die aber wohlbedacht und theologisch gut getroffen aus dem Wappen der ehemaligen Grundherren gewählt wurden: Rege nos – fove nos – protege nos – slave nos – tuere nos – eustodi nos. Mit diesen Inschriften und Symbolen , beide plastisch sehr schön gegossen, den mächtigen Henkelkronen mit den schönen Zierköpfen , nicht zuletzt mit den herrlichen Zierkränzen am oberen Glockenrand nimmt das Geläut schon das Auge zu wohlgefälliger Betrachtung gefangen, zudem zeigt das ganze Geläute einwandfreien, glatten Guß ohne jegliche Unebenheit in der Außenfläche, wahrlich eine meisterhafte Leistung der Firma. Zu den äußeren Werten treten ebenbürtig die wichtigen harmonsichen Verhältnisse der einzelnen Glocken hinzu.

Die Ton-Analyse ergab folgendes Bild (Barthelmens'sche Stimmgabel, Zahlen bedeuten Sechzehntelwerte vom Halbton)

Glocke	I	II	III	IV	V	VI
Schlagton	c' + 5/16	es'+5	f'+5	g'+4	b'+4	c''+5
Primton	c'+4	es'+1	f'+1	g'+4	b'+2	c''+4
Terzen	es'+5	ges'+7	as'+5	b'+4	des''+4	as''+5
Quinten	g'+5	b'+2	c''-7	d''-4	f''-11	g''-5
Ob. Oktaven	c''+5	es''+5	f''+5	g''+4	b''+4	c'''+5
Dezimen	a''+0	g''+0	a''-7	h''-6	des'''+2	e'''-7
Unter-Okt.	c^0+2	es^0+3	f^0-3	g^0-4	b^0-7	c'-3
Nachhall	145 Sek.	110	120	110	70	70

Nach diesem hervorragenden Tonbild liegen die so wichtigen Schlagtöne auf vollkommen gerader Linie; es ist deshalb die melodische Linie des Geläutes einwandfrei klar für das Ohr. Jeder Schlagton spricht bestimmt an dank der guten Lage der Primtöne, die bei Glocke I, IV und VI sich mi den Schlagtönen vollkommen decken, bei den übrigen ihm sehr nahe kommen. Die Oberoktaven stehen bei allen Glocken zu den Schlagtönen im absolut reinen Oktavverhältnis, während die Unteroktaven durch Ausweitung nach unten bei Glocke III bis VI beachtlich die Klangkraft der einzelnen Glocken verstärken. Die wichtigen Teiltöne liegen alle im Verhältnis der natürlichen Molldistanz und bei den Glocken im Terzabstand - I zu II; IV zu V – in Klangeinheit mit dem Schlagton der nächsten Glocke. Idealer kann es nicht geschaffen werden..

Die Klangwirkung dieses Geläutes, mächtig und erhaben, ist schon der singenden Wirkung der guten Terzteiltöne vor allem charakterisiert durch die wuchtige Resonanz sämtlicher Untertöne, die klar zu hören, das wertvolle Melodiebild in der Untertonreihe erklingen lassen.

Die Glocken I – IV haben sonoren, würdigen Vollton, V und VI geben sich noch etwas streng, was aber bei der Zahl und dem Gewicht der unteren Glocken zur tonlichen Eigenbehauptung im Gesamtgeläute wiederum notwendig ist und vom hohen Turm herab wohl akustisch sich bewähren wird. Es bedürfte einer eigenen Darstellung, die Vielfalt der melodischen Möglichkeiten dieses prachtvollen Geläutes in ihrer charakteristischen Klangwirkung und Deutung zu beschreiben, es sei nur hingewiesen auf den ernsten wuchtigen ausgefüllten Molldreiklang c - es- f – g und den ebenso kraftvollen aber feierlich jubelnden ausgefüllten Durdreiklang es – f – g – b, die in ihrem Gegensatz die ganze Skala vom erschütternden Ruf der Glocken bis zum tröstenden, seelisch erhebenden Sursum corda geben. Es ist das tonlich gut liegende Salve Regina-Motiv es – g – b – c und neben dem Te Deum-Motiv das Gloria-Motiv und noch verschiedene Motive aus dem kirchl. Choral und Liedanfängen. Durch die Verlagerung der Ganztonschritte in die Mitte der Disposition und ihre Unterbauung durch die Mollterz ist eine Wirkung des Geläutes gewährleistet, die nie ermüdend stetes in neuer Kraft und Eindringlichkeit die Schönheit edler Glockenmusik dem Ohre kündet.

Glücklich eine Gemeinde, deren religiöse Dienste durch solch eine Vielfalt der Glockensprache gerufen und begleitet wird. Anerkennung der Firma B. Grüninger, die dieses Werk meisterhaft geschaffen.

Augsburg, den 20. September 1950

amtl. Glockensachverständiger

(Unterschrift unleserlich)

2/2

Gutachten vom 21. August 1950 über das neue Geläute der ***Pfarrkirche St. Konrad in Langenenslingen***
(Quelle: Erzbischöfliches Archiv Freiburg B22-1945/8272).

Dr. phil. Joh. Maier
(14b) Sigmaringen/Hohenzoll.
Josefstraße 22

den 21.8.195o

Gutachten
über das neue Rotbronce-Geläute für die katholische Pfarrkirche zu Langenenslingen / Hohenzollern.

Der Unterzeichnete prüfte am 17.8.195o in der Glockengießerei von B. G r ü n i n g e r zu Straß bei Neu Ulm vier Rotbronce-Glocken in mittelschwerer Rippe, welche für die kath. Pfarrkirche zu Langenenslingen bestimmt sind.
Über das Ergebnis der Werkprüfung wird -wie folgt- gutachtlich berichtet:
Im Werkhof der Gießerei waren frei in einem Glockenstuhl aufgehängt vier Rotbronce-Glocken, welche voll ausgeläutet und daher auch voll bewertet werden konnten. Hinsichtlich der äußeren Ausstattung der Glocken wurde mit dem Guß für Langenenslingen eine neue Lösung gefunden. Die Glocken tragen an der Flanke wohl gelungene Flachreliefs mit den Bildern von St. Konrad, St. Mauritius, der Mutter Gottes und des hl. Schutzengels. Unter den Reliefs finden sich nur erfreulich kurze Inschriften. Am Fries der Glocken dagegen sind in einer Art neugotischen Schrift passende kurze Sätze aus der hl. Schrift angebracht. Die plastisch hervortretenden Friesinschriften sind von zwei Ringen eingefaßt. Die Glockenoberflächen sind bei sämtlichen Glocken sauber herausgegoßen.
Mit Hilfe von Präcisionsstimmgabeln wurde die musikalische Prüfung der vier Glocken vorgenommen und folgende, den Glocken eingegoßene Haupt-und Harmonietöne festgestellt:

	I. Glocke			II. Glocke		
Gewicht	1.600 kg. (ursp.)			900 kg.		
Durchmesser	1.385 mm.			1.155 mm.		
Schlagton	cis'		norm.+	e'	+	1/16
Primton	cis'	-	4/16	e'	+	1/16
Terz	e'	+	2/16	g'	+	2/16
Quinte	gis'	-	4/16	h'	-	3/16
Oberoktav	cis''		norm.	e''		norm.
Unteroktav	Cis	+	2/16	E		norm.
Durdezime	eis''	+	4/16	gis''	-	2/16
Duodezime	gis''	-	1/16	h''	+	1/16
Doppeloktav	cis'''	+	5/16	e'''	+	4/16

	III. Glocke			IV. Glocke		
Gewicht	600 kg.			400 kg.		
Durchmesser	1oo8 mm.			900 mm.		
Schlagton	fis'		norm.	gis'	+	1/16
Primton	fis'	-	6/16+	gis'	-	4/16
Terz	a'	+	1/16	h'	+	3/16
Quinte	cis'	+	1/16	dis''	-	4/16
Oberoktav	fis''		norm.	gis''	+	1/16
Unteroktav	Fis	+	5/16	Gis	+	1/16
Durdezime	ais''	-	2/16	his''	+	5/16
Duodezime	cis'''	+	1/16	dis'''		norm.
Doppeloktav	fis'''	+	4/16	gis'''	+	3/16

NB.: die gemessenen Werte beziehen sich auf Teilwerte eines halben Tones
4/16 = 1/4 Halbton.
Zur Bewertung des tonlichen Getroffenseins und der Innenharmonie der vier neuen Glocken für die kath. Pfarrkirche zu Langenenslingen ist zu bemerken:
Das Geläute weist zunächst eine sehr gut getroffene Schlagtonlinie auf, welche für die Läutewirkung entscheidend ist. Alle Schlagtonwerte erscheinen entweder mit den Normalschwingungen der verlangten Töne haar-

Dr. phil. Joh. Maier
(14 b) Sigmaringen/Hohenzoll.
Josefstraße 22

den 21.8.1950

Blatt 2

Fortsetzung des Glockengutachtens für Langenenslingen:

scharf getroffen oder stehen um einen Wert mikrotonischer Natur,nämlich um 1/16 Halbton über den Normalschwingungen.Den neuen Glocken gegenüber steht die noch auf dem Turm befindliche Glocke in ihrem Schlagton leicht erhöht,nämlich auf " h' + 5/16".Man sieht es aber nicht ungern,wenn bei einem Geläute die Randglocke nach oben etwas erhöht steht. Hinsichtlich des Verhältnisses der Schlag-und Primtöne,welche sich möglichst decken sollen,ist zu sagen,dass bei der Mauritiusglocke Schlag-und Primton zu idealen Deckung kommen,während bei den übrigen drei Glocken Unterschwebungen der Prim zu verzeichnen sind,welche sich allerdings in bescheidenen,gut vertretbaren Grenzen halten.

Die Mollterzen stehen sämtlich in sehr gutem Verhältnis zu den Schlagtönen.Die Quinten reagieren entweder als reine Quinten,wie bei der Marienglocke,oder stehen in sehr bescheidenem Umfang etwas vertieft.Alle vier Glocken präsentieren sich als sehr gut getroffene Unteroktavglokken,nur die Unteroktav der Marienglocke steht etwas erhöht.

Wesentliches ist also an dem tonlichen Getroffensein und der Innenharmonie der vier neuen Glocken durchaus nicht auszusetzen.

Die Innenharmonie der Mauritiusglocke kann als idel ausgeglichen bezeichnet werden.

Nach dreimaligem Klöppelanschlag auf die freihängenden Glocken wurden bis zum Verstummen derselben nachfolgende,für die Gußart in mittelschwerer Rippe,sehr guten Nachhalldauern ermittelt:

I. Glocke	14o	Sekunden,	III. Glocke	11o	Sekunden,
II. Glocke	12o	Sekunden,	IV. Glocke	95	Sekunden.

Der Fluß der Nachhallwirkung gibt sich bei der I. /II. und IV. Glocke glattfließend und stoßfrei.Die III. Glocke erscheint im Nachhall zunächst etwas wellig und stoßend,dann sich beruhigend,wohl infolge der vertieften Prim und der erhöhten Unteroktav.

Hinsichtlich Resonanz,d.h. dem harmonischen Auf-und Abklingen aller Haupt-und Harmonietöne handelt es sich bei diesem G r ü n i n g e r' schen Guß für L a n g e n e n s l i n g e n um einen sehr glücklichen qualitätvollen Guß.Sämtliche Glocken geben sich in der Resonanz feurig aufsingend und in der Läutewirkung bestens tragend.Als die beste Glokke möchte der Unterzeichnete die Mauritiusglocke bezeichnen,bei welcher dank idealer Innenharmonie alle Haupt-und Harmonietöne sich gegenseitig befruchten und harmonisch reich hervorquellen.Eine prächtige,schwere und ernst sonore Glocke ist aber vor allem auch die Grundglocke,bei welcher der Harmoniebereich der Unteroktav ganz besonders füllig hervortritt. Diese große Glocke,die wie eine Domglocke klingt,vermag das Fünfgeläute des weitverzweigten großen Orts wirkungsvoll zu grundieren. In der Resonanzentfaltung der Marienglocke spürt man aus den angezeigten Gründen der Lage der Harmonietöne eine gewisse Spannung,aber der Schlagton zieht sehr gut durch und die Glocke wirkt vor allem gut obertönig.Sehr gut in der Intonation ist die Schutzengelglocke gelungen. Sie wirkt hell,sehr gut obertönig,ohne scharf zu wirken.

In der Gesamtbewertung der aus der Nähe und einer gewissen Entfernung erprobten Klangwirkung des neuen Geläutes für Langenenslingen läßt sich sagen,dass die ~~bekannte~~ Glockengießerei von B. G r ü n i n g e r Villingen/Neu Ulm für den großen Ort ein sehr repräsentatives,in der Reinstimmung wohl gelungenes und in der Tragfähigkeit erfreulichst gut tragendes Geläute geschaffen hat,das dem Ruf dieser Gießerfirma zur Ehre gereicht.

Dank der intensiven Bemühungen des neuen Pfarrherrn,Hochwürden Herrn

Dr. phil. Joh. Maier
(14 b) Sigmaringen/Hohenzoll.
Josefstraße 22

den 21.3.1950

Blatt 3

Fortsetzung des Glockengutachtens für Langenenslingen:

Pfarrer R u f f , der wesentlichen finanziellen Unterstützungen seitens der politischen Gemeinde und der Opferfreudigkeit aller Pfarreiangehörigen ist es gelungen für Langenenslingen dieses repräsentative Fünfgeläute mit vereinigten Dur-Mollmotiv zu beschaffen.
Durch Tieferrücken des Glockenmotivs und Ausgehen von dem Ton "cis' " wird das Geläute an majÄestätischer Wirkung gegenüber dem früheren Geläute gewinnen.
Durch die Beschaffung in mittelschwerer Rippe wurde Gewicht und damit auch Geld gespart.
Soviel sich von der Klangwirkung auf dem Werkhof beurteilen läßt, kann die klangliche Tragfähigkeit dieser neuen Glocken als durchaus ausreichend ja überraschend gut bezeichnet werden.
Gegenüber der Abnahme und der Auslieferung des sehr guten Geläutes an die Pfarrgemeinde bestanden keinerlei Bedenken.
Hoffentlich bleibt das Geläute für viele Generationen seiner gottesdienstlichen Bestimmung erhalten.

Dr. Johannes Maier

Gutachten vom 26. Januar 1951 für das neue Geläute der ***Pfarrkirche St. Michael in Leipferdingen*** (Quelle: Erzbischöfliches Archiv Freiburg B22-1945/8495).

Dr. phil. Joh. Maier
(14 b) Sigmaringen/Hohenzoll.
Josefstraße 22
Erzbischöflicher Orgel- u. Glockeninspektor

Sigmaringen, den 26.1.1951

Gutachten
über das neue Fünfegeläute der kath. Pfarrkirche zu Leipferdingen
Landkapitel Geisingen.

Der Unterzeichnete prüfte am 25.1.1951 in der Glockengießerei von B. G r ü n i n g e r ein Fünfgeläute über das vereinigte Dur-Mollmotiv:

" c' - es' - f' - g' - b' ",

welches für die katholische Pfarr-und Wallfahrtskirche in Leipferdingen, Landkapitel Geisingen bestimmt ist.
Das Geläute ist eine Stiftung der politischen Gemeinde Leipferdingen anläßlich des Hl. Jahres 195o.
Das Geläute war im Werkhof der Gießerei in einem Glockenstuhl frei aufgehängt, konnte voll ausgeläutet und daher auch voll bewertet werden.
Die fünf Rotbronce-Glocken, in der sogenannten Grüninger'schen -Parsifal-Rippe, einem Mittelding zwischen mittel -und schwerer Rippe gegoßen, machen äußerlich einen sehr repräsentativen Eindruck. Die Kronen sind jeweils als Christus-und Engelsköpfe ausgestaltet. Die Glocken-Inschrifte und Flachreliefs sind im Guß gut herausgekommen. Besonders gefallen hat dem Prüfenden das St. Michaelsrelief auf der Gefallenen Gedenkglocke.
Die Glockenoberfläche der größten Glocke, der Christ-Königsglocke, weist kleine Schönheitsfehler auf, welche die Glocke keineswegs klanglich beeinträchtigen und durch Einfrieren des Zierleims in der Grube entstanden sind.
Mit Präcisionsstimmgabeln wurde die musikalische Prüfung der fünf Glocke durchgeführt und folgende Haupt-und Harmonietöne festgestellt:

	I. Glocke			II. Glocke			III. Glocke			IV. Glocke		
Gewicht			2.25o kg.			1.25o kg.			85o kg.			6oo kg.
Schlagton	c'		norm.+	es'	+	1/16	f'		norm.-	g'		norm.
Primton	c'	-	3/16	es'	-	3/16-	f'	-	3/16	g'	-	5/16
Terz	es'		norm.+	ges'	+	3/16	as'		norm.	b'	+	1/16
Quinte	g'	-	4/16	b'	-	1/16	c''	+	2/16	d''	+	3/16
Oberoktav	c''		norm.+	es''	+	1/16	f''		norm.-	g''		norm.
Unteroktav	C	-	5/16	Es	+	2/16	F	+	2/16	G	+	2/16

	V. Glocke		
Gewicht			35o kg.
Schlagton	b'	+	2/16
Primton	b'	+	1/16+
Terz	des''	+	4/16
Quinte	f'	+	2/16
Oberoktav	b''	+	2/16
Unteroktav	B	-	1/16-

NB.: die gemessenen Werte beziehen sich auf Teilwerte eines halben Tones
4/16 = 1/4 Halbton.
Hinsichtlich des tonlichen Getroffenseins und der Innenharmonie der neue Glocken für die kath. Pfarrkirche in Leipferdingen ist festzustellen:
Bei dem Fünfgeläute ist die beim Läuten am vernehmbarsten hervortretende Schlagtonlinie von der Gießerfirma Grüninger sehr gut getroffen worden. Sämtliche Schlagtöne bewegen sich mit Abweichungen kleinster Werte um di Normalschwingungen der verlangten Töne. Die kleinste Glocke, die Randglock nach oben, die Augustinusglocke, steht im Schlagton ein klein wenig erhöht, was man bei einer Randglocke nach oben sehr gern sieht.
Zu der Innenharmonie: Das Verhältnis der Reinstimmung der Schlag-und Harmonietöne zueinander ist bei sämtlichen Glocken als gut zu bezeichnen.
Im Verhältnis von Schlag-und Primtönen, welche sich möglichst decken sollen, beobachten wir bescheidene Unterschwebungen der Primtöne, welche über ein zulässiges Ausmaß nicht hinausgehen und den Glockenklang keineswegs verunklären. Die Mollterzen, Quinten und vor allem die Unteroktaven stehe sämtlich in gutem Verhältnis zu den Schlagtönen.

1/2

Dr. phil. Joh. Maier
(14 b) Sigmaringen/Hohenzoll.
Josefstraße 22
Erzbischöflicher Orgel- u. Glockeninspektor

Blatt II
26.1.1951

Fortsetzung des Glockengutachtens für Leipferdingen:

Wesentliches war an der Innenharmonie und der Reinstimmung sämtlicher Glocken nicht auszusetzen.
Nach 3-maligem Klöppelanschlag auf die freihängenden Glocken wurden bis zum Verstummen derselben folgende Zeitdauern des Nachhalls gemessen:

1.) Christ-Königsglocke 135 Sekunden Nachhalldauer,
2.) St. Michaelsglocke 125 " " ,
3.) Marienglocke Immaculata Assumpta 11o " " ,
4.) St. Josephsglocke 95 " " ,
5.) St. Augustinusglocke 75 " " .

Der Fluß der Nachhallwirkung gibt sich bei der I. Glocke glattfließend, bei den übrigen Glocken zunächst etwas wellig, dann sich beruhigend. Die Nachhallzeiten sind als gut bis sehr gut anzusprechen und dürften sich bei den großen Glocken auf dem Turme noch etwas erhöhen.
Hinsichtlich der Resonanz, d.h. dem harmonischen Aufklingen aller Haupt- und Harmonietöne handelt es sich bei dem Geläute um lebhaft aufsingende gut bis sehr gut tragende Bronceglocken, deren Guß der Gießerfirma zur Ehre gereicht.
Im Folgenden sei der Läuteeindruck der einzelnen Glocken kurz charakterisiert:

Christ-Königsglocke: eine prächtige, das Geläute bestens fundamentierende c'-Glocke mit mächtigem Ausladen des Unteroktavbereichs. ImTon voll u. schwer, wie eine Domglocke. Eine der besten c'-Glocken, die der Unterzeichnete bei Grüninger abgenommen hat.

St. Michaelsglocke: in der Resonanz sehr frisch, Unteroktav u. vor allem Mollterz von den Harmonietönen sehr warm hervortretend.

Marienglocke: Neben der Christ-Königsglocke wohl die beste Glocke, klanglich voluminös, rund u. voll, in der Resonanz sehr ausgiebig.

St. Josephsglocke: in der Resonanz sehr frisch u. tonlich klar, fülliges Hervortreten der Mollterz.

St. Augustinusglocke: in der Tongebung gut obertönig, hell aber nicht grell, sie ist von silbern warmer Tongebung.

Die Läutewirkung, einzelner Zusammenstellungen, sowie des Gesamtgeläutes wurde in der Nähe und in einer gewissen Entfernung ausgiebig erprobt. Es ist nicht anzuzweifeln, dass dieses Geläute ~~nicht~~ sehr kräftig tragend vom Turme erklingen wird. Die Schlagtonlinie kommt ganz klar und harmonisch zu Gehör. Erprobt wurden unter anderem folgende Zusammenstellungen:

a) I-II-III Te Deum Motiv
b) III-IV-V Gloria Motiv
c) II-III-IV-V ausgefülltes Durmotiv
d) II-III-IV Sekundenmotiv

Mit gebührender Anerkennung für die Leistung der Gemeinde Leipferdingen in der Beschaffung dieses, für eine Landgemeinde großen und sehr repräsentativen Geläutes kann der Abnahme und Auslieferung der Glocken statgegeben werden.
Hoffentlich bleibt dieses sehr gute und herrliche Geläute, welches das vierte Geläute innerhalb eines Jahrhunderts ist, für Generationen seiner gottesdienstlichen Bestimmung erhalten.

Dr. Johannes Maier
Erzbischöflicher Orgel- u. Glockeninspektor

Gutachten vom 13. Januar 1951 für das neue Geläute der ***Pfarrkirche Maria Schutz in München-Pasing*** (Quelle: Archiv der Pfarrkirchenstiftung Maria Schutz München).

Prof.Ludw.Berberich. München-Neubiberg 13.1.51.

Gutachten betreff Pasinger Glocken.

Die neuen Pasinger Glocken habe ich am 12.I. in der Broncegiesserei Grüninger zu Strass bei Neu-Ulm geprüft und lege darüber folgenden Bericht vor. Zunächst das Tonbild:

	Schlagt.	Prim	Terz	Quint	O'okt.	U'okt.	Nachhall i/Sek.	
1)	b^{o} -3	b^{o} -7	des'-2	f' +2	b' -3	B$_{o}$ -3	145	(160)
2)	des'-2	des'-3	fes'-1	as' -2	des''-2	des^{o} -3	125	(130)
3)	es' -3	es' -7	ges'-3	b' -6	es'' -3	es^{o} -3	140	(180)
4)	f' -3	f' -7	as' -4	c'' -1	f'' -3	f^{o} -7	100	(130)
5)	as' -2	as' -6	ces'+2	es''-5	as'' -2	as^{o} -5	80	(90)

Die eingeklammerten Nachhallzeiten sind vom Werk festgestellt im warmen Giessraum. Sie sind durchwegs höher als die Zählungen des unterzeichneten Experten, was tatsächlich an der Raum-Temparatur liegen kann, im Gegensatz zu meiner Prüfung im Freien.
Die beigegebenen Ziffern bedeuten Sechzehntel=Halbtöne.
Es liegt also die Stimmung des Geläutes eine Kleinigkeit unter Normal, etwa so, wie die Kirchenorgel den grössten Teil des Jahres stimmt, im Winter noch etwas tiefer, im Hochsommer um einige Schwingungen höher.
Die Schlagtöne liegen ausgezeichnet auf der gleichen Stimmungslinie. Damit ist das Geläute als absolut rein zu bezeichnen. Es geben sich aber auch die Nebentöne sehr günstig. Vor allem decken sich Prim, Oberoktav und Unteroktav gut mit dem Schlagton. Es sind die Mollterzen eindeutig und klingen bei der b-Glocke und f-Glocke gut und weich zusammen mit der nächst höheren Glocke. Es sind die Quinten fast rein. Wenn die Prim um einige Sechzehntel tiefer als der Schlagton summt, so ist mir diese fast unmerkliche Schwebung nicht unerwünscht. Bei einem reinen Fünfgeläute ergeben sich natürlich mancherlei schöne Motivzusammenstellungen:
So finden sich durch die schon erwähnte Terzdeckung zwei besonders weiche Zweigeläute : b - des und f - as.
An Dreigeläuten sind zu nennen:
Das Te Deum - Motiv: b - des - es. Sehr wuchtig u.majestätisch !
Das Gloria - Motiv: es - f - as
Das Pater noster " : des - es - f
Der Dur-Dreiklang : des - f - as
Der Moll-Dreiklang : b - des - f
Das Präfations-Mot.: b - des - es - f.

Die Gewichte der Glocken: 65 (b) 38 (des) 24 (es) 18 (f) 9 (as) Zentner entsprechen einer leichten bis mittelschweren Rippe. Die ermittelten guten Nachhallzeiten, die Gewichte und vor allem die einwandfreien Stimmungen dürften ein Geläute von wuchtiger Majestät und hinreißendem religiösen Widerhall bei der grossen Pfarrgemeinde Pasing ergeben.
Ich gratuliere !

gez. Berberich.

1/1

Gutachten vom 10. März 1950 für das neue Geläute der *Pfarrkirche St. Martin in Oberrieden*
(Quelle: Archiv der Kirchengemeinde St. Martin Oberrieden).

A m t l i c h e s G u t a c h t e n.

Die Pfarrgemeinde O b e r r i e d e n hat von der Glockengießerei Grüninger in Straß drei Bronce-Glocken erhalten, die der Unterzeichnete in der Gießerei in Straß am 10. Februar 50 geprüft hat. Vorhanden war in Oberrieden noch die kleine Glocke mit dem Schlagton c"+1/8.

1. Der Guß der drei Glocken ist vorzüglich gelungen. Sie präsentieren sich als wahre Kunstwerke, so herrlich sind die Bildwerke und Verzierungen; die Beschriftung ist klar und deutlich.

2. Das Tonbild ist erfreulich. Zwar decken sich Primton und Schlagton nicht völlig, der Primton ist bei allen Glocken etwas tiefer, aber die Differenz liegt innerhalb durchaus erträglicher Grenzen. Die übrige Inneharmonie, wenn wir von den Quinten der as- und b-Glocke absehen, ist sehr gut: sehr schöne Mollterzen und insbesondere schöne Oktaven, die ja für die Qualität des Glockentones von ausschlaggebender Bedeutung sind. Folgende Übersicht gibt Aufschluß über die Tonverhältnisse jeder Glocke, wobei zu beachten ist, dass die Bruchzahlen vom halben Ton gelten:

	Schlagton	Primton	Oberterz	Ob.Quint	Ob.Oktav	Unt.Okt.
1.Glocke	f'+1/16	f'-6/16	as'+1/16	c"+1/16	f"+1/16	f+4/16
2.Glocke	as'+1/16	as'-9/16	ces"+1/16	es"-7/16	as"+1/16	as
3.Glocke	b'+1/16	b'-4/16	des"+1/16	f"-10/16	b"+1/16	b+ 3/16

3. Das Klangbild. Der Schlagton jeder Glocke kommt klar und präcis, ist singend und tragend und ohne Stöße nachhallend; störende Nebenklänge sind nicht vorhanden, die Resonanz ist gesund, der Nachhall gut: für die 1. Glocke 85, für die beiden anderen 80 Sekunden. Die Schlagtöne liegen in einer idealen Ebene, sie stimmen absolut rein zusammen und werden sich auch mit der vorhandenen kleinen Glocke zu einem Geläute voll Wohlklang und sakraler Weihe verbinden.

Dillingen, den 10. März 1950.

Th. Hornung bg. R.

Amtl. Glockensachverstgr.

Gutachten vom 13. September 1950 für das neue Geläute der ***Pfarrkirche St. Urban in Schonach***
(Quelle: Archiv der Kirchengemeinde St. Urban Schonach).

Prof. Franz Stemmer, Freiburg, den 13. Sept.1950

G u t a c h t e n

über das neue Geläute für die Kath. Pfarrkirche in Schonach.

Im Turm der Pfarrkirche zu Schonach ist als Rest des früheren Geläutes noch eine g'-Glocke vorhanden. Laut Vertrag des Kath. Stiftungsrates Schonach mit der Fa. B. Grüninger Söhne in Villingen soll ein Geläute mit folgender Disposition geliefert werden:

c' – es' – f' – g' – b' – c"

Die Prüfung dieses Geläutes fand am heutigen Tage auf dem Gelände der 1. Bad. Landwirtschaftsschau in Freiburg statt und zeitigte folgende Resultate:

I. Klanganalyse:

	1.Glocke	2.Glocke	3.Glocke	5.Glocke	6.Glocke
Schlagton:	c' + 4/16	es'+ 4/16	f' + 4/16	b' + 4/16	c" + 6/16
Prime:	c' – 2/16	es'– 2/16–	f' – 4/16	b' + 2/16	c" – 6/16
Terz:	es'+ 4/16	ges'+4/16–	as'+ 4/16	des"+6/16	es"+ 4/16+
Quinte:	g' + 4/16	b' – 4/16–	c" – 6/16	f" – 4/16	ges" norm.
Oberoktave:	c" + 4/16	es"+ 4/16	f" + 4/16	b" + 4/16	c"'+ 6/16
Unteroktave:	C + 1/16	Es – 6/16	F – 3/16	B – 4/16–	c' – 8/16
Dezime	e" + 1/16	g" – 4/16	a" – 8/16+	d"'norm.	es"'+7/16+
Duo-Dez.:	g" + 4/16	b" + 4/16	c"'+ 4/16+	f"'+ 4/16+	g"' +6/16
Dopp.Okt.:	c"'+ 4/16	Es"'norm.	f"' norm.	./.	./.
Nachhall:	140 Sek.	120 Sek.	100 Sek.	100 Sek.	70 Sek.
Gewicht:	2520 kg	1392 kg	1003 kg	402 kg	260 kg
Durchmesser:	1570 mm	1304 mm	1160 mm	856 mm	760 mm

(Die gemessenen Werte beziehn sich auf Teilwerte eines halben Tones).

II. Beurteilung:

Die musikalische Prüfung des neuen Geläutes ergibt zunächst, daß die Schlagtöne tadellos sitzen. Die auf dem Turme zurückgebliebene g' - Glocke ist um 4/16 Halbtöne erhöht, deshalb mußten auch die Schlagtöne der hinzugegossenen Glocken um 4/16 Halbtöne höher genommen werden. Die Randglocke c" ist im Schlagton um 2/16 Halbtöne erhöht im Vergleich mit den übrigen Glocken. Diese mikrotonische Abweichung nach oben ist bei der kleinsten Glocke nicht unbeliebt.
Die Primen liegen alle etwas tiefer und zwar in vertretbaren Werten. Die Vertiefung der Prim bei der c"-Glocke um 12/16 Halbtöne ist beim Läuten dieser Glocke nicht störend in Erscheinung getreten.
Die Quinten sind ausser bei der Christkönigsglocke ebenfalls etwas vertieft, bei der c"-Glocke ist die Quinte vermindert.
Die Oberoktaven decken sich mit den Schlagtönen, die Unteroktaven tendieren etwas nach unten.
Die Terzen sind klar ausgeprägte Mollterzen, die beim Anschlag deutlich in Erscheinung treten.
Beim Läuten der einzelnen Glocken zeigte sich, daß sämtliche Glocken von grosser Lebendigkeit im Klang sind, sie singen freudig auf und haben, wie die gemessenen Werte dartun, eine grosse Nachhalldauer und kräftige Resonanz. Die Unteroktaven treten besonders kräftig in Erscheinung und bilden das solide Fundament des musikalischen Aufbaus.

Gutachten vom 8. November 1950 für das neue Geläute der *Pfarrkirche St. Johann in Sigmaringen*
(Quelle: Erzbischöfliches Archiv Freiburg B22-1945/14479).

Dr. phil. Joh. Maier
(14 b) Sigmaringen/Hohenzoll.
Josefstraße 22
Erzbischöflicher Orgel- u. Glockeninspektor

den 8.11.1950

G u t a c h t e n
über die neu gegoßenen fünf Rotbronce-Glocken für die katholische Stadtpfarrkirche in S i g m a r i n g e n .

Der Unterzeichnete prüfte am 26.10.1950 in der Glockengießerei von B. G r ü n i n g e r zu Straß bei Neu Ulm fünf Rotbronce Glocken, welche für die katholische Stadtpfarrkirche in Sigmaringen bestimmt sind.
Die fünf Glocken waren in einem Glockenstuhl im Werkhof der Gießerei frei aufgehängt, konnten voll ausgeläutet und daher auch voll bewertet werden.
Der äußere Anblick der Glocken ließ sofort erkennen, dass die bekannte Glockengießerei von B. Grüninger zunächst in der äußeren, kunstvollen Ausstattung dieses Geläutes große Sorgfalt und Mühe angewandt hat. Die sparsamen Glockeninschriften sind bei diesem Geläute in geschmackvoll künstlerisch geformten Buchstaben zwischen zwei Ringen am Fries der Glocken angebracht. Die Entwürfe für diese Schrift stammen von der Hand der Münchener Bildhauerin S t e n g e l . Auch die Flachreliefs, so z.B. das Bild des hl. Meinrad und des hl. Fidelis wurden von Frl. Stengel nach Barockfiguren der Sigmaringer Josephskapelle modeliert. Letztere Reliefs sind im Guß ganz besonders lebendig und fein gelungen. Die Glocken waren blank geputzt und machten äußerlich den Eindruck eines sehr sauberen, sorgfältigst vorbereiteten Gusses. So ist z.B. das Allianzwappen auf der von dem Fürsten Friedrich von Hohenzollern gestifteten Meinradsglocke haarscharf und sauber im Guß herausgekommen. Die fünf Glocken wurden dem hl. Meinrad, dem hl. Fidelis, der Mutter Gottes, dem hl. Geist und dem hl. Joseph geweiht. An der Stiftung der Fidelis-Glocke welche als Gefallenen-Glocke gedacht ist, hat sich die Stadt Sigmaringen mit einem namhaften Betrag beteiligt. Die St. Josephsglocke wurde von Herrn Steuerinspektor Meßmer gestiftet.
Die vier größeren Glocken sind in mittelschwerer Rippe gegoßen. Für die kleinste Glocke, dem hl. Joseph geweiht, wurde die schwere Rippe gewählt, wegen klanglichem Anschluß an die vorhandene Glocke aus dem Jahre 1621, welche von dem ehemaligen Geläute von Levertsweiler erworben wurde.
Mit Präzisionsstimmgabeln wurde die musikalische Prüfung der neuen Glocken durchgeführt und folgende Haupt-und Harmonietöne festgestellt:

	St. Meinrad	St. Fidelis	St. Maria
Gewicht	2.500 kg.	1.600 kg.	1.100 kg.
Durchmesser	1.637 mm.	1.385 mm.	1.220 mm.
Schlagton	B^0 - 3/16+	des' - 4/16	es' - 3/16
Primton	B^0 - 8/16-	des' - 8/16	es' - 4/16
Terz	des' - 2/16+	fes' - 1/16	ges' normal
Quinte	f' + 2/16	as' - 5/16	b' - 6/16
Oberoktav	b' - 3/16+	des''- 4/16	es'' - 3/16
Unteroktav	B + 1/16	Des - 1/16	Es - 3/16

	Hl. Geist	Vorhandene	St. Joseph
Gewicht	600 kg.	520 kg.	400 kg.
Durchmesser	1.005 mm.		848 mm.
Schlagton	ges' - 3/16	as' - 3/16	b' normal
Primton	ges' - 7/16	as' norm.	b' - 4/16
Terz	a' - 1/16	ces'' + 2/16	des'' normal
Quinte	des'' - 2/16	es'' - 10/16	f'' - 7/16
Oberoktav	ges'' - 3/16	as'' - 4/16	b'' normal
Unteroktav	Ges + 2/16	As + 4/16	B - 5/16

NB. die vorhandenen, gemessenen Werte beziehen sich auf Teilwerte eines halben Tones: 4/16 = 1/4 Halbton.

Dr. phil. Joh. Maier
(14 b) Sigmaringen/Hohenzoll.
Josefstraße 22
Erzbischöflicher Orgel- u. Glockeninspektor

den 8.11.1950

Blatt 2

Fortsetzung des Glockengutachtens für Sigmaringen:

Zu dem tonlichen Getroffensein und der Innenharmonie des neuen Sigmaringer Geläutes ist zu bemerken:
Der Neuguß der fünf neuen Glocken wurde von Grüninger an der vorhandenen alten Glocke, gegoßen von Joachim F o l m e r zu Biberach im Jahre 1621, orientiert. Diese Glocke steht in ihrem Schlagton auf "as-3/16". Die Orientierung an dieser alten Glocke zu einer sehr guten Schlagtonharmonie des gesamten Sechsgeläutes ist vorzüglich gelungen. Denn die beim Läuten am vernehmbarsten hervortretende Schlagtonlinie des Gesamtgeläutes lautet nunmehr:

" B^0-3/16, des' - 4/16, es' - 3/16, ges' - 3/16, as' - 3/16, b' normal."

Die St. Josephsglocke steht damit in ihrem Schlagton etwas erhöht, was bei einer Randglocke nach oben sehr gerne gesehen wird. Die genannte Schlagtonlinie kann als ideal getroffen bezeichnet werden und macht sich in der makellosen Harmonie der Läutewirkung des Gesamtgeläutes geltend.
Zu der sonstigen Innenharmonie und Reinstimmung der neuen Glocken für Sigmaringen wäre zu sagen:
Hinsichtlich des Verhältnisses von Schlagton und Primton, welche sich möglichst decken sollen, beobachten wir bei vier Glocken, mit Ausnahme der Marienglocke, gewisse Unterschwebungen der Primen, welche sich allerdings in bescheidenem Ausmaß halten und den Abstand von 4 bis 5/16 Halbton nicht überschreiten. Verunklärend auf den Klang der Glocken wirken diese mäßigen Senkungen der Primtöne nicht. Sämtliche fünf Glocken weisen erfreulich gut getroffene Unteroktaven auf, wobei nicht ins Gewicht fällt, wenn die Unteroktav gegenüber dem Schlagton um ein Paar 1/16 Halbton erhöht oder vertieft steht. Auch die Mollterzen und Quinten stehen im sehr guten Verhältnis zu den jeweiligen Schlagtönen der Glocken. Die ideal ausgeglichenste Innenharmonie weist die Marienglocke auf, was sich auch in einer besonderen Wärme und Fülle der Resonanzwirkung kundgibt.
Nach dreimaligem Klöppelanschlag auf die freihängenden Glocken wurden bis zum Verstummen derselben folgende Zeitdauern des Nachhalls gemessen:

I. Glocke	15o	Sekunden Nachhalldauer,
II. Glocke	115	" "
III. Glocke	1oo	" "
IV. Glocke	85	" "
V. Glocke	75	" " .

Der Fluß der Nachhallwirkung gibt sich bei der I. und bei der II. Glocke zunächst etwas wellig, dann sich beruhigend, bei den übrigen Glocken glattfließend. Diese Vibrationsdauern, besonders bei den größeren Glocken sind als sehr gut zu bezeichnen. Die St. Meinradsglocke kommt auf dem Turme sogar über die Nachhalldauer von 15o Sekunden hinaus.
Hinsichtlich der Resonanz, d.h. dem harmonischen Aufklingen aller Haupt- und Harmonietöne handelt es sich bei diesem Grüninger'schen Neuguß für die Sigmaringer Stadtpfarrkirche um in ihrer Resonanz sehr lebhaft aufsingende bestens tragfähige Bronceglocken, deren Klang weithin gut trägt. Das füllige Hervortreten vor allem der Mollterzen und der Unteroktaven, wie bei der Meinradsglocke, sichert dem runden Tonvolumen eine entsprechende milde Wärme. Der Guß kann als eine Qualitätsleistung der bekannten Glockengießerei von B. G r ü n i n g e r zu Villingen/Neu Ulm gewertet werden.
Über das Ergebnis der Turmprüfung ist zu berichten:
Das Sechsgeläute mit dem Motiv des Idealsextets wurde erstmals am 4.11.1950 um 17 Uhr zum Einläuten des Sonntags voll auf dem Turme aus-

Dr. phil. Joh. Maier
(14b) Sigmaringen/Hohenzoll.
Josefstraße 22
Erzbischöflicher Orgel- u. Glockeninspektor

den 8.11.1950

Blatt 3

Fortsetzung des Glockengutachtens für Sigmaringen :

geläutet. Die Überprüfung der Turmwirkung bestätigte die sehr guten Ergebnisse der Werkprüfung. Vor allem klingt das Sechsgeläute ausserordentlich harmonisch ohne jede Trübung des harmonischen Zusammenklangs durch irgendeine Glocke. Die alte "as'-Glocke" gliedert sich bestens in das Gesamtgeläute ein. Die St. Meinradsglocke fundamentiert das Geläute ausgezeichnet. Mit einem regen und warmen Austrahlen vor allem ihres Unteroktavbereichs kommt diese Grundglocke bestens zur Geltung. Die lebhafte Resonanz auch der übrigen Glocken, vor allem der Marienglocke macht sich geltend in einem lebhaft hervorquellenden harmonischen Tongewoge aus dem Turm, welches seine Harmonien über die Dächer und Straßen der Stadt ergießt.
Die Montage der Glocken ist einwandfrei erfolgt, auch das Schlagwerk ist nunmehr in Ordnung gebracht.
Die Freude über das so gut gelungene Geläute ist bei der gesamten Bevölkerung eine aufrichtig große.
Mit diesem " B – Geläute " bekam die Sigmaringer Stadtpfarrkirche das bis jetzt größte und tiefste Geläute Hohenzollerns.
Die Beschaffung in mittelschwerer Rippe ermöglichte es ohne höheren Kostenaufwand in der Geläutedisposition um einen Ganzton tifer zurücken wie bei dem früheren im II. Weltkrieg abgelieferten Geläute, welches ebenfalls in der Glockengießerei von B. Grüninger hergestellt war. Die mittlere Rippe hat hier besonders bei den tieferen Glocken keineswegs enttäuscht. Ein Mehr an Sättigung und Wärme des Tons, wie die Marienglocke kündet, wird auch in der schweren Rippe bei dieser Glocke kaum geboten.
Das Geläute läßt eine Anzahl sehr wirkungsvoller Läutecombinationen zu, welche bereits im einzelnen ausprobiert und von Hochwürden Herrn Stadtpfarrer M a i e r in einer Läuteordnung festgelegt worden sind.
Dank dem Opfersinn hochherziger Stifter und der opferbereiten Mithilfe der Pfarrangehörigen besitzt die Stadtpfarrkirche in Sigmaringen nunmehr wieder ein überaus repräsentatives, sehr harmonisches, sehr warmes und hochfeierliches Sechsgeläute über das sogenannte Idealmotiv, welches hoffentlich für viele Generationen seiner gottesdienstlichen Aufgabe erhalten bleibt.
Der Abnahme des qualitätvollen Geläutes steht durchaus nichts im Wege. Der Gießerfirma von B. G r ü n i n g e r ist sowohl für die äußere liebevole und kunstvolle Ausstattung der Glocken, als auch für die sehr gute klangliche Qualität besondere Anerkennung zu zollen.

Dr. Joh. Maier
Erzbischöflicher Orgel- u. Glockeninspektor

Gutachten vom 20. August 1951 für das neue Geläute der ***Pfarrkirche St. Remigius in Stafflangen*** (Quelle: Diözesanarchiv Rottenburg G 1.3 Stafflangen F 5).

G l o c k e n g u t a c h t e n

für

Gemeinde: S t a f f l a n g e n , Württ.
Glockengießerei: B. Grüninger, Straß/Neu-Ulm
Töne: es' f' g'
Gewicht: 1400 kg 1000 kg 700 kg (Einsatzgewicht)
Durch=
messer: 1305 mm 1160 mm 1018 mm
Rippe: Grüninger Rippe, schwer. Metall: Zinnbronze

Äußeres Bild: Die Glocken zeigen glatte Flächen; die es'-Glocke und die f'-Glocke mit kleinen rauhen Stellen; Relief: Hl.Drei=faltigkeit - Mutter Gottes mit Jesukind - Bischofsbild plastisch klar, ebenso die breiten Zierkränze, die von Bildern aus der Lei=densgeschichte Jesu, dem Marienleben und den Symbolen der 4 Evan=gelisten unterbrochen sind, nicht alle gleichwertig. Im ganzen repräsentiert sich das Dreigeläute als ein Werk guter Technik.

Ton-Analyse:	I. Glocke	II. Glocke	III. Glocke
Schlagton:	es'+ 1/16	f'+ 1/16	g'+ 3/16
Primton:	es'- 5	f'- 4	g'- 3
Terz:	ges' n+	as'+ 2	b'+ 4
Quinte:	b'+ 6	c"+ 1	d"+ 1
Oberoktave:	es"+ 2	f"+ 1	g"+ 3
Dezime:	g"+ 4	a" n	h" - 2-
Duodezime:	b"+ 3	c"'+ 1	d"'+ 3
Doppeloktav:	es"'+ 10	f"'+ 4	g"'+ 1
Unteroktav:	es^{0}- 1	f^{0}+ 2	g^{0}+ 4
Nachhall: Terz/Unterokt.	ca 24/120	17/110	16/90

Die Schlagtonlinie ist geradlienig mit betonter Großterz es-g, Ober= und Unteroktaven für das Ohr im guten Oktavverhältnis. Die nach unten ziehenden Primtöne machen sich beim Einzelläuten etwas bemerkbar bei der tiefsten Glocke und konstant im Vibrationsver=lauf bei der f-Glocke. Die wichtigen Terzteiltöne liegen als reine Mollterzen ausgezeichnet und gehen in der Oktavierung in der Dezi=me eindeutig in den Durterzbereich.Die Reaktion der Teiltöne war bei allen Glocken lebhaft und kräftig.

1/2

Klanggebung: Die es'-Glocke gab bei der provisorischen Prüfung auf dem Werkgelände einen durch Unterton und Terz dynamisch gut modierten Vollton, dessen Rundung beim Läuten vom Turm eine Steigerung verträgt, Schlagtondauer gerade ausreichend. In Klangfarbe ernst und würdig.

Die f'-Glocke kommt mit füllig, warmem Ton, fast überbetont durch den Unterton (im Mehrklang nicht mehr aufdringlich) mit sehr bestimmter Aussage, doch freundlichen Charakters.

Die g'-Glocke klingtvolltönig, etwas streng, klar im Schlagton mit guten Resonanzverhältnissen, irgendeines Teiltones Intensität färbt den Klang leicht näselnd; sie gibt im Zusammenklang mit der es'-Glocke und deren Mollterz eine gewisse Würze der Klangwirkung.

Im Zusammenklang von 2 und 3 Glocken sind die Melodieschritte harmonisch klar, die Tonqualitäten von I und II zu einander passend, II allerdings in Führung der Klangwirkung liegend; die Koppelung II mit III nimmt der g'-Glocke die leichte Strenge des Einzelklanges. Beim Ertönen aller drei Glocken gibt die es'-Glocke genügend Fundament für den guten, würdigen und wohltönenden Terzklang in zwei klangcharakteristisch differenzierten Ganztonschritten.

Der Nachhall war nach der üblichen Unruheperiode bei der I. und III. Glocke ruhig, bei II blieb er wellig.

Die Prüfung, von der Gießerfirma als Werkprüfung erbeten, wurde am 31.5.1951 in Straß vorgenommen.

Augsburg, den 20. August 1951

Karl Gloning

Chorregent
Glockensachverständiger

Gutachten vom 21. Juni 1949 für das neue Geläute der ***Pfarrkirche Mariä Himmelfahrt in Thannhausen***
(Quelle: Archiv J. Schultheiß).

GUTACHTEN

Betreff: GLOCKEN VON THANNHAUSEN/SCHW.

Die Gemeinde Thannhausen hat ein neues Geläute des' - es' - f' - as' durch die Glockenfirma B. Grüninger Söhne K. G. Neu-Ulm anfertigen lassen, dessen tonliche Prüfung am 13. 6. 1949 und Läuteklang-Prüfung der Unterfertigte am 25. 6. 1949 vorgenommen hat. Das Ergebnis ist folgendes:

TONBILD

	Schlagton	Primton	Terz	Quinte	Oberoktav	Unteroktav
I	des' - 8/16	des' - 10/16	e' - 7/16	as' - 10/16	des'' - 8/16	des - 6/16
II	es' - 7/16	es' - 8/16	ges' - 5/16	a' - 5/16	es'' - 8/16	es - 12/16
III	f' - 8/16	f' - 10/16	as' - 3/16	h' + 3/16	f'' - 7/16	f - 4/16
IV	as' - 8/16	as' - 9/16	h' - 7/16	d'' - 1/16	as'' - 7/16	as - 9/16

Dieses Tonbild ist ein sehr erfreuliches; denn die Schlagtöne aller 4 Glocken liegen auf gerader Stimmungslinie, decken sich bei II und IV ganz, bei I und III fast mit dem Primton ganz vorzüglich ist das Verhältnis der Oberoktaven sowohl in ihrer absoluten Reinheit zu den Schlagtönen jeder einzelnen Glocke unter sich wie im Gesamtverhältnis der 4 Glocken zueinander. Die Terzen, so wichtig für den Charakter der Glocke zeigen ebenfalls eine gute konstante Linie der Tonhöhe; während die Unteroktaven weder zu weit noch zu eng ertönen. Das ist Kunst, die man der Gießerfirma mit freudiger Genugtuung zuerkennt und als Folge gewissenhafter Verwendung besten Materials von Kupfer und Zinn allein buchen kann. Dementsprechend sind die Intervallverhältnisse absolut rein; der Nachhall der einzelnen Glockentöne hervorragend, nämlich ca. 170 - 135 - 155 - 120. Das Äußere der Glocken ist dem Kenner eine Augenweide, glatt die Oberflächen, klar und sauber Verzierung und Beschriftung, ein Beweis bester Technik des Herstellers.

KLANGBILD

IV erklingt mit weichem, glatt fließendem Ton, der in Verbindung mit einer Schwesterglocke voller wird denn als Einzelklang.

III mit vollem, rundem, schön geschlossenem Ton kommt die F-Glocke in würdevoller Ruhe.

II ist klanglich die herrlichste, klar, voll, kraftvoll gebändigt.

I steht ebenbürtig zur Seite mit besonders lang hallendem Schlagton, ernst und doch weich und bestimmt. Wenn man sie als Einzelglocke hört, möchte man fast wünschen, sie sollt noch mächtiger tönen; das ist aber nur eine Täuschung des Hörers, sie klingt nämlich i Verbindung mit anderen Glocken oder gar im Plenum als unerschütterliches Fundament mi solch überzeugender Kraft, Schönheit und Wohlklang, daß man an den Orgelklang eine gut mensurierten Subbasses denkt. Eine freudige Überraschung!

Es ist ferner anzuerkennen das geordnete Stärkeverhältnis im Erklingen der Teiltöne, de Terzen und Unteroktaven; jeder ist da und keiner drängt sich vor (bei IV nur die Unter oktav, was aber dem Glockenton dieser Glocke gut tut); darum auch die disziplinierte Klangwirkung beim Läuten mehrerer Glocken.

IV/III	eine klare Terz voll Wohllaut und Milde
III/II	ein prächtig klingender, feierlicher Ganzton
II/I	ein Ganzton, der an Ernst und Wucht zunimmt.
II/III/IV	ein harmonisch reines Gloria-Motiv in erhabenem Glanz
I/III/IV	ein voller prächtiger Dur-Dreiklang von Kraft und Jubel
III/II/I	die 2 Ganztöne nacheinander von solcher Wucht, Kraft und dabei edlem Klang daß man meinen könnte, doppelt soviel Glocken ertönen. Steht dem Plenum nich nach an Kraft und Feierlichkeit.
I/II/III/IV	Aller Liebreiz des Einzelklanges der Glocken vereinigt sich zu mächtiger Tonfülle zu einem harmonischen wie melodischen Klang von herrlichster Wirkung. Dem ver wöhntesten musikalischen Ohr ein Genuß!

Leider ist die im Turm vorhandene b'-Glocke etwas über Normalstimmung. Da ein ver träglicher Anschluß nicht gefordert war, ist zu wünschen, daß die b'-Glocke der Stimmung angepaßt wird. Sie klingt im Plenum als enge kleine Septime, zu f'-as' als verminderte Dreiklang, zu f'-es'-as' sogar ziemlich brauchbar, jedoch nicht verwendbar zum leeren Drei klang des f-as- als Sexte. Das Beste wäre allerdings eine Neuanschaffung um der Gleichhei des Klangcharakters, des ganzen herrlichen Geläutes wegen.

Der Gemeinde Thannhausen gebührt hohe Anerkennung und Glückwunsch, daß sie ei edles Bronce-Geläute erworben hat und die Kosten nicht gescheut hat für Edelgut.

Der Firma Grüninger Dank und Anerkennung für meisterhafte Ausführung sowohl nach technischer Seite wie nach Ton- und Klangbild.

Augsburg, den 21. Juni 1949

K. GLONING

amtl. Glockensachverständige

Gutachten vom 28. Februar 1951 für das neue Geläute der ***Pfarrkirche St. Pelagius in Weitnau***
(Quelle: Archiv der Kirchengemeinde St. Pelagius Weitnau).

ABLAGE-ZIFF. 58 ......

Paul Kuen
Musikdirektor
amtl. Glockenexperte
Sulzberg (Allgäu)
Postscheckkto. München 33201

Sulzberg, den

A m t l i c h e s G u t a c h t e n.

Der Unterzeichnete prüfte am 27.2.51 in der Glockengiesserei Benjamin Grüninger=Strass fünf Bronzeglocken, bestimmt für die kathol. Pfarrei W e i t n a u (Kempten, Allgäu) Es ergab sich:

Nach der technischen Seite sind die Glocken tadellos im Guss, die Jnschriften und Bilder heben sich plastisch und sauber ab. Schon das Äussere der Glocken beweist die Meisterhand des Giessers.

Die akustische Prüfung wurde vermittelst der Präzisionsstimmgabeln vorgenommen, wobei bemerkt wird, dass die angegebenen Bruchteile vom Halbton zu berechnen sind.

Glocke 1) Gott zu Ehr und Preis. (Hl. Pelagius)

Schlagton	H (o)
Primton	H-3/8
Terz	d'1/16
Quinte	fis'-7/16
Oberton	h'(o)
Dezime	dis"-4/16
Duodezime	fis"(o)
Unterton	H-5/16

Eine prächtige Glocke mit einem sonoren, runden, weichen tragenden Vollton und einem glatt fliessenden Nachhall von 19o Sekunden

Glocke 2) Die Pfarrkirchengemeinde Weitnau ihren in den beiden Weltkriegen Gefallenen. Gestiftet von der Pfarrkirchengemeinde Weitnau. (St. Ulrich)

Schlagton	dis'(o)
Primton	dis'-1/8
Terz	fis'1/8
Quinte	ais'7/8
Oberton	dis"(o)
Dezime	fis"3/4
Duodezime	ais"(o)
Unterton	dis(o)

Ebenfalls eine ausgezeichnete Glocke mit einem angenehmen, sympathischen, runden Vollton und einem anfangs leicht stossenden, dann aber glatt fliessenden Nachhall von 16o Sekunden.

Glocke 3)

Schlagton	fis'(o)
Primton	fis'-1/4
Terz	a'(o)
Quinte	cis"-1/16
Oberton	fis"-1/16
Unterton	fis-5/16
Duodezime	cis"-1/16

Eine sehr gut gelungene Glocke mit einem vollen, runden, weichen Ton und einem stossfreien Nachhall von 145 Sekunden (Ave Maria gratia plena)

Glocke 4) Auf zu Gottes Thron dringt mein heiliger Ton. (St.Martin

Schlagton	gis'(o)
Primton	gis'-5/16
Terz	h'1/16
Quinte	dis"(o)
Oberton	gis"(o)
Unterton	gis(o)

tt (Gutachten Weitnau)

Eine sehr gut gelungene Glocke mit einem runden,weichen, schönen einem glatt fliessenden Nachhall von loo Sekunden

Glocke 5)Mein Glockenklang ist Grabgesang.(St. Sebastian)

Schlagton h'(o)
Primton h'-3/16
Terz d"1/16
Quinte f"-1/16
Oberton h"(o)
Unterton H-3/4

Auch diese kleinste Glocke ist vorzüglich gelungen:schöner,weicher Ton, Nachhall glatt, 9o Sekunden

Das Gesamtbild der Schlagtöne:

H(o) dis'(o) fis'(o) gis'(o) h'(o)

ergibt eine ideale Geradlinigkeit der Stimmung wie man sie in dieser Vollkommenheit nur ganz selten antrifft.Bei einem mehrstimmigen Geläute ist aber die richtige Lage der Schlagtöne entscheidend..Die Jnnenharmonie der Glocken muss im Grossen ganzen als sehr gut bezeichnet werden.Schlag= und Primton stehen - von kleinen Divergenzen abgesehen-auf der gleichen Ton=stufe.Klare Mollterzen prägen den Harmoniecharakter deutlich aus.Quinten u. Oberoktaven schliessen sich gleichmässig an und die prächtigen Unterokta=ven runden in schönem Einklang zu den Schlagtönen jedes Klangbild'Einige Aussenseiter der Jnnenharmonie,wie die Quinte der 5 oderder Unterton der gleichen Glocke beeinträchtigen das schöne Klangbild der Glocke in keiner Weise.

Das Probeläuten bestätigte das günstige Ergebnis der Einzelprüfung voll und ganz.Die Jntervallverhältnisse zwischen den einzelnen Glocken gestalten sich in ihren Kombinationen folgendermassen:

Glocken 1 und 2 eine ausgezeichnete Grosse Terz.Eine Terztrübung zwi=der Mollterz der 1 und dem Schlagton der 2 konnte nicht nach=gewiesen werden.

Glocken 2 und 3,auch 4 und 5 prächtige Kleinterzen
3 4 ein entschiedener Ganzton
1 2 3,auch 2 3 5 reines H=Dur
1 2 3 4 ein ausgezeichnetes,absolut reines Salve Regina=Motiv
5 3 2 1 das schöne Parsifal=Motiv,absolut rein

Auch die übrigen Kombinationen erklangen in vollster Reinheit,so das Te Deum=Motiv(dis' fis' gis') das Gloria=Motiv fis' gis' h',der Quartsextaccord4 dis' gis' h' usw.

Das Plenum fasst in seinem melodisch und rhythmisch wechselvollen Chor Kraft und Glanz,Klarheit und Fülle,Wärme und Rundung zu einem tief ergrei=fenden und schwungvoll erhebenden Jubelhymnus zusammen.

Die neuen Glocken sind in jeder Beziehung vortrefflich gelunge=ne Meisterwerke,die der Firma Grüninger zu neuer Ehr,der Pfarrei Weitnau aber zu dauernder Freude gereichen werden.Jch gratuliere von Herzen!

Sulzberg den 28. Februar 1951

Paul Kuen,
Musikdirektor,
amtlicher Glockenexperte im Bistum Augsburg

2/2

3. Weißbronzegeläute

Gutachten für das neue Geläute der ***Pfarrkirche St. Martin in Fischbachau*** (Quelle: Archiv J. Schultheiß).

Prüfungs-Ergebnis

DER GLOCKEN
FÜR DIE KATHOLISCHE PFARRKIRCHE
FISCHBACHAU-SCHLIERSEE

In meiner Eigenschaft als amtlicher Glockensachverständiger und Vertrauensmann des Landesamtes für Denkmalpflege München, wurde ich von der Kath. Kirchengemeinde Fischbachau beauftragt, die von der Firma B. Grüninger Söhne K.G., Villingen-Neu-Ulm in ihrem Werke Straß gegossenen Glocken in Weißbronce zu prüfen.

Die 4 Glocken sind in einem Guß bestens gelungen. Sie zeigen eine sehr saubere gießtechnische Ausführung mit schlichten, aber wirkungsvollen Inschriften und Bildern. Die Glocken präsentieren sich im Rohguß und zeigten keinerlei Nacharbeit. Die Prüfung dauerte volle 2 Stunden.

Die Tonanalyse aller 4 Glocken ergibt folgendes Bild:

Glocke dis': Durchmesser 1285 mm, Gewicht 1100 kg.

Primton	dis' 1/8
Terz	fis'
Quinte	a'
O-Oktav	dis" - 1/16
U-Oktav	dis^{0} 1/16

Glocke fis': Durchmesser 1070 mm, Gewicht 600 kg.

Primton	fis'
Terz	ais'
Quinte	cis" 1/16
O-Oktav	fis" 1/4
U-Oktav	fis^{0} 1/16

Glocke gis': Durchmesser 954 mm, Gewicht 400 kg.

Primton	gis'
Terz	h' 1/8
Quinte	dis" 1/8
O-Oktav	gis"
U-Oktav	gis^{0}

Glocke h': Durchmesser 795 mm, Gewicht 250 kg.

Primton	h'
Terz	dis" 1/16
Quinte	fis"
O-Oktav	h"
U-Oktav	h^{0} 1/16

Zusammenfassend kann gesagt werden, daß die 4 Glocken prächtig gelungen sind und sich als Beweis für die Leistungsfähigkeit dieser bald vierhundert Jahre alten Glockengießerdynastie zeigen. Die ausgezeichnete Treffsicherheit sowohl der Schlagtöne als auch sämtlicher Intervalltöne muß besonders hervorgehoben werden. Die prächtig sitzenden Unteroktaven erteilen eine Fülle, wie sie nur erstklassige Glocken zeigen können.

Mit einer gewissen Skepsis habe ich mich dieses Auftrages angenommen da mir zu sehr die Versuche mit Ersatz-Metallen und ihren unliebsamen Erscheinungen bekannt sind. Umso erstaunter war ich nach Prüfung dieses Geläutes, daß die Firma Grüninger in einem neuen, ihr patentierten Metalle ein Meisterwerk geschaffen hat, wie ich es besser nicht erhoffen und wünschen kann. Es scheint mir nach den bisher gemachten Erfahrungen, daß zur Erzielung solcher Resultate einzig eine auf Jahrhunderte alte Entwicklung fußende Rippe und die entprechenden technischen und metallkundlichen Kenntnisse Voraussetzung sind.

Die katholische Kirchengemeinde Fischbachau darf ich zu ihrem Entschlusse der Anschaffung dieses Geläutes in Weißbronce nur beglückwünschen.

gez. FRANZ XAVER KOTTMAIER

Amtl. anerkannter Glockensachverständiger
Vertrauensmann des Landesamtes für Denkmalpflege in München

W. Todt, Buchdruckerei, Villingen

Gutachten vom 16. November 1948 für das neue Geläute der ***Kirche St. Sebastian in Gauaschach*** (Quelle: Archiv J. Schultheiß).

Dr. JOH. MAYER
SIGMARINGEN
Josefstraße 22

Sigmaringen, den 16. November 1948

Gutachten

ÜBER DAS VON DER GLOCKENGIESSEREI B. GRÜNINGER SÖHNE GEGOSSENE GELÄUTE FÜR DIE KATH. PFARRKIRCHE IN GAUASCHACH

Unterzeichneter hat auf Wunsch der Glockengießerei Grüninger das neue Geläute für die kath. Pfarrkirche in Gauaschach am 11. 11. 48 in dem Werk Straß bei Neu-Ulm einer eingehenden Prüfung unterzogen und ist zu folgendem Resultat gelangt:

Es handelt sich um drei Glocken in Weißbronce mit mittelschwerer Rippe zu 1100, 600 und 400 kg, mit den Tönen es, ges und as. Die Glocken sind in Guß und Form bestens gelungen und weisen stilvolle, gut verwachsene Originaldekoration mit sparsamen Inschriften und gut gelungenen Flachreliefs auf. Die genaue Prüfung an Hand von Präzisionsstimmgabeln ergab folgendes Bild:

Grundglocke es, Gewicht 1100 kg, Schlagton: es normal, Prim: es normal, Terz: ges - 1/8, Quinte: a - 1/4, Oberoktave: es - 1/4, Unteroktave es - 1/4.

In Worten ausgedrückt: Die Grundglocke bringt in seltener idealer Übereinstimmung von Prim und Schlagton klar und deutlich ein absolut reines es, die Mollterz ges ist um eine Idee, einen Achtelhalbton niedriger, als Quint gibt die Glocke, wie dies bei den besten Glocken sehr häufig, die verminderte Quint, Ober- und Unteroktav stehen beide um einen Viertelhalbton niedriger als es normal.

Zweite Glocke ges zu 600 kg, Prim: ges 1/4, Schlagton ebenso, Terz: b normal Quinte: des 1/4, Oberoktav: ges 1/4, Unteroktav: ges 1/2.

In Worten ausgedrückt: Prim und Schlagton decken sich wiederum mit dem um ein Viertelhalbton erhöhten ges, der Ton b normal bringt die reine Mollterz, auch die Quinte ist absolut rein im Verhältnis zu Schlagton und Prim, ebenso die Oberoktav, die Unteroktav ges 1/2 steht um einen Viertelhalbton niedriger als Schlagton und Prim.

Dritte Glocke as, 400 kg. Prim: as 1/4, Schlagton: as 1/4, Terz: c - 1/2, Quinte: es - 1/4, Oberoktav: as 1/4, Unteroktav as 1/4.

In Worten ausgedrückt: Prim und Schlagton decken sich mit dem um ein Viertelhalbton erhöhten as, dazu in idealer Harmonie gleichlautend Oberoktav und Unteroktav. Die Mollterz ist um eine Idee erhöht und die Quint um einen Viertelhalbton vermindert.

Zusammenfassung: Wir hatten bei der Werkprüfung von diesem für Gauaschach gegossenen Geläute einen ganz besonders günstigen Eindruck eines Mollgeläutes von prachtvoller Fülle der Resonanz und einer Einzelabstimmung der Glocken in sich von

1/2

verblüffender Harmonie. Es erscheint auch für den fein differenzierten Glockenguß immerhin als eine Seltenheit, daß z. B. Prim, Schlagton, Oberoktav und Unteroktav in absoluter Harmonie sich decken oder nur um geringste Bruchteile von Halbtönen von einander abweichen. Gerade die Grundglocke erschien mir als eine prachtvolle es-Glocke mit herrlich rundem sonorem Vollton und majestätischem Nachhall, bei dem die Unteroktav immer noch deutlich hervortritt.

Zusammen angeschlagen offenbaren diese drei bestgelungenen Weißbronceglocken eine Glockenmusik von vorzüglicher Reinstimmung ohne Schwebungen und Trübungen, daß wir dieses Geläute für Gauaschach als eine meisterliche Leistung der Glockengießerei Grüninger ansprechen müssen. Die klare Ausstrahlung der in den Glocken eingegossenen Haupttöne und natürlichen Ober- und Untertönen zeigt auch bei diesem Geläute, daß man einem Mollgeläute den Vorzug geben sollte vor einem Geläute mit einem Durmotiv. Von einer Fixierung der ausgezeichneten Nachhalldauer wurde abgesehen, weil die Glocken ja nur beim Läuten auf dem Turme die vollen Nachhallwerte offenbaren.

Dr. JOHANNES MAIER
Chordirektor und Erzbischöflicher Orgel- und Glockeninspektor.

2/2

Gutachten vom 10. Dezember 1948 für das neue Geläute der ***Pfarrkirche St. Johannes in Mehlmeisel*** (Quelle: Archiv J. Schultheiß).

Paul Kuen
Musikdirektor / Amtl. Glockenexperte
Sulzberg bei Kempten/Allg.

Sulzberg, den 10. Dezember 1948.

Amtliches Gutachten

über das von der Fa. Benjamin Grüninger, Straß bei Neu-Ulm, für die Pfarrkirche in Mehlmeisel (Fichtelgebirge) gelieferte Dreigeläute.

Der Unterzeichnete prüfte am 7. 12. 1948 in der Glockengießerei B. Grüninger ein Dreigeläute, bestimmt für die Pfarrkirche Mehlmaisel. — Die Prüfung ergab: Alle 3 Glocken sind in Guß und Form sehr gut gelungen. Inschriften und Bilder sind scharf herausgegossen. Schon in ihrem Äußeren machen die Glocken einen vorzüglichen Eindruck (Weißbronze).

Die vermittels der Edelmannschen Präzisionsstimmgabeln vorgenommene Tonprüfung hatte folgendes Resultat:

Glocke I:			Glocke II:			Glocke III:		
Schlagton	fis'	1/2	Schlagton	ais'	1/8	Schlagton	cis''	1/4
Primton	fis'	5/16	Primton	ais'	1/2	Primton	cis''	1/8
Terz	a'	5/8	Terz	cis''	1/4	Terz	e''	3/8
Quinte	cis''	1/8	Quinte	e''	1/4	Quinte	g''	5/8
Oberton	fis''	1/2	Oberton	ais''	1/8	Oberton	cis''	1/4
Unterton	fis	3/8	Unterton	ais''	5/16	Unterton	cis'	1/4

Glocke I: Eine sehr schöne Glocke mit einem runden, weichen Vollton und einem glattfließenden Nachhall von 60 Sekunden.

Glocke II: Ebenfalls eine prächtige Glocke mit einem sehr angenehmen, weichen Vollton und einem absolut stoßfreien Nachhall von 55 Sekunden.

Glocke III: Eine sehr gute Glocke mit einem runden, weichen, sympatischen Ton und einem glatten Nachhall von 47Sekunden.

Das Gesamtbild der Schlagtöne

fis' 1/2 / ais' 1/8 / cis'' 1/4

ergibt eine fast absolute Gradlinigkeit der Stimmung. Die Töne liegen gleichmäßig etwas über der normalen Stimmung. Die minimalen Abstände von 1/8 Halbton sind praktisch nicht fühlbar. Der Primton liegt bei Glocke III etwas unter dem Schlagton, auch bei I und II ist dies der Fall, aber in so geringem Maße, daß dies kaum erwähnenswert ist. Der Schlagton kommt bei allen Glocken mit äußerster Bestimmtheit zum Ausdruck und das ist die Hauptsache.

Die schönen Moll-Terzen geben den Glocken ein weiches Gepräge. Die Moll-Terz der II. deckt sich mit dem Schlagton der III., in fast absoluter Reinheit decken sich auch die Quinte der II. mit der Terz der III., was eine äußerst wertvolle Steigerung und Bereicherung der Klangfülle bewirkt.

Die Stimmungsverhältnisse zwischen einzelnen Glocken gestalten sich in ihren Kombinationen folgendermaßen:

Glocken I und II eine absolute, reine Großterz,
II und III eine klangschöne, weiche Kleinterz,
I und III eine absolut reine, sehr schöne Quinte.

Das Plenum — der fis-Dur-Dreiklang — ist von sehr guter Wirkung. Die Terztrübung zwischen der Terz der I und dem Schlagton der II tritt praktisch nicht in Erscheinung. So kann im ganzen gesagt werden, daß es sich um ein sehr schönes, einwandfreies, klangvolles Dreigeläute handelt, zu dem man der Pfarrei herzlich gratulieren kann. Herrn Grüninger spreche ich meine vollste Anerkennung für seine vorzügliche Leistung aus.

Paul Kuen
Amtlicher Glockenexperte

W.Todt, Buchdruckerei, Villingen

Gutachten vom 16. Januar 1949 für das neue Geläute der ***Pfarrkirche St. Dionysius in Oberfahlheim***
(Quelle: Archiv J. Schultheiß).

Abschrift

Amtliches Gutachten

Die Firma Grüninger in Straß hat für die Pfarrgemeinde Oberfahlheim drei Glocken gegossen, die der Unterzeichnete am 21. Dezember 1948 geprüft hat.

Der Guß ist Weißbronze, die für die Firma Grüninger patentiert ist, über deren Zusammensetzung Aufschluß nicht zu erhalten war; so viel steht aber fest, daß die Legierung Kupfer nicht enthält. Die Glocken waren bei der Prüfung noch nicht völlig geputzt, aber es ließ sich so viel erkennen, daß der Guß sauber und rein ist und die Inschriften klar und deutlich sind.

In musikalischer Hinsicht befriedigen die Glocken in jeder Weise. Primton und Schlagton decken sich fast ganz, der Schlagton kommt klar und präcis und ohne Stöße nachhallend. Der Nachhall ist, wenn auch nicht so groß wie bei Rotbronze-Glocken, doch vollgenügend. **Gut sind auch die für die Qualität des Glockentones so wichtigen Unteroktaven.** Über die Tonverhältnisse jeder Glocke gibt die folgende Übersicht Aufschluß, wobei zu beachten ist, daß die Bruchzahlen vom halben Ton nach Aufwärts gelten.

	Schlagton	Primton	Obere Terz	Obere Quint	Obere Oktav	Untere Oktav
1. Glocke	fis' 1/8	fis'	a'	c'' 1/4	fis'' 1/8	fis -3/4
2. Glocke	a'	a' -1/16	c' 1/8	es'' -1/16	a'' 1/4	a -1/2
3. Glocke	h' -1/16	h' -1/8	d'' -1/4	f'' -1/2	h'' -1/16	h -3/4

Die Schlagtöne stehen also zu einander in einem Tonverhältnis, das als vollkommen bezeichnet werden muß. **Das Geläute wird auf dem Turm von imponierender Wirkung sein.**

Villingen, den 16. Januar 1949

gez. TH. HORNUNG
Amtl. Glockensachverständiger

W. Todt, Buchdruckerei, Villingen

DIE GLOCKENABLIEFERUNGEN IN DEN BEIDEN WELTKRIEGEN

Die Glockengießerei Grüninger teilt das Schicksal aller Glockengießereien. Von den im Laufe der Jahrhunderte bis zu den beiden Weltkriegen gegossenen Glocken sind nur noch wenige vorhanden. Die meisten Glocken, die heute von unseren Kirchtürmen läuten, wurden nach dem Zweiten Weltkrieg angeschafft. So wurde auch der weitaus größte Teil der heute noch vorhandenen Grüninger-Glocken in der kurzen Zeitspanne zwischen 1948 und 1951 gegossen, in welcher der Unternehmen in Straß bei Neu-Ulm produzierte.

Der Untergang unzähliger großer und bedeutender Geläute hat seine Ursache im großen Glockensterben der beiden Weltkriege. Glocken galten in beiden Kriegen wegen ihres kostbaren Metalls (Bronze) als kriegswichtiges Material.

Im Ersten Weltkrieg wurden die Glocken zuerst freiwillig (1916/17) und dann zwangsweise (1917/18) eingezogen. Sie wurden damals in verschiedene Kategorien eingeteilt. In Kategorie A kamen nach 1860 gegossene Glocken, sofern sie nicht als besonders wertvoll oder historisch bedeutend eingestuft wurden. Glocken mit mäßigem wissenschaftlichem, künstlerischem oder historischem Wert wurden in Kategorie B eingruppiert. Nur besonders künstlerisch oder wissenschaftlich bedeutende Glocken kamen in Klasse C. Die in die Gruppen B und C eingestuften Glocken waren weitgehend von der Ablieferung zurückgestellt, die in A eingeteilten Glocken mussten zum großen Teil abgeliefert werden. Nach Schätzungen wurden im Ersten Weltkrieg allein in Deutschland etwa 65.000 Glocken eingeschmolzen, insgesamt rd. 44 % des Bestandes. Glocken mit Gussjahr vor 1860 wurden weitgehend verschont.

Nachdem vorwiegend ab den 1920er-Jahren viele Gemeinden wieder neue Glocken beschafft hatten, wurden diese nur wenige Jahre später wieder Opfer der staatlichen Beschlagnahmung. Die nationalsozialistische Verwaltung gruppierte die Kirchenglocken ebenfalls wieder in Kategorien ein. In die Klassen A (zur sofortigen Verhüttung bestimmt) und B (einstweilen im Sammellager zurückgestellt) wurden vermeintlich weniger wertvolle Glocken eingestuft. Diese mussten zum großen Teil 1942 abgeliefert werden. Die Glocken der Kategorie C (noch weiter zurückzustellen) waren in Wartestellung, also vorerst von der Ablieferung befreit. Besonders historisch wertvolle Glocken kamen in Kategorie D (dauernd an Ort und Stelle zu erhaltende Glocken) und waren von der Abgabe befreit. Pro Kirche wurde den Gemeinden

Glockenlager im Hamburger Hafen um 1944 (Foto: Historisches Archiv des Germanischen Nationalmuseums, Nürnberg, Deutsches Glockenarchiv, Glockenlager-Fotos 001).

in den meisten Fällen lediglich eine Glocke belassen, meistens die kleinste. Nach Schätzungen fielen in Deutschland diesem Glockensterben etwa 45.000 Glocken zum Opfer, weitere 35.000 in den besetzten Gebieten. Insgesamt gingen somit im Zweiten Weltkrieg rund 80.000 Glocken verloren.

Vor ihrer Einschmelzung wurden die Glocken auf sogenannten Glockenfriedhöfen zwischengelagert, bevor sie in die Schmelzöfen wanderten. Der größte Glockenfriedhof befand sich in Hamburg-Veddel. Weitere Glockenfriedhöfe gab es in Hamburg-Harburg, Oranienburg, Hettstedt, Ilsenburg und Lünen.

Etwa 16.000 Glocken waren trotz Ablieferung der Zerstörung entgangen. Die nach Kriegsende auf den Glockenfriedhöfen verbliebenen und noch nicht eingeschmolzenen Glocken wurden, soweit möglich und zuordenbar, wieder an ihre Heimatgemeinden zurückgegeben.

Nach Schätzungen wurde während des Zweiten Weltkrieges etwa 77 % des Glockenbestandes in Deutschland vernichtet.

GLOCKENGIESSEREIEN IN DEUTSCHLAND FRÜHER UND HEUTE

Der Bedarf an neuen Glocken war in der Nachkriegszeit immens. In den Jahren nach dem Zweiten Weltkrieg gab es in Deutschland folgende Firmen, die Bronzeglocken herstellten:

Bachert, Alfred, Heilbronn
Bachert, Gebr., Bad Friedrichshall
Bachert, Gebr., Karlsruhe, später Karlsruher Glocken- und Kunstgießerei
Czudnochowsky, Karl, Erding bei München
Feldmann & Marschel, Münster
Gebhard, Engelbert, Kempten
Grüninger, Villingen
Gugg, Straubing
Hahn, Landshut
Hamm, Frankenthal/Pfalz
Hamm, Regensburg (später Hofweber, Regensburg)
Junker, Brilon/Sauerland
Kuhn- Wolfart, Lauingen/Donau
Kurtz, Stuttgart
Lotter, Bamberg
Mabilon, Saarburg
Mark, Brockscheid/Eifel
Otto, Hemelingen bei Bremen
Otto, Saarlouis
Perner, Passau
Petit & Gebrüder Edelbrock, Gescher/Westfalen
Rincker, Sinn/Hessen
Schilling, F.W., Heidelberg
Schilling, Apolda/Thüringen
Will, Ludwig, Bruckbergerau

Gussstahlglocken haben hergestellt:

Bochumer Verein, Bochum
Junker, Brilon/Sauerland

Eisenhartgussglocken haben hergestellt:
J.F. Weule Bockenem/Harz
Schilling & Lattermann, Apolda/Thüringen

Die Produktion der Bronzeglocken nach dem Zweiten Weltkrieg betrug:

Jahr	Produktion Bronzeglocken in Tonnen
1950	1680
1951	1070
1952	950
1953	960
1954	1160
1955	993
1956	941
1957	1040
1958	1314
1959	1150
1960	1111
1961	1145
1962	1239
1963	1106
1964	1092
1965	927

Jahr	Produktion Bronzeglocken in Tonnen
1966	718
1967	519
1968	375
1969	334
1970	199
1971	216
1972	260
1973	229
1974	214
1975	170
1976	185
1977	166
1978	183
1979	190
1980	212

Heute gibt es in Deutschland noch folgende Glockengießereien:

Glockengießerei Bachert GmbH, Neunkirchen im Odenwald
Eifeler Glockengießerei, Brockscheid/Eifel
Glocken- & Kunstguss Schmitt, Brockscheid/Eifel
Petit & Gebr. Edelbrock GmbH & Co KG, Gescher/Westfalen
Glockengießerei Perner GmbH, Passau
Glocken- und Kunstgießerei Rincker GmbH & Co KG, Sinn/Hessen

Weiterhin zu nennen sind zwei ausländische Glockengießereien, die in den vergangenen Jahren zahlreiche Glocken und Geläute nach Deutschland geliefert haben:

Grassmayr, Innsbruck (Österreich)
Eijsbouts, Asten (Niederlande)

GLOCKENKATALOG

Heute noch vorhandene Glocken der Gießer Reble und Grüninger

Der Glockenkatalog umfasst heute noch vorhandene Glocken der Gießer Reble und Grüninger. Wie bereits dargestellt, erhebt der Glockenkatalog keinen Anspruch auf Vollständigkeit. Lieferbücher und Listen, die alle von Grüninger gegossenen Glocken verzeichnen, sind nur teilweise vorhanden, so für den Zeitraum der 1880er-Jahre bis 1927 und von 1948 bis Mitte 1950. Somit ist der Glockenkatalog das Ergebnis umfangreicher, langjähriger Recherchen. Teilweise mussten einzelne Angaben zu den Geläuten wie z. B. die Gewichte der jeweiligen Glocken leider unvollständig bleiben, da zum Teil selbst bei den Kirchengemeinden oder in den Akten in den Diözesanarchiven und der Glockensachverständigen hierüber keine Informationen zu erhalten waren. Trotzdem konnten sicherlich die allermeisten heute noch vorhandenen Glocken der Villinger Gießhütte ausfindig gemacht werden, auch wenn es mit Sicherheit noch viele insbesondere kleine Glocken und Glöckchen von Grüninger gibt, die noch mancherorts auf den Türmen hängen und auf ihre Entdeckung warten. Der nachfolgende Katalog gibt einen Einblick in das Schaffen und den reichhaltigen Bestand an Glocken, die aus der Gießerei hervorgegangen sind und auch heute noch erklingen. Der weitaus größte Teil der noch vorhandenen Glocken wurde nach dem Zweiten Weltkrieg zwischen 1948 und 1951 gegossen und belegt die hohe Gießkunst ebenso wie die einzelnen noch erhalten Glocken aus früheren Jahrhunderten und das größte heute noch erhaltene Grüninger-Geläut von St. Bernhard in Karlsruhe aus dem Jahre 1902. Auch Glocken und Geläute unterliegen einem Wandel. Kirchengemeinden tauschen einzelne Glocken aus oder beschaffen neue Geläute. Trotz sorgfältiger Recherche kann es vorkommen, dass die eine oder andere hier aufgeführte Glocke zwischenzeitlich nicht mehr vorhanden und ausgetauscht worden ist.

73430 Aalen, evang. Stadtkirche

	Gießer	Gussjahr	kg	Schlagton
1	Grüninger	1949	1550	des'
2	Grüninger	1949	730	f'
3	Grüninger	1949	480	as'
4	Grüninger	1949	350	b'
5	Neidhardt, Ulm	1598	65	a''

72505 Ablach, St. Anna

	Gießer	Gussjahr	kg	Schlagton
1	Grüninger	1950	300	b'
2	Grüninger	1950	250	des''
3	Grüninger	1950	130	es''
4	unbezeichnet	1584		b''

78176 Achdorf bei Blumberg, St. Nikolaus

	Gießer	Gussjahr	kg	Schlagton
1	Glockengießerei Heidelberg	1975	539	as'
2	Bachert, Karlsruhe	1952	248	c''
3	Bachert, Karlsruhe	1952	149	es''
4	Bachert, Karlsruhe	1952	109	f''
5	Bachert, Karlsruhe	1952	68	as''
6	Christoph Reble	1632	ca. 100	

72539 Aichelau, St. Laurentius

	Gießer	Gussjahr	kg	Schlagton
1	Grüninger	1950	450	a'
2	Grüninger	1950	350	h'
3	Grüninger	1930	200	d''

79761 Aichen, St. Sebastian

	Gießer	Gussjahr	kg	Schlagton
1	Grüninger	1950	500	g'
2	Grüninger	1950	350	a'
3	Grüninger	1950	250	h'
4	Grüninger	1950	160	d''
5	Lamprecht, Schaffhausen	1603	125	fis''

78733 Aichhalden, St. Michael

	Gießer	Gussjahr	kg	Schlagton
1	Grüninger	1950	900	e'
2	Grüninger	1950	600	fis'
3	Grüninger	1950	400	gis'
4	Grüninger	1926	275	h'

78554 Aixheim, St. Georg

	Gießer	Gussjahr	kg	Schlagton
1	Grüninger	1949	1100	dis'
2	Grüninger	1949	600	fis'
3	Grüninger	1949	400	gis'
4	Grüninger	1920	275	h'

79774 Albbruck, St. Josef

	Gießer	Gussjahr	kg	Schlagton
1	Grüninger	1950	2600	c'
2	Grüninger	1950	1400	es'
3	Grüninger	1950	1000	f'
4	Grüninger	1950	700	g'
5	Grüninger	1950	600	as'
6	Grüninger	1950	400	b'
7	Grüninger	1938	268	c''

79774 Albbruck-Schachen, St. Joseph

	Gießer	Gussjahr	kg	Schlagton
1	F.W. Schilling	1959	139	d''
2	Grüninger	1950	88	fis''

63755 Albstadt, St. Philippus und Jakobus

	Gießer	Gussjahr	kg	Schlagton
1 (Weißbronze)	Grüninger	1950	790	f'
2 (Weißbronze)	Grüninger	1950	500	as'
3 (Weißbronze)	Grüninger	1950	325	b'
4	Ulrich, Apolda	1922	250	c''

78476 Allensbach, St. Nikolaus

	Gießer	Gussjahr	kg	Schlagton
1	Carl Rosenlächer, Konstanz	1838		e'
2	Carl Rosenlächer, Konstanz	1838		gis'
3	Grüninger	1949	350	h'
4	Grüninger	1927	263	cis''

88682 Altenbeuren (Salem), St. Antonius

	Gießer	Gussjahr	kg	Schlagton
1	Grüninger	1926	65	as''
2	Koch, Salem	1822	35	c'''

79798 Altenburg, St. Jakobus

	Gießer	Gussjahr	kg	Schlagton
1	Grüninger	1949	160	dis''
2	Grüninger	1949	80	fis''
3	Schilling, Apolda		60	ais''

88433 Altheim (Schemmerhofen), St. Nikolaus

	Gießer	Gussjahr	kg	Schlagton
1	Grüninger	1949		g'
2	Grüninger	1949		a'
3	Zoller, Biberach	1879		c''

88361 Altshausen, St. Michael

	Gießer	Gussjahr	kg	Schlagton
1	Volmer und Kisling, Biberach	1510	2000	d'
2	Schmeltz. Biberach	1733	1150	e'
3	Grüninger	1950	630	g'
4	Gebrüder Rosier	1666	380	b'

88364 Alttann, St. Nikolaus

	Gießer	Gussjahr	kg	Schlagton
1	Grüninger	1951	1712	d'
2	Grüninger	1951	790	fis'
3	Grüninger	1951	470	a'
4	Zoller, Biberach	1903	270	h'

86420 Anhausen bei Diedorf, St. Aldegundis

	Gießer	Gussjahr	kg	Schlagton
1	Grüninger	1949	856	e'
2	Grüninger	1949	415	gis'
3	Grüninger	1949	259	h'
4	Oberascher, München	1922	172	c''

74214 Aschhausen, St. Georg

	Gießer	Gussjahr	kg	Schlagton
1	Grüninger	1950	450	as'
2	Grüninger	1950	250	c''
3	Grüninger	1915	135	es''

86381 Attenhausen, St. Otmar und Juliana

	Gießer	Gussjahr	kg	Schlagton
1	Grüninger	1949	220	c''
2	Grüninger	1949	130	es''
3	Grüninger	1949	100	f''

79424 Auggen, evang. Kirche

	Gießer	Gussjahr	kg	Schlagton
1	Grüninger	1949	1300	d'
2	Bachert, Karlsruhe	1962	750	f'
3	Grüninger	1949	500	g'
4	Grüninger	1949	350	a'

86159 Augsburg, St. Anton

	Gießer	Gussjahr	kg	Schlagton
1	Grüninger	1950	3100	H
2	Grüninger	1950	2160	cis'
3	Grüninger	1950	1380	dis'
4	Grüninger	1950	810	fis'
5	Grüninger	1950	615	gis'

78187 Aulfingen, St. Nikolaus

	Gießer	Gussjahr	kg	Schlagton
1	F.W. Schilling	1953	881	fis'
2	Grüninger	1914	600	gis'
3	F.W. Schilling	1953	516	ais'
4	F.W. Schilling	1953	284	cis''

97769 Bad Brückenau, St. Bartholomäus

	Gießer	Gussjahr	kg	Schlagton
1 (Weißbronze)	Grüninger	1949	1144	e'
2 (Weißbronze)	Grüninger	1949	636	g'
3				a'
4 (Weißbronze)	Grüninger	1949	314	h'

78073 Bad Dürrheim, St. Johann

	Gießer	Gussjahr	kg	Schlagton
1	F.W. Schilling	1955	1538	es'
2	Grüninger	1950	1243	f'
3	Grüninger	1950	950	as'
4	Grüninger	1950	824	b'
5	Carl Rosenlächer, Konstanz	1859	551	c''

87730 Bad Grönenbach/Allgäu, St. Philippus und Jakobus

	Gießer	Gussjahr	kg	Schlagton
1	Biberacher Gießhütte	1523	1400	d'
2	Grüninger	1950	1000	f'
3	Grüninger	1950	700	g'
4	Grüninger	1950	400	b'
5	Ulrich, Kempten	1922	250	c''

88427 Bad Schussenried, Friedhofskapelle St. Martin

	Gießer	Gussjahr	Durchmesser
1	Johann Joachim Grieninger	1655	52 cm

72574 Bad Urach, St. Josef

	Gießer	Gussjahr	kg	Schlagton
1	Grüninger	1949		fis'
2	Grüninger	1949		a'
3	Grüninger	1949		h'
4	Grüninger	1924		d''

76530 Baden-Baden, St. Bernhard

	Gießer	Gussjahr	kg	Schlagton
1	F.W. Schilling	1953	3815	B
2	F.W. Schilling	1953	2235	des'
3	F.W. Schilling	1953	1589	es'
4	F.W. Schilling	1953	1049	f'
5	Grüninger	1913	586	as'

76532 Baden-Baden, Dreieichenkapelle

	Gießer	Gussjahr	kg	Schlagton
1	Grüninger	um 1890		es''

79410 Badenweiler, evang. Kirche

	Gießer	Gussjahr	kg	Schlagton
1	Grüninger	1950	900	e'
2	Grüninger	1950	600	gis'
3	Grüninger	1950	350	h'
4	Grüninger	1922	230	cis''

78580 Bärenthal, St. Johannes

	Gießer	Gussjahr	kg	Schlagton
1	Grüninger	1951	350	h'
2	Grüninger	1951	170	dis''
3	Grüninger	1951	100	fis''
4	Grüninger	1951	80	gis''

78580 Bärenthal-Gnadenweiler, Maria Mutter Europas

	Gießer	**Gussjahr**	**kg**	**Schlagton**
1	Grüninger	1920	54	g''
2	Rosenlächer, Konstanz	1890	60	c'''

88255 Baienfurt-Köpfingen, St. Petrus und Paulus

	Gießer	**Gussjahr**	**kg**	**Schlagton**
1	Grüninger	1936	65	g''

97488 Ballingshausen, St. Bartholomäus und Dionysius

	Gießer	Gussjahr	kg	Schlagton
1 (Weißbronze)	Grüninger	1949		f'
2 (Weißbronze)	Grüninger	1949		g'
3 (Weißbronze)	Grüninger	1949		a'
4 (Weißbronze)	Grüninger	1949		c''

79802 Baltersweil, St. Martin

	Gießer	**Gussjahr**	**kg**	**Schlagton**
1	Grüninger	1950	250	c''
2	Grüninger	1923	150	es''
3	Grüninger	1950	100	f''

86483 Balzhausen, St. Vitus

	Gießer	**Gussjahr**	**kg**	**Schlagton**
1	Grüninger	1949	1200	d'
2	Gebhard, Kempten	1953	780	fis'
3	Grüninger	1949	400	a'
4	Grüninger	1949	270	h'

78345 Bankholzen, St. Blasius

	Gießer	**Gussjahr**	**kg**	**Schlagton**
1	Grüninger	1951	450	b'
2	Rosenlecher, Konstanz	1712	350	des''
3	Grüninger	1951	175	es''

85405 Baumgarten, Herz Jesu

	Gießer	**Gussjahr**	**kg**	**Schlagton**
1	Grüninger	1950	400	a'
2	Grüninger	1950	250	c''
3	Grüninger	1950	175	d''
4	Wengle, München	1627	82	g''

83735 Bayrischzell, St. Margareth

	Gießer	Gussjahr	kg	Schlagton
1 (Weißbronze)	Grüninger	1949	1600	d'
2 (Weißbronze)	Grüninger	1949	900	f'
3	Zäch, Hötting	1795	530	g'
4	Ernst, München	1646	300	b'

78086 Beckhofen (Brigachtal), Kapelle

	Gießer	Gussjahr	Durchmesser
1	Nikolaus Meinrad (II) und Severein Benjamin (II) Grüninger	1802	43 cm

87739 Bedernau, St. Georg

	Gießer	Gussjahr	kg	Schlagton
1	Grüninger	1949	900	e'
2	Grüninger	1949	400	gis'
3	Grüninger	1949	250	h'
4	Hamm, Augsburg	1921	200	cis''

78727 Beffendorf, St. Urban

	Gießer	Gussjahr	kg	Schlagton
1	Bachert, Heilbronn	1970	750	fis'
2	Grüninger	1949	400	ais'
3	Zoller, Biberach	1905	190	cis''

89287 Bellenberg, St. Peter und Paul

	Gießer	Gussjahr	kg	Schlagton
1	Grüninger	1949	400	as'
2	Grüninger	1949	300	b'
3	Grüninger	1949	190	des''

72116 Belsen, evang. St Maximus- und Johanneskirche

	Gießer	Gussjahr	kg	Schlagton
1	Grüninger	1950	400	b'
2	Grüninger	1950	200	d''
3	Kurtz, Stuttgart	1857	130	f''

79777 Berau, St. Pankratius

	Gießer	Gussjahr	kg	Schlagton
1	Grüninger	1950	1000	f'
2	Grüninger	1950	600	as'
3	Grüninger	1950	400	b'
4	Grüninger	1950	250	des''

88048 Berg bei Friedrichshafen, St. Nikolaus

	Gießer	Gussjahr	kg	Schlagton
1	Kurtz, Stuttgart	1959	1078	e'
2	Grüninger	1950	550	fis'
3	Grüninger	1950	368	a'
4	Grüninger	1927	250	h'

88276 Berg bei Ravensburg, St. Peter und Paul

	Gießer	Gussjahr	kg	Schlagton
1	Grüninger	1951	2050	des'
2	Grüninger	1951	900	f'
3	Grüninger	1951	550	as'
4	Grüninger	1951	350	b'

88368 Bergatreute, St. Philippus und Jakobus

	Gießer	Gussjahr	kg	Schlagton
1	Grüninger	1951	1200	e'
2	Petrus Ernst, Lindau	1761	850	fis'
3	Grüninger	1951	600	gis'
4	Grüninger	1951	350	h'
5	Aporta und Ernst, Lindau	1708		e''

79801 Bergöschingen, St. Marien

	Gießer	Gussjahr	kg	Schlagton
1	Grüninger	1951		g'
2		1967		b''

76596 Bermersbach, St. Antonius

	Gießer	Gussjahr	kg	Schlagton
1	Rincker, Sinn	1950	765	ges'
2	Rincker, Sinn	1950	375	b'
3	Grüninger	1894	220	des''
4	Rincker, Sinn	1950	162	es''

74744 Berolzheim, St. Kilian

	Gießer	Gussjahr	kg	Schlagton
1	Grüninger	1949	1000	f'
2	Grüninger	1949	450	a'
3	Grüninger	1949	300	c''
4	Grüninger	1925	180	d''

72379 Beuren (Hechingen), St. Johannes d.T.

	Gießer	Gussjahr	kg	Schlagton
1	Grüninger	1950		e''
2	Grüninger	1950		g''
3	Klain, Rottweil (?)	15. Jh.		a''

78224 Beuren (Singen), St. Bartholomäus

	Gießer	Gussjahr	kg	Schlagton
1	Bachert, Kochendorf	2002	647	g'
2	Grüninger	1949	450	b'
3	Grüninger	1949	300	c''
4	Grüninger	1949	175	es''

86485 Biberbach, St. Jakobus, Laurentius und Hl. Kreuz

	Gießer	Gussjahr	kg	Schlagton
1 (Weißbronze)	Grüninger	1949	2000	H
2(Weißbronze)	Grüninger	1949	1300	d'
3 (Weißbronze)	Grüninger	1949	900	e'
4 (Weißbronze)	Grüninger	1949	600	fis'
5 (Weißbronze)	Grüninger	1949	350	a'
6	Hamm, Augsburg	1905	275	h'

Die fünf Weißbronzeglocken von Biberbach werden im Herbst 2024 durch fünf neue Bronzeglocken ersetzt, womit das größte Weißbronze-Geläute dann also der Vergangenheit angehören wird.

79215 Biederbach-Oberbiederbach, St. Mansuetus

	Gießer	Gussjahr	kg	Schlagton
1	Grüninger	1950	400	gis'
2	Edel, Straßburg	1737	250	h'
3	Grüninger	1950	200	cis''

79189 Biengen, St. Leodegar

	Gießer	Gussjahr	kg	Schlagton
1	Kurtz, Stuttgart	1951	954	f'
2	Grüninger	1950	540	a'
3	Grüninger	1935	350	c''
4	Grüninger	1950	200	d''

72108 Bieringen, St. Petrus und Paulus

	Gießer	Gussjahr	kg	Schlagton
1	Matthäus Grieninger	1680	215	cis''
2	Kurtz, Stuttgart	1952	165	dis''
3	Kurtz, Stuttgart	1952	95	fis''

88471 Bihlafingen, St. Theodolus

	Gießer	Gussjahr	kg	Schlagton
1	Grüninger	1950	680	g'
2	Grüninger	1950	480	a'
3	Grüninger	1950	280	c''
4	Biberacher Gießhütte	1494	144	e''

72160 Bildechingen, Zur Schmerzhaften Muttergottes

	Gießer	Gussjahr	kg	Schlagton
1	Bachert, Heilbronn	1957	1169	e'
2	Grüninger	1950	550	gis'
3	Grüninger	1950	320	h'
4	Bachert, Kochendorf	1922	230	cis''

88696 Billafingen, St. Mauritius

	Gießer	Gussjahr	kg	Schlagton
1	Grüninger	1949	460	as'
2	Grüninger	1949	350	b'
3	Grüninger	1949	260	des''
4	Valentinus Algeyer (II), Konstanz	1651	150	g''

61209 Bingenheim, evang. Kirche

	Gießer	Gussjahr	kg	Schlagton
1	Grüninger	1950		es'
2	Grüninger	1950		g'
3	Grüninger	1950		b'
4		15. Jh. (?)		as''

72406 Bisingen, St. Nikolaus

	Gießer	Gussjahr	kg	Schlagton
1	Grüninger	1950	1300	d'
2	Grüninger	1903		f'
3	Grüninger	1950	500	g'
4	Grüninger	1950	350	a'
5	Grüninger	1950	220	c''
6	Grüninger	1950	160	d''

72406 Bisingen, Friedhofskapelle

	Gießer	Gussjahr	Durchmesser
1	Franz Joseph Benjamin (I) Grieninger	1768	44 cm

79261 Bleibach, St. Georg

	Gießer	Gussjahr	kg	Schlagton
1	Grüninger	1950	583	as'
2	Grüninger	1950	400	b'
3	Grüninger	1950	297	c''
4	Grüninger	1950	175	es''

78176 Blumberg, evang. Kirche

	Gießer	Gussjahr	kg	Schlagton
1	Grüninger	1921		h'

79780 Blumegg, St. Benedikt

	Gießer	Gussjahr	kg	Schlagton
1	Grüninger	1950	250	c''
2	Grüninger	1950	175	d''
3	Ulrich, Apolda	1925		f''

88285 Bodnegg, St. Magnus und Ulrich

	Gießer	Gussjahr	kg	Schlagton
1	Grüninger	1950	1710	d'
2	Grüninger	1950	1220	e'
3	Gebhard, Kempten	1948	750	fis'
4	Grüninger	1950	490	a'

78315 Böhringen (Radolfzell), St. Nikolaus

	Gießer	Gussjahr	kg	Schlagton
1	Karlsruher Glockengießerei	1992	1054	e'
2	Karlsruher Glockengießerei	1992	534	gis'
3	Grüninger	1951	300	h'
4	Grüninger	1951	180	cis''
5	Grüninger	1882	110	e''

78583 Böttingen, St. Martinus

	Gießer	Gussjahr	kg	Schlagton
1	Grüninger	1950	1600	cis'
2	Grüninger	1950	900	e'
3	Grüninger	1950	600	fis'
4	Grüninger	1950	400	gis'
5	Bachert, Kochendorf	1921	300	h'

79268 Bötzingen am Kaiserstuhl, evang. Kirche

	Gießer	Gussjahr	kg	Schlagton
1	Grüninger	1950	750	f'
2	Grüninger	1950	400	as'
3	Grüninger	1950	300	b'
4	Grüninger	1950	200	des''

72379 Boll bei Hechingen, St. Nikolaus

	Gießer	Gussjahr	kg	Schlagton
1	Grüninger	1950	700	g'
2	Grüninger	1950	450	a'
3	Grüninger	1950	350	h'
4	Grüninger	1950	200	d''

88605 Boll bei Meßkirch, St. Silvester

	Gießer	Gussjahr	kg	Schlagton
1 (Weißbronze)	Grüninger	1949	600	gis'
2 (Weißbronze)	Grüninger	1949	350	h'
3	Hamm, Frankenthal	1832		dis''

79283 Bollschweil, St. Hilarius

	Gießer	Gussjahr	kg	Schlagton
1	Grüninger	1923	400	g'
2	Rincker, Sinn	1948	286	h'
3	Grüninger	1923	170	d''

79848 Bonndorf, St. Peter und Paul

	Gießer	Gussjahr	kg	Schlagton
1	Grüninger	1949	1100	es'
2	Rosenlächer, Konstanz	1849	640	g'
3	Rosenlächer	1849	380	b'
4	Rosenlächer	1849	150	es''

79848 Bonndorf-Brunnadern, St. Laurentius und Nikolaus

	Gießer	Gussjahr	kg	Schlagton
1	Grüninger	1923	100	f''
2	Koch, Freiburg	1902	60	a''

86488 Breitenthal, Hl. Kreuz

	Gießer	Gussjahr	kg	Schlagton
1	Bachert, Bad Friedrichshall	1982	1555	d'
2	Grüninger	1949	750	f'
3	Grüninger	1949	500	g'
4	Grüninger	1949	300	b'

79874 Breitnau, St. Johann Baptist

	Gießer	Gussjahr	kg	Schlagton
1	Junker, Brilon	1950	1100	e'
2	Junker, Brilon	1950	550	gis'
3	Junker, Brilon	1950	320	h'
4	Junker, Brilon	1950	245	cis''
5	Grüninger	1867	160	dis''

79874 Breitnau, Bartles Hof

	Gießer	Gussjahr	Durchmesser
1	Franz Joseph Benjamin (I) Grieninger	1761	42 cm

88480 Bronnen bei Laupheim, St. Blasius und Margaretha

	Gießer	Gussjahr	kg	Schlagton
1	Grüninger	1950	350	h'
2	Grüninger	1950	250	cis''
3	Zoller, Biberach	1866	150	e''

79871 Bubenbach, St. Josef

	Gießer	Gussjahr	kg	Schlagton
1	Grüninger	1925	310	h'
2	F.W. Schilling	1950	210	d''
3	Grüninger	1922	100	fis''

78585 Bubsheim, St. Jakobus

	Gießer	Gussjahr	kg	Schlagton
1	Grüninger	1950	673	fis'
2	Grüninger	1950	489	gis'
3	Grüninger	1950	356	ais'
4	Grüninger	1950	196	cis''

74722 Buchen-Unterneudorf, Kapelle St. Georg

	Gießer	Gussjahr	kg	Schlagton
1	Rincker, Sinn	1949	110	e''
2	Grüninger	1921	82	g''

78126 Buchenberg (Königsfeld), evang. Kirche

	Gießer	Gussjahr	kg	Schlagton
1	Grüninger	1950	600	gis'
2	Rosenlächer, Konstanz	1850	350	h'
3	Grüninger	1923	210	dis''

88637 Buchheim, St. Stephan

	Gießer	Gussjahr	kg	Schlagton
1	Grüninger	1950	800	fis'
2	Koch, Salem	1803	420	a'
3	Grüninger	1950	330	h'
4	Rosier und Arnolt, Lothringen	1677	200	d''

61137 Büdesheim, evang. Kirche

	Gießer	Gussjahr	kg	Schlagton
1	Grüninger	1950		gis'
2	Grüninger	1950		h'
3	Grüninger	1950		cis''
4	Grüninger	1950		e''

79771 Bühl (Klettgau), Mariä Himmelfahrt

	Gießer	Gussjahr	kg	Schlagton
1	Grüninger	1950	800	fis'
2	Schlach, Schaffhausen	18. Jh.	600	a'
3	Grüninger	1950	300	h'
4	F.W. Schilling	1963	208	d''

88483 Bühl bei Laupheim, St. Wendelin

	Gießer	Gussjahr	kg	Schlagton
1	Grüninger	1950	220	c''
2	Grüninger	1950	160	d''
3	Grüninger	1950	90	f''

CH – 6463 Bürglen (Kanton Uri/Schweiz), St. Peter und Paul

	Gießer	Gussjahr	kg	Schlagton
1	Grüninger	1925	3394	H
2	Franz Sermund, Altdorf	1581	2000	d'
3	Grüninger	1925	1350	e'
4	Grüninger	1925	736	g'
5	Grüninger	1925	546	a'
6	Grüninger	1925	375	h'

79426 Buggingen, evang. Kirche

	Gießer	Gussjahr	kg	Schlagton
1	Bachert, Karlsruhe	1960	843	f'
2	Grüninger	1950	500	a'
3	Grüninger	1950	320	c''
4	Grüninger	1921	200	d''

72393 Burladingen, St. Fidelis

	Gießer	Gussjahr	kg	Schlagton
1	Grüninger	1949	2950	H'
2	Grüninger	1949	1692	d'
3	Grüninger	1949	1248	e'
4	Grüninger	1949	774	fis'
5	Grüninger	1949	602	gis'
6	Grüninger	1949	327	h'

89349 Burtenbach, evang. Johanneskirche

	Gießer	Gussjahr	kg	Schlagton
1	Grüninger	1950	1215	d'
2	Grüninger	1950	697	f'
3	Grüninger	1950	505	g'
4	Grüninger	1950	325	b'

88477 Bußmannshausen, St. Martinus

	Gießer	Gussjahr	kg	Schlagton
1	Grüninger	1949		g'
2	Grüninger	1949		b'
3	Leonh. Rosenlecher, Konstanz	1731		c''
4	Bachert, Kochendorf	1921		d''

78083 Dauchingen, St. Cäcilia

	Gießer	Gussjahr	kg	Schlagton
1	Grüninger	1949	800	ges'
2	Grüninger	1949	600	as'
3	Grüninger	1949	350	b'
4	Grüninger	1905	220	des''

78586 Deilingen, Christi Himmelfahrt

	Gießer	Gussjahr	kg	Schlagton
1	Grüninger	1949	1155	e'
2	Grüninger	1949	670	g'
3	Grüninger	1949	455	a'
4	Grüninger	1949	300	h'

78652 Deißlingen, St. Laurentius

	Gießer	Gussjahr	kg	Schlagton
1	Bachert, Kochendorf	1983	1819	d'
2	Czudnochwsky, Erding	1948	1100	e'
3	Czudnochwsky, Erding	1948	600	g'
4	Czudnochwsky, Erding	1948	400	a'
5	Czudnochwsky, Erding	1948	300	h'
6	Meinrad (I) Anton Grieninger	1744	ca. 50	

88630 Denkingen-Straß, St. Antonius

	Gießer	Gussjahr	kg	Schlagton
1	Grüninger	1925	55	b''

87757 Derndorf, St. Vitus

	Gießer	Gussjahr	kg	Schlagton
1	Grüninger	1949	600	fis'
2	Grüninger	1949	350	a'
3	Grüninger	1949	250	h'

79802 Dettighofen, St. Antonius

	Gießer	Gussjahr	kg	Schlagton
1	Grüninger	1951		fis''
2	Schalch, Schaffhausen	1687		a''

72160 Dettingen bei Horb, St. Petrus

	Gießer	Gussjahr	Durchmesser
1 in der Kirche aufgestellt	Franz Joseph Benjamin (I) Grieninger	1765	46 cm

88451 Dettingen an der Iller, Mariä Himmelfahrt

	Gießer	Gussjahr	kg	Schlagton
1	Grüninger	1951		es'
2	Grüninger	1951		f'
3	Grüninger	1951		g'
4	Grüninger	1951		b'

97922 Deubach, St. Antonius

	Gießer	Gussjahr	kg	Schlagton
1	Bachert, Kochendorf	1965	530	as'
2	Bachert, Kochendorf	1965	327	b'
3	Grüninger	1921		des''
4	Grüninger	1921		es''
5	Bachert, Kochendorf	1965	110	f''
6	unbez.	1768		des''

78355 Deutwang, St. Gallus

	Gießer	Gussjahr	kg	Schlagton
1	Grüninger	1950	250	des''
2	Felix Koch, Salem	1802	110	f''

86420 Diedorf, Herz Mariä

	Gießer	Gussjahr	kg	Schlagton
1	Czudnochowsky, Erding	1970		d'
2	Grüninger	1950		e'
3	Grüninger	1950		g'
4	Grüninger	1950		a'

88605 Dietershofen, St. Nikolaus

	Gießer	Gussjahr	kg	Schlagton
1	Jeronymus Gesus, Konstanz	1612	650	g'
2	Grüninger	1950	320	b'
3	Jeronymus Gesus, Konstanz	1612	300	c''

79848 Dillendorf, St. Marien

	Gießer	Gussjahr	kg	Schlagton
1	Grüninger	1894		f'
2	Grüninger	1926		b'
3	Grüninger	1894		c''
4	Grüninger	1926		d''

79843 Dittishausen, St. Peter

	Gießer	Gussjahr	kg	Schlagton
1	Grüninger	1950	350	a'
2	Grüninger	1950	220	c''
3	Grüninger	1925		d''

77978 Dörlinbach, St. Johannes d.T.

	Gießer	Gussjahr	Durchmesser
1 auf dem Dachboden gelagert	Franz Joseph Benjamin (I) Grieninger	1780	65 cm

79804 Dogern, St. Clemens

	Gießer	Gussjahr	kg	Schlagton
1	Grüninger	1949	600	ges'
2	Grüninger	1949	402	as'
3	Grüninger	1949	300	b'
4	Grüninger	1921	189	des''

78166 Donaueschingen, St. Johann

	Gießer	Gussjahr	kg	Schlagton
1	Rosenlächer, Konstanz	1861	2400	c'
2	Grüninger	1950	1200	e'
3	Rosenlächer, Konstanz	1861	550	g'
4	Grüninger	1950	450	a'
5	Rosenlächer, Konstanz	1875	270	c''

61169 Dorheim, evang. Johanneskirche

	Gießer	Gussjahr	kg	Schlagton
1	Grüninger	1950		gis'
2	Grüninger	1950		h'
3	Philipp Heinrich Bach, Windecken	1859		cis''

78247 Duchtlingen, St. Gallus

	Gießer	Gussjahr	kg	Schlagton
1	Grüninger	1949	400	as'
2	Grüninger	1949	220	c''
3	Grüninger	1949	130	es''

63654 Düdelsheim, evang. Kirche

	Gießer	Gussjahr	kg	Schlagton
1	Grüninger	1950	400	gis'
2	Grüninger	1950	250	h'
3	Grüninger	1950	200	cis''

88436 Eberhardzell-Hummertsried, St. Agatha und Nikolaus

	Gießer	Gussjahr	kg	Schlagton
1	Schmeltz, Biberach	1762		cis''
2 (Weißbronze)	Grüninger	1949		e''

96106 Ebern, St. Laurentius

	Gießer	Gussjahr	kg	Schlagton
1 (Weißbronze)	Grüninger	1949	1600	cis'
2 (Weißbronze)	Grüninger	1949	900	e'
3	Klaus, Heidingsfeld	1901		fis'
4 (Weißbronze)	Grüninger	1949	350	a'

86551 Ecknach, St. Peter und Paul

	Gießer	Gussjahr	kg	Schlagton
1	Grüninger	1949	300	b'
2	Grüninger	1949	200	c''
3	Grüninger	1949	125	es''

86381 Edenhausen, St. Thomas

	Gießer	Gussjahr	kg	Schlagton
1	Grüninger	1949	350	a'
2	Grüninger	1949	250	h'
3	Grüninger	1949	200	cis''

78592 Egesheim, Maria Himmelfahrt

	Gießer	Gussjahr	kg	Schlagton
1	Bachert, Heilbronn	1975	1940	des'
2	Leonh. Rosenlecher, Konstanz	1737	1100	es'
3	Grüninger	1950	782	ges'
4	Grüninger	1950	589	as'
5	Bachert, Heilbronn	1975	381	b'
6	Bachert, Heilbronn	1975	348	des''

88213 Eggartskirch, St. Isidor

	Gießer	Gussjahr	kg	Schlagton
1	Grüninger	1951		cis''
2	Grüninger	1950		e''
3	Grüninger	1951		fis''

79805 Eggingen, St. Gallus

	Gießer	Gussjahr	kg	Schlagton
1 (Weißbronze)	Grüninger	1949	700	g'
2 (Weißbronze)	Grüninger	1949	400	b'
3 (Weißbronze)	Grüninger	1949	350	c''
4	Grüninger	1931	170	d''

Es ist geplant, für Eggingen ein neues Geläute anzuschaffen. Es sollen die vier Glocken der aufgegebenen evangelischen Lukaskirche in Villingen übernommen werden. Die kleine Glocke von 1931 soll auf den Friedhof umziehen. Somit sind also die Tage der Weißbronzeglocken in Eggingen gezählt.

79238 Ehrenstetten, St. Georg

	Gießer	Gussjahr	kg	Schlagton
1	Grüninger	1949	750	f'
2	Grüninger	1949	500	g'
3	Grüninger	1949	350	a'
4	Grüninger	1912	220	c''

79356 Eichstetten, evang. Kirche

	Gießer	Gussjahr	kg	Schlagton
1	Grüninger	1949	1100	es'
2	Grüninger	1949	600	ges'
3	Grüninger	1949	400	as'
4	Grüninger	1949	300	b'
5	Heinrich Weitenauer, Basel	1699	200	des''

78253 Eigeltingen, St. Mauritius

	Gießer	Gussjahr	kg	Schlagton
1	Grüninger	1951		es'
2	Grüninger	1951		f'
3	Grüninger	1922		as'
4	Grüninger	1951		b'
5	Grüninger	1951		c''

79871 Eisenbach, St. Benedikt

	Gießer	Gussjahr	kg	Schlagton
1	F.W. Schilling	1959	731	g'
2	F.W. Schilling	1959	480	a'
3	F.W. Schilling	1959	339	h'
4	F.W. Schilling	1959	195	d''
5	Grüninger	1859	25	cis'''

79312 Emmendingen, evang. Stadtkirche

	Gießer	Gussjahr	kg	Schlagton
1	Grüninger	1949	1014	es'
2	Grüninger	1949	700	g'
3	Grüninger	1949	400	b'
4	Bachert, Karlsruhe	1956	290	c''

78576 Emmingen ab Egg, St. Silvester

	Gießer	Gussjahr	kg	Schlagton
1	Grüninger	1950	900	e'
2	Grüninger	1950	600	fis'
3	Grüninger	1950	400	gis'
4	Grüninger	1950	250	h'
5	Bachert, Neunkirchen	2020	230	cis''
6	verm. Klain, Rottweil	1418	120	fis''

88097 Eriskirch, Mariä Himmelfahrt

	Gießer	Gussjahr	kg	Schlagton
1	Leonhart Ernst, Lindau	1595	1600	des'
2	Grüninger	1950	850	f'
3	Bachert, Karlsruhe	2007	600	as'
4	Bachert, Karlsruhe	2007	465	b'
5	unbezeichnet	13. Jh.	260	c''
6	unbezeichnet	14. Jh.	175	f''

72351 Erlaheim, St. Silvester

	Gießer	Gussjahr	kg	Schlagton
1	Grüninger	1949		f'
2	Grüninger	1949		g'
3	Grüninger	1949		a'
4	Grüninger	1904		c''

63906 Erlenbach am Main, St. Peter und Paul

	Gießer	Gussjahr	kg	Schlagton
1	Grüninger	1950	1000	f'
2	Grüninger	1950	600	as'
3	Grüninger	1950	400	b'
4	Bachert, Bad Friedrichshall	1977	284	des''

88662 Ernatsreute, Nikolauskapelle

	Gießer	Gussjahr	Durchmesser
1	Franz Joseph Benjamin (I) und Nikolaus Meinrad (II) Grieninger	2. Hälfte 18. Jh.	39 cm

88271 Esenhausen, St. Martin

	Gießer	Gussjahr	kg	Schlagton
1	Grüninger	1950	750	fis'
2	Grüninger	1950	450	a'
3	Grüninger	1950	330	h'
4	Grüninger	1950	180	d''

76275 Ettlingen, St. Martin

	Gießer	Gussjahr	kg	Schlagton
1	Karlsruher Glockengießerei	1997	3584	A
2	Grüninger	1950	1700	cis'
3	Allgeyer	1699	960	e'
4	Grüninger	1950	600	fis'
5	Allgeyer	1699	380	a'
6	Karlsruher Glockengießerei	1997	348	h'

97638 Eußenhausen, St. Bartholomäus

	Gießer	Gussjahr	kg	Schlagton
1	Grüninger	1949	500	g'
2	Johann Kistner	1711	300	b'
3	Grüninger	1949	220	c''

72184 Eutingen im Gäu, Friedhofskapelle

	Gießer	Gussjahr	Durchmesser
1	Meinrad (I) Anton Grieninger	1741	44 cm

93167 Falkenstein (Oberpfalz), St. Sebastian

	Gießer	Gussjahr	kg	Schlagton
1	Perner, Passau	1962	1450	dis'
2 (Weißbronze)	Grüninger	1948	750	fis'
3	Perner, Passau	1962	600	gis'
4	Perner, Passau	1962	350	h'

78628 Feckenhausen, St. Michael

	Gießer	Gussjahr	kg	Schlagton
1	Grüninger	1950	200	des''
2	Grüninger	1950	130	es''
3	Grüninger	1950	75	ges''

79379 Feldberg (Markgräflerland), evang. Kirche

	Gießer	Gussjahr	kg	Schlagton
1	Grüninger	1949	900	e'
2	Grüninger	1949	500	g'
3	Grüninger	1912	300	h'

88444 Fischbach, St. Odilia

	Gießer	Gussjahr	kg	Schlagton
1	Grüninger	1949		f'
2	Grüninger	1949		a'
3	Grüninger	1949		c''
4	Schmeltz, Biberach	1777	90	

83730 Fischbachau, Nebenkirche Maria Schutz

	Gießer	Gussjahr	kg	Schlagton
1 (Weißbronze)	Grüninger	1949	130	e''
2 (Weißbronze)	Grüninger	1949	90	fis''

88373 Fleischwangen, St. Felix und Auductus

	Gießer	Gussjahr	kg	Schlagton
1	Grüninger	1950	1050	fis'
2	Biberacher Gießhütte	um 1500	650	a'
3	Grüninger	1950	450	h'
4	Grüninger	1950	310	cis''

73441 Flochberg, Mariä Heimsuchung

	Gießer	Gussjahr	kg	Schlagton
1	Grüninger	1949		a'
2	Grüninger	1949		c''
3	Grüninger	1949		d''
4	Grüninger	1949		e''

84570 Flossing, St. Johannes d.T.

	Gießer	Gussjahr	kg	Schlagton
1	Grüninger	1951	1620	d'
2	Stecher, Burghausen	1780		fis'
3	Grüninger	1951	443	a'
4	Grüninger	1951	313	h'

79100 Freiburg-Günterstal, St. Lioba

	Gießer	Gussjahr	kg	Schlagton
1	Grüninger	1928	45	b''

79111 Freiburg-St. Georgen, St. Peter und Paul

	Gießer	Gussjahr	kg	Schlagton
1	Grüninger	1950	750	fis'

88699 Frickingen, St. Martin

	Gießer	Gussjahr	kg	Schlagton
1	Nikolaus Oberacker, Konstanz	1501	1593	e'
2	unbezeichnet	um 1400	1022	a'
3	Grüninger	1951	245	h'
4	Nikolaus Oberacker, Konstanz	1501	350	cis''
5	Maria Laach	2005	175	e''
6	Maria Laach	2005	117	fis''

79877 Friedenweiler, St. Johannes Baptist

	Gießer	Gussjahr	kg	Schlagton
1	Rosenlecher (III), Konstanz	1759		g'
2	Meinrad (I) Anton und Jakob Pelagius Grieninger	1726		b'
3	F.W. Schilling	1950		des''

77948 Friesenheim, evang. Kirche

	Gießer	Gussjahr	kg	Schlagton
1	Grüninger	1949	1700	d'
2	Grüninger	1949	1000	f'
3	Grüninger	1949	480	a'
4	Bachert, Karlsruhe	1922	250	c''

78665 Frittlingen, St. Hippolyt und Kassian

	Gießer	Gussjahr	kg	Schlagton
1	Grüninger	1949	876	e'
2	Grüninger	1949	396	gis'
3	Grüninger	1949	261	h'
4	Oswald Klain, Rottweil	1461	250	cis''

88273 Fronreute-Fronhofen, St. Konrad

	Gießer	Gussjahr	kg	Schlagton
1	Bachert, Heilbronn	1982	2600	c'
2	Grüninger	1950	1350	es'
3	Ernst, Lindau	1680	850	f'
4	Grüninger	1950	625	g'
5	Grüninger	1950	350	b'
6	Grüninger	1950	250	c''

78262 Gailingen, St. Dionysius

	Gießer	Gussjahr	kg	Schlagton
1	F.W. Schilling	1961	2506	H'
2	F.W. Schilling	1961	1230	dis'
3	Grüninger	1950	600	fis'
4	Grüninger	1950	400	gis'
5	F.W. Schilling	1961	365	h'

97762 Gauaschach, St. Sebastian

	Gießer	Gussjahr	kg	Schlagton
1 (Weißbronze)	Grüninger	1948	1100	es'
2 (Weißbronze)	Grüninger	1948	600	ges'
3 (Weißbronze)	Grüninger	1948	400	as'
4	Ulrich, Apolda	1920		b'

79771 Geißlingen (Klettgau), St. Katharina

	Gießer	Gussjahr	kg	Schlagton
1	Grüninger	1950	350	a'
2	Grüninger	1950	250	h'
3	Grüninger	1950	165	d''

77723 Gengenbach, St. Marien

	Gießer	Gussjahr	kg	Schlagton
1	Grüninger	1949	2220	H
2	Grüninger	1949	1600	cis'
3	Grüninger	1949	1070	dis'
4	Grüninger	1949	600	fis'
5	Grüninger	1949	420	gis'
6	Karlsruher Glockengießerei	1989	443	ais'
7	Karlsruher Glockengießerei	1989	255	cis''
8	Grüninger	1926	175	dis''

77723 Gengenbach, Friedhofskirche St. Martin

	Gießer	Gussjahr	kg	Schlagton
1	Karlsruher Glockengießerei	1989	1020	e'
2	Matthäus Grieninger	1689	620	fis'
3	Allgeyer, Offenburg	1718	350	a'

77723 Gengenbach, Berglekapelle St. Jakobus

	Gießer	Gussjahr	kg	Schlagton
1	F.W. Schilling	1955	80	g''
2	Grüninger	1951	55	b''

97218 Gerbrunn, St. Nikolaus

	Gießer	Gussjahr	kg	Schlagton
1 (Weißbronze)	Grüninger	1949	600	fis'
2 (Weißbronze)	Grüninger	1949	350	a'
3 (Weißbronze)	Grüninger	1949	250	h'
4	unbezeichnet	1769	205	cis''

76593 Gernsbach, St. Marien

	Gießer	Gussjahr	kg	Schlagton
1	Grüninger	1950	1500	es'
2	Grüninger	1950	1100	f'
3	Grüninger	1950	640	as'
4	Grüninger	1922	380	b'
5	Grüninger	1950	280	c''

79736 Glashütten, St. Antonius

	Gießer	Gussjahr	kg	Schlagton
1	Grüninger	1894	150	e''
2	Grüninger	1894	88	g''

72172 Glatt bei Sulz am Neckar, St. Gallus

	Gießer	Gussjahr	kg	Schlagton
1	Grüninger	1950	750	f'
2	Grüninger	1950	400	as'
3	Grüninger	1950	300	b'

79286 Glottertal, Wuspenhof

	Gießer	Gussjahr	Durchmesser
1	Franz Joseph Benjamin (I) Grieninger	1763	40 cm

85276 Göbelsbach, St. Vitus

	Gießer	Gussjahr	kg	Schlagton
1 (Weißbronze)	Grüninger	1949	550	g'
2 (Weißbronze)	Grüninger	1949	300	a'
3 (Weißbronze)	Grüninger	1949	200	c''

79733 Görwihl, St. Bartholomäus

	Gießer	Gussjahr	kg	Schlagton
1	Grüninger	1950	1500	des'
2	Grüninger	1950	1100	es'
3	Grüninger	1950	750	f'
4	Grüninger	1950	400	as'
5	Karlsruher Glockengießerei	1939	350	b'
6	Bachert, Karlsruhe	1963	165	es''

79733 Görwihl-Tiefenstein, Kapelle St. Theresia

	Gießer	Gussjahr	kg	Schlagton
1	Grüninger	um 1910		h''

72488 Gorheim, Herz Jesu

	Gießer	Gussjahr	kg	Schlagton
1	Grüninger	1950		d''
2	Grüninger	1950		f''
3	Grüninger	1950		g''

78559 Gosheim, Heilig Kreuz

	Gießer	Gussjahr	kg	Schlagton
1	Grüninger	1949	1600	cis'
2	Grüninger	1949	900	e'
3	Grüninger	1949	600	fis'
4	Grüninger	1950	350	a'

97461 Goßmannsdorf (Haßberge), St. Margaretha

	Gießer	Gussjahr	kg	Schlagton
1	Grüninger	1950		f'
2	Grüninger	1950		as'
3	Grüninger	1950		b'
4	unbezeichnet	16. Jh.		des''

78244 Gottmadingen, Christkönig

	Gießer	Gussjahr	kg	Schlagton
1	F.W. Schilling	1960	3747	A
2	F.W. Schilling	1960	2509	H
3	Kurtz, Stuttgart	1953	1600	cis'
4	Grüninger	1949	900	e'
5	Grüninger	1931	590	fis'

79865 Grafenhausen/Hochschwarzwald, St. Fides

	Gießer	Gussjahr	kg	Schlagton
1	Grüninger	1950	1700	d'
2	Grüninger	1950	1000	f'
3	Grüninger	1950	700	g'
4	Grüninger	1950	400	b'

88682 Grasbeuren (Salem), St. Georg

	Gießer	Gussjahr	kg	Schlagton
1	Grüninger	1917	120	f''
2	Grüninger	1917	80	a''

78098 Gremmelsbach, St. Josef

	Gießer	Gussjahr	kg	Schlagton
1	Grüninger	1951	220	c''
2	Nikolaus Meinrad (II) und Severin Benjamin (II) Grüninger	1815	130	es''
3	Grüninger	1951	90	f''

79206 Grezhausen, St. Bernhard

	Gießer	Gussjahr	kg	Schlagton
1	Grüninger	1950	43	b''
2	Grüninger	1950	25	des'''

79780 Grimmelshofen, St. Martin

	Gießer	Gussjahr	kg	Schlagton
1	Glockengießerei Heidelberg	1975	283	c''
2	Grüninger	1950		d''
3	Grüninger	1950		e''
4	Grüninger	1924		g''

71723 Großbottwar, St. Pius X.

	Gießer	Gussjahr	kg	Schlagton
1	Grüninger	1949		a'
2	Bachert, Heilbronn	1959		h'
3	Bachert, Heilbronn	1962		d''

72415 Grosselfingen, St. Hubertus

	Gießer	Gussjahr	kg	Schlagton
1	Glockengießerei Heidelberg	1977	1089	e'
2	Glockengießerei Heidelberg	1977	747	g'
3	Grüninger	1949	450	a'
4	Glockengießerei Heidelberg	1977	364	h'
5	Ulrich, Apolda	1925	200	d''
6	Grüninger	1949	120	f''

79219 Grunern (Staufen), St. Agatha

	Gießer	Gussjahr	kg	Schlagton
1	Grüninger	1949	646	g'
2	Grüninger	1949	393	b'
3	Bachert, Karlsruhe	1922	185	d''

79725 Grunholz, Maria Königin

	Gießer	Gussjahr	kg	Schlagton
1	Bachert, Karlsruhe	2007	363	b'
2	Grüninger	1894	251	des''

79848 Gündelwangen, St. Maria

	Gießer	Gussjahr	kg	Schlagton
1	F.W. Schilling	1951	303	h'
2	F.W. Schilling	1951	175	d''
3	Franz Joseph Benjamin (I) Grieninger	1775	150	d''
4	Maria Laach	2014	130	e''
5	Grüninger	1926	70	as''

78148 Gütenbach, St. Katharina

	Gießer	Gussjahr	kg	Schlagton
1	F.W. Schilling	1965	1593	es'
2	F.W. Schilling	1965	1079	f'
3	F.W. Schilling	1965	705	g'
4	F.W. Schilling	1965	514	b'
5	F.W. Schilling	1965	351	c''
6	Johann Joachim Grieninger	1664	310	h'

79194 Gundelfingen bei Freiburg, evang. Kiche

	Gießer	Gussjahr	kg	Schlagton
1	Grüninger	1950	399	gis'
2	Grüninger	1950	259	h'
3	Grüninger	1950	189	cis''
4	Bachert, Karlsruhe	1922	131	dis''

78594 Gunningen. St. Georg

	Gießer	Gussjahr	kg	Schlagton
1	Bachert, Heilbronn	1955	781	fis'
2	Bachert, Heilbronn	1955	541	a'
3	Bachert, Heilbronn	1955	306	h'
4	Jakob Pelagius Grieninger	1757	175	dis''

63776 Gunzenbach, St. Michael

	Gießer	Gussjahr	kg	Schlagton
1 (Weißbronze)	Grüninger	1949		fis'
2 (Weißbronze)	Grüninger	1949		a'
3 (Weißbronze)	Grüninger	1949		h'
4	Otto, Hemelingen	1906		cis''
5 (Weißbronze)	Grüninger	1949		e''

79761 Gurtweil, St. Simon und Judas

	Gießer	Gussjahr	kg	Schlagton
1	F.W. Schilling	1959	920	ges'
2	Grüninger	1951	600	as'
3	Grüninger	1951	400	b'
4	F.W. Schilling	1959	248	des''

77793 Gutach (Schwarzwaldbahn), evang. Kirche

	Gießer	Gussjahr	kg	Schlagton
1	Grüninger	1950	750	f'
2	Grüninger	1950	400	as'
3	Grüninger	1950	300	b'
4	Edel, Straßburg	1715	250	des''

72488 Gutenstein, St. Gallus

	Gießer	Gussjahr	kg	Schlagton
1	Grüninger	1950	500	g'
2	Grüninger	1950	350	a'
3	Grüninger	1950	250	h'
4	Grüninger	1950	160	d''
5	Schalch, Schaffhausen	1704	260	c''
6	Rosenlächer, Konstanz	1784	170	es''

78187 Gutmadingen, St. Konrad

	Gießer	Gussjahr	kg	Schlagton
1	Grüninger	1951	1200	e'
2	Grüninger	1951	700	g'
3	Grüninger	1951	480	a'
4	Grüninger	1885	300	c''

78187 Gutmadingen, Marienkapelle

	Gießer	Gussjahr	Durchmesser
1	Franz Joseph Benjamin (I) Grieninger	1770	38 cm

72401 Haigerloch, St. Anna

	Gießer	Gussjahr	kg	Schlagton
1	Grüninger	1950	130	dis''
2	F.W. Schilling	1957	90	fis''

89356 Haldenwang bei Günzburg, St. Maria Immaculata

	Gießer	Gussjahr	kg	Schlagton
1	Grüninger	1949		f'
2	Grüninger	1949		g'
3	Grüninger	1949		a'
4	Grüninger	1949		c''

74736 Hardheim-Rüdental, Kapelle St. Marien

	Gießer	Gussjahr	kg	Schlagton
1	Grüninger	1882	85	fis''

78739 Hardt, St. Georg

	Gießer	Gussjahr	kg	Schlagton
1	Grüninger	1949	906	e'
2	Grüninger	1949	610	fis'
3	Grüninger	1949	410	gis'
4	Grüninger	1894	301	h'

78736 Harthausen (Epfendorf), St. Michael

	Gießer	Gussjahr	kg	Schlagton
1	Kurtz, Stuttgart	1960	620	g'
2	Grüninger	1919	380	b'
3	Grüninger	1925	230	c''

Glocke 2 hing ursprünglich in St. Silvester in Altoberndorf. Als dort 1952 neue Glocken angeschafft wurden, kam diese Glocke nach Harthausen.

72474 Harthausen (Winterlingen), St. Mauritius

	Gießer	Gussjahr	kg	Schlagton
1	Grüninger	1949	600	gis'
2	Grüninger	1949	350	h'
3	Bachert, Karlsruhe	1922		dis''
4	im Dachreiter			e'''

78194 Hattingen, St. Synesius und Theopont

	Gießer	Gussjahr	kg	Schlagton
1	Grüninger	1950	700	g'
2	Grüninger	1921	440	h'
3	Grüninger	1950	300	c''

77756 Hausach, St. Mauritius

	Gießer	Gussjahr	kg	Schlagton
1	Grüninger	1950	1700	d'
2	Grüninger	1950	1200	e'
3	Grüninger	1950	800	fis'
4	Grüninger	1950	500	a'

77756 Hausach, ehem. Sixtuskapelle (heute Wohnhaus)

	Gießer	Gussjahr	Durchmesser
1	Franz Joseph Benjamin (I) und Nikolaus Meinrad (II) Grieninger	1794	42 cm

72393 Hausen im Killertal, St. Nikolaus

	Gießer	Gussjahr	kg	Schlagton
1	Grüninger	1949	513	g'
2	Grüninger	1949	296	b'
3	Grüninger	1949	210	c''
4	Grüninger	1923		es''

78628 Hausen ob Rottweil, St. Maria

	Gießer	Gussjahr	kg	Schlagton
1	Grüninger	1949	350	a'
2	Kurtz, Stuttgart	1957	267	c''
3	Grüninger	1949	160	d''

72379 Hechingen, St. Jakobus

	Gießer	Gussjahr	kg	Schlagton
1	Grüninger	1950	1700	d'
2	Hans Eger, Reutlingen	1475	1400	f'
3	Grüninger	1950	700	g'
4	Grüninger	1950	450	a'
5	Grüninger	1922	300	c''
6	Bachert, Karlsruhe	2017	250	d''
7	Bachert, Karlsruhe	2017	170	e''

72379 Hechingen, St. Luzen

	Gießer	Gussjahr	kg	Schlagton
1	Grüninger	1950		g''
2	Kurtz, Stuttgart	1953		b''

72379 Hechingen, Spitalkirche

	Gießer	Gussjahr	kg	Schlagton
1	Schmeltz, Biberach	1754		b''
2	Grüninger	1950		c''

69120 Heidelberg-Neuenheim, St. Raphael

	Gießer	Gussjahr	kg	Schlagton
1	Grüninger	1904	1050	e'
2	F.W. Schilling	1954	827	fis'
3	F.W. Schilling	1954	683	gis'
4	F.W. Schilling	1954	428	h'
5	F.W. Schilling	1954	304	cis''

69123 Heidelberg-Wieblingen, alte Kirche St. Bartholomäus

	Gießer	Gussjahr	kg	Schlagton
1	Grüninger	1921	218	c''

56412 Heilberscheid, Mariä Himmelfahrt

	Gießer	Gussjahr	kg	Schlagton
1 (Weißbronze)	Grüninger	1949	330	h'
2 (Weißbronze)	Grüninger	1949	250	d''
3 (Weißbronze)	Grüninger	1949	170	e''

88633 Heiligenberg-Wintersulgen, Kapelle St. Maria

	Gießer	Gussjahr	kg	Schlagton
1	Grüninger	1922	35	c'''

61130 Heldenbergen, Märiä Verkündigung

	Gießer	Gussjahr	kg	Schlagton
1	Grüninger	1950		g'
2	Grüninger	1950		b'
3	Grüninger	1950		c''
4	Störmer, Erfurt	1923		es''

79737 Herrischried-Großherrischwand, St. Wendelin

	Gießer	Gussjahr	kg	Schlagton
1	F.W. Schilling	1960	132	es''
2	Grüninger			ges''

89134 Herrlingen, St. Andreas

	Gießer	Gussjahr	kg	Schlagton
1	Joseph Arnoldt, Lothringen	1773	990	f'
2	Grüninger	1950	700	g'
3	Grüninger	1950	450	a'
4	Grüninger	1950	300	c''

78052 Herzogenweiler, St. Wendelin

	Gießer	Gussjahr	kg	Schlagton
1	Grüninger	1950	175	es''
2	Grüninger	1950	90	g''
3	Grüninger	1909	42	b''
4	Paul Kreiz	1798		c'''

97650 Heufurt, St. Jakobus d.Ä.

	Gießer	Gussjahr	kg	Schlagton
1 (Weißbronze)	Grüninger	1949		es'
2 (Weißbronze)	Grüninger	1949		ges'
3 (Weißbronze)	Grüninger	1949		as'
4 (Weißbronze)	Grüninger	1949		b'

79875 Hierbach, St. Bernhard

	Gießer	Gussjahr	kg	Schlagton
1	Grüninger	1950		as'
2	Grüninger	1950		b'
3	Grüninger	1950		c''
4	Koch, Freiburg	1898		es''
5	Rosenlächer, Konstanz	1888		ges''

78247 Hilzingen, St. Peter und Paul

	Gießer	Gussjahr	kg	Schlagton
1	Bachert, Karlsruhe	2015	1060	e'
2	unbezeichnet	14. Jh.	650	gis'
3	Ernst, Lindau	1609	470	gis'
4	Bachert, Karlsruhe	2015	300	h'
5	Christoph Reble	1619	190	cis''
6	Kirchheim, Schaffhausen	1478	130	e''
7	Flach, Schaffhausen (?)	1681	80	fis''

97267 Himmelstadt, St. Jakobus

	Gießer	Gussjahr	kg	Schlagton
1 (Weißbronze)	Grüninger	1950	1000	f'
2 (Weißbronze)	Grüninger	1950	700	g'
3 (Weißbronze)	Grüninger	1950	400	b'
4	unbezeichnet	15. Jh.	130	f''

79856 Hinterzarten, Mariä Himmelfahrt

	Gießer	Gussjahr	kg	Schlagton
1	F.W. Schilling	1957	1074	f'
2	F.W. Schilling	1957	727	g'
3	F.W. Schilling	1957	495	a'
4	Christoph Reble	1645	500	a'
5	F.W. Schilling	1957	287	c''
6	F.W. Schilling	1957	203	d''

72145 Hirrlingen, St. Martinus

	Gießer	Gussjahr	kg	Schlagton
1	Grüninger	1949	832	fis'
2	Grüninger	1949	464	a'
3	unbezeichnet	um 1300	350	h'
4	Grüninger	1949	206	cis''

88454 Hochdorf (Riß), St. Martinus

	Gießer	Gussjahr	kg	Schlagton
1	Grüninger	1950	900	e'
2	Grüninger	1950	500	g'
3	Grüninger	1950	350	a'
4	Klaus, Heidingsfeld	1920	280	c''

78073 Hochemmingen, St. Peter und Paul

	Gießer	Gussjahr	kg	Schlagton
1	F.W. Schilling	1955	1127	f'
2	Grüninger	1922	605	as'
3	F.W. Schilling	1955	454	b'

76571 Hörden (Gaggenau), St. Johannes Nepomuk

	Gießer	Gussjahr	kg	Schlagton
1	Grüninger	1949	600	gis'
2	Grüninger	1949	340	h'
3	Grüninger	1949	244	cis''

72393 Hörschwag, St. Mauritius

	Gießer	Gussjahr	kg	Schlagton
1	Grüninger	1950		b'
2	Grüninger	1950		c''
3	Grüninger	1950		es''
4	unbezeichnet	1756		h''

73433 Hofen, St. Georg

	Gießer	Gussjahr	kg	Schlagton
1	Grüninger	1950	1200	e'
2	Grüninger	1950	900	g'
3	Grüninger	1950	700	a'
4	Kurtz, Stuttgart	1887	350	h'

97461 Hofheim/Unterfranken, St. Johannes d.T.

	Gießer	Gussjahr	kg	Schlagton
1	Grüninger	1949		es'
2	Roth, Würzburg	1746		ges'
3	Perner, Passau	2011		as'
4	Roth, Würzburg	1753		b'
5	Roth, Würzburg	1746		des''

73494 Hohenberg, St. Jakobus

	Gießer	Gussjahr	kg	Schlagton
1	Grüninger	1949	750	f'
2	Grüninger	1949	400	as'
3	Grüninger	1949	300	b'
4	Hamm, Frankenthal	1895	250	c''

79400 Holzen, evang. Kirche

	Gießer	Gussjahr	kg	Schlagton
1	Grüninger	1950	600	fis'
2	Beyer, Freiburg	1813	300	ais'
3	Grüninger	1950	200	cis''
4	Jakob Roth und Heinrich Weitenauer, Basel	1686	150	e''

78176 Hondingen, St. Martin

	Gießer	Gussjahr	kg	Schlagton
1	Glockengießerei Heidelberg	1980	484	gis'
2	unbezeichnet	1550	650	h'
3	Grüninger	1923	550	cis''
4	Glockengießerei Heidelberg	1980	132	e''
5	Grüninger	1865		gis''

72160 Horb, Hl. Kreuz

	Gießer	Gussjahr	kg	Schlagton
1	Bachert, Heilbronn	1955	1950	cis'
2	Franz Joseph Benjamin (I) und Nikolaus Meinrad (II) Grieninger	1785	920	e'
3	Bachert, Heilbronn	1955	785	fis'
4	Nikolaus Rosier, Lothringen	1732	440	a'
5	Bachert, Heilbronn	1955	310	h'
6	Bachert, Heilbronn	1955	225	cis''

78132 Hornberg, Rathaus

	Gießer	Gussjahr	Durchmesser
1	Franz Joseph Benjamin (I) und Nikolaus Meinrad (II) Grieninger	1792	42 cm

78183 Hüfingen, St. Gallus und Verena

	Gießer	Gussjahr	kg	Schlagton
1	F.W. Schilling	1954	1960	des'
2	F.W. Schilling	1954	1309	es'
3	Franz Joseph Benjamin (I) und Nikolaus Meinrad (II) Grieninger	1789	1100	f'
4	Gebrüder Hug	14. Jh.	775	as'
5	unbezeichnet	um 1300	550	b'
6	Karlsruher Glockengießerei	1992	252	des''
7	Gebrüder Hug	14. Jh.	100	ges''

78183 Hüfingen, evang. Friedenskirche

	Gießer	Gussjahr	kg	Schlagton
1	Bachert, Karlsruhe	1965		b'
2	Grüninger	1876		des''
3	Bachert, Karlsruhe	1965		es''

73460 Hüttlingen, Hl. Kreuz

	Gießer	Gussjahr	kg	Schlagton
1	Grüninger	1950	1150	e'
2	Grüninger	1950	680	g'
3	Grüninger	1950	450	a'
4	Grüninger	1950	300	c''

87648 Huttenwang, St. Johannes d.T.

	Gießer	Gussjahr	kg	Schlagton
1	Grüninger	1950	750	f'
2	Grüninger	1950	400	as'
3	Grüninger	1950	300	b'
4	Grüninger	1950	200	des''

88636 Illmensee-Neubrunn, Kapelle

	Gießer	Gussjahr	kg	Schlagton
1	Grüninger	1924	50	h''

88636 Illmensee-Ruschweiler, Kapelle St. Maria

	Gießer	Gussjahr	kg	Schlagton
1	Grüninger	1921	100	f''
2	Grüninger	1950	60	as''

97950 Ilmspan, St. Laurentius

	Gießer	Gussjahr	kg	Schlagton
1	Grüninger	1950	750	f'
2	F.W. Schilling	1953	587	g'
3	Grüninger	1949	350	a'
4				c''

88433 Ingerkingen, St. Ulrich

	Gießer	Gussjahr	kg	Schlagton
1	Grüninger	1949	1015	es'
2	Biberacher Gießhütte	1498		g'
3	Biberacher Gießhütte	1506		c''

72513 Inneringen, St. Martin

	Gießer	Gussjahr	kg	Schlagton
1	Johannes Rosier, Lothringen	1703	900	f'
2	Grüninger	1950	600	g'
3	Grüninger	1950	400	a'
4	Grüninger	1950	250	c''
5	unbezeichnet	14. Jh.	120	fis''

79594 Inzlingen, St. Peter und Paul

	Gießer	Gussjahr	kg	Schlagton
1	Grüninger	1951	400	a'
2	Grüninger	1951	300	h'
3	Grüninger	1951	210	cis''
4	Grüninger	1922	140	e''

78194 Ippingen, St. Prisca

	Gießer	Gussjahr	kg	Schlagton
1	Grüninger	1949	700	g'
2	Grüninger	1949	450	a'
3	Humpert, Brilon	1928	280	h'

79798 Jestetten, St. Benedikt

	Gießer	Gussjahr	kg	Schlagton
1	Rozier/Lenorge	1639		e'
2 (Weißbronze)	Grüninger	1949	500	g'
3 (Weißbronze)	Grüninger	1949	350	a'
4 (Weißbronze)	Grüninger	1949	250	h'

86633 Joshofen, Hl. Kreuz

	Gießer	Gussjahr	kg	Schlagton
1	Grüninger	1951		gis'
2	Hamm, Augsburg	1919		h'
3	Grüninger	1951		cis''
4	Karlsruher Glockengießerei	1993		e''

72488 Jungnau, St. Anna

	Gießer	Gussjahr	kg	Schlagton
1	Christoph Reble	1627	230	cis''
2	Bachert, Heilbronn	1923	130	e''

76131 Karlsruhe, St. Bernhard

	Gießer	Gussjahr	kg	Schlagton
1	Grüninger	1902	4172	B
2	Grüninger	1902	2638	c'
3	Grüninger	1902	1865	d'
4	Kurtz, Stuttgart	1948	964	f'
5	Grüninger	1902	735	g'
6	Grüninger	1902	492	a'
7	Kurtz, Stuttgart	1948	402	b'
8	Grüninger	1902	317	c''

76133 Karlsruhe, evang. Kleine Kirche

	Gießer	Gussjahr	kg	Schlagton
1	Franz Joseph Benjamin (I) Grieninger	1767	938	f'
2	Bachert, Karlsruhe	1952		g'
3	Edel, Straßburg	1717		b'
4	Bachert, Karlsruhe	1952		c''

Die größte Glocke ist die letzte erhaltene Glocke aus dem ehemaligen, 1767 gegossenen Geläute für das Benediktinerkloster in Villingen. Nach der Säkularisation kamen die Glocken in die evangelische Stadtkirche in Karlsruhe. Die einzige Glocke, die den Zweiten Weltkrieg überstanden hat, kam nach dem Krieg in die Kleine Kirche.

76199 Karlsruhe-Rüppurr, alte St. Nikolauskirche

	Gießer	Gussjahr	kg	Schlagton
1	Grüninger	1866		es''

87437 Kempten-Lenzfried, St. Magnus

	Gießer	Gussjahr	kg	Schlagton
1	Grüninger	1949	2600	B
2	Grüninger	1949	1700	des'
3	Grüninger	1949	1080	es'
4	Grüninger	1949	770	f'
5	Grüninger	1949	440	as'
6	Grüninger	1949	330	b'
7	Grüninger	1949	200	c''

86825 Kirchdorf bei Bad Wörishofen, St. Stephan

	Gießer	Gussjahr	kg	Schlagton
1	Grüninger	1950	2270	c'
2	Grüninger	1950	1260	es'
3	Grüninger	1950	890	f'
4	Grüninger	1950	610	g'
5	Grüninger	1950	350	b'
6	Grüninger	1950	250	c''

78086 Kirchdorf (Brigachtal) bei Villingen-Schwenningen, St. Martin

	Gießer	Gussjahr	kg	Schlagton
1	Grüninger	1950	800	fis'
2	Grüninger	1950	600	gis'
3	Grüninger	1950	300	h'
4	Grüninger	1950	200	cis''
5	Grüninger	1950	175	dis''

79238 Kirchhofen, Mariä Himmelfahrt

	Gießer	Gussjahr	kg	Schlagton
1	F.W. Schilling	1955	1732	d'
2	Grüninger	1949	1000	f'
3	Grüninger	1949	700	g'
4	Grüninger	1949	400	b'
5	F.W. Schilling	1955	302	c''
6	F.W. Schilling	1955	217	d''
7	Gapp, Freiburg	1723		g''

79199 Kirchzarten, St. Gallus

	Gießer	Gussjahr	kg	Schlagton
1	Grüninger	1950	2500	c'
2	Grüninger	1950	1150	e'
3	Grüninger	1950	680	g'
4	Thouvenel, Lothringen	1699	500	a'
5	Grüninger	1936	250	c''

79199 Kirchzarten, Kapelle Giersberg

	Gießer	Gussjahr	kg	Schlagton
1	Grüninger	1950	100	g''
2	Weitenauer, Basel	1711	55	b''

77709 Kirnbach, evang. Kirche

	Gießer	Gussjahr	kg	Schlagton
1	Grüninger	1950	500	gis'
2	Grüninger	1950	300	h'
3	Bachert	1920	200	cis''
4	Grüninger	1950	150	dis''

63839 Kleinwallstadt, St. Peter und Paul

	Gießer	Gussjahr	kg	Schlagton
1	Czudnochowsky, Erding	1955	1153	es'
2 (Weißbronze)	Grüninger	1949	500	g'
3 (Weißbronze)	Grüninger	1949	300	b'
4	Ulrich, Apolda	1926	330	c''

78126 Königsfeld, evang. Kirchensaal

	Gießer	Gussjahr	kg	Schlagton
1	Grüninger	1865		d''

78176 Kommingen, St. Cyriak

	Gießer	Gussjahr	kg	Schlagton
1	Grüninger	1876	210	d''
2	F.W. Schilling	1958	104	f''
3	Grüninger	1920	80	g''

78462 Konstanz, Hl. Dreifaltigkeit

	Gießer	Gussjahr	kg	Schlagton
1	Rosenlächer, Konstanz	1828	260	h'
2	Grüninger	1921	120	dis''

78467 Konstanz, St. Gebhard

	Gießer	Gussjahr	kg	Schlagton
1	F.W. Schilling	1954	4100	AS
2	F.W. Schilling	1951	1985	c'
3	F.W. Schilling	1951	1097	es'
4	Grüninger	1930	772	f'
5	Perner, Passau	2005	607	as'

78647 Konstanz, St. Suso

	Gießer	Gussjahr	kg	Schlagton
1	Karlsruher Glockengießerei	1984	270	c''
2	Grüninger	1949	160	d''
3	Grüninger	1949	90	f''
4	Grüninger	1949	65	g''

78467 Konstanz-Wollmatingen, evang. Christuskirche

	Gießer	Gussjahr	kg	Schlagton
1	Grüninger	1949	1400	d'
2	Grüninger	1949	1000	f'
3	Bachert	1934	350	b'

72505 Krauchenwies, St. Laurentius

	Gießer	Gussjahr	kg	Schlagton
1	Grüninger	1950	1000	f'
2	Grüninger	1950	600	as'
3	Grüninger	1950	400	b'
4	Weinschenck, Mengen	1575	350	des''

74238 Krautheim-Horrenbach, St. Valentin

	Gießer	Gussjahr	kg	Schlagton
1	Bachert, Kochendorf	1950		as''
2	Grüninger	1922	120	c'''

63829 Krombach, St. Lambertus und Sebastian

	Gießer	Gussjahr	kg	Schlagton
1 (Weißbronze)	Grüninger	1949	1000	f'
2 (Weißbronze)	Grüninger	1949	600	as'
3	Klaus, Heidingsfeld	1924	400	b'

88069 Krumbach (Tettnang), St. Georg

	Gießer	Gussjahr	kg	Schlagton
1	Grüninger	1951	1169	e'
2	Grüninger	1951	657	g'
3	Grüninger	1951	443	a'
4	Grüninger	1951	284	c''
5	Schmeltz, Biberach	1777	475	a'

97900 Külsheim, St. Martin

	Gießer	Gussjahr	kg	Schlagton
1	Grüninger	1949	1200	e'
2	Grüninger	1949	600	gis'
3	Ulrich, Apolda	1921	385	h'
4	Grüninger	1949	250	cis''

79790 Küssaberg-Küßnach

	Gießer	Gussjahr	kg	Schlagton
1	Muchenberger, Blasiwald	1829		g''
2	Grüninger	1927		g'' (Ton beider Glocken nahezu identisch)

77933 Kuhbach, Mariä Heimsuchung

	Gießer	Gussjahr	kg	Schlagton
1	Grüninger	1950	800	fis'
2	Grüninger	1950	400	ais'
3	Grüninger	1950	250	cis''
4	Grüninger	1932		dis''

74635 Kupferzell, St. Michael

	Gießer	Gussjahr	kg	Schlagton
1	Grüninger	1949		h'
2	Bachert, Kochendorf	1901		cis''
3	Grüninger	1948		e''

72127 Kusterdingen, evang. Marienkirche

	Gießer	Gussjahr	kg	Schlagton
1	Grüninger	1950	700	fis'
2	Grüninger	1950	400	a'
3	Grüninger	1950	300	h'
4	Kurtz, Stuttgart	1955	231	cis''

72488 Laiz, St. Peter und Paul

	Gießer	Gussjahr	kg	Schlagton
1	Grüninger	1949	1125	e'
2	Grüninger	1949	550	gis'
3	Grüninger	1949	325	h'
4	Bachert, Karlsruhe	1922	210	cis''

88515 Langenenslingen, St. Konrad

	Gießer	Gussjahr	kg	Schlagton
1	Grüninger	1950	1700	cis'
2	Grüninger	1950	900	e'
3	Grüninger	1950	620	fis'
4	Grüninger	1950	470	gis'
5	Ulrich, Apolda	1919	310	h'

78112 Langenschiltach, evang. Kirche

	Gießer	Gussjahr	kg	Schlagton
1 (Weißbronze)	Grüninger	1949	650	g'
2	Bachert, Karlsruhe	1963	366	b'
3	Bachert, Karlsruhe	1963	200	d''

Die größte Glocke wurde ursprünglich für die evangelische Stadtkirche in Hornberg (Schwarzwald) gegossen. In Hornberg wurde 1958 ein neues Geläute angeschafft. Die Glocke kam daraufhin nach Langenschiltach.

77886 Lauf, St. Leonhard

	Gießer	Gussjahr	kg	Schlagton
1	Grüninger	1950	1100	es'
2	Grüninger	1950	750	f'
3	Grüninger	1950	500	g'
4	Grüninger	1950	300	b'
5	Grüninger	1919	230	c''

79295 Laufen bei Sulzburg, evang. Kirche

	Gießer	Gussjahr	kg	Schlagton
1	Grüninger	1951	600	fis'
2	Grüninger	1951	400	gis'
3	Grüninger	1951	250	h'

79780 Lausheim, St. Nikolaus

	Gießer	Gussjahr	kg	Schlagton
1	Füssli, Zürich ?	1585	900	g'
2	F.W. Schilling	1952	358	b'
3	F.W. Schilling	1952	243	c''
4	F.W. Schilling	1952	144	es''
5	Franz Joseph Benjamin (I) Grieninger	1788	150	f''

78730 Lauterbach/Schwarzwald, St. Michael

	Gießer	Gussjahr	kg	Schlagton
1	Grüninger	1920	1772	d'
2	Kuhn-Wolfart, Lauingen	1946	1250	e'
3	Kuhn-Wolfart, Lauingen	1946	850	fis'
4	Kuhn-Wolfart, Lauingen	1946	600	a'
5	Kuhn-Wolfart, Lauingen	1946	375	h'

36341 Lauterbach/Hessen, evang. Stadtkirche

	Gießer	Gussjahr	kg	Schlagton
1	Grüninger	1950		es'
2	J. Schirnbein	1699		f'
3	Grüninger	1950		g'
4	Kutschenbach	1743		b'
5	Kutschenbach	1752		as''

77731 Legelshurst, evang. Kirche

	Gießer	Gussjahr	kg	Schlagton
1	Grüninger	1950	900	e'
2	Grüninger	1950	500	g'
3	Grüninger	1950	350	a'
4	Grüninger	1950	220	c''

75233 Lehningen, St. Ottilia

	Gießer	Gussjahr	kg	Schlagton
1	Grüninger	1914	200	d''
2	Radler, Erfurt	1921	130	e''
3	Blüher, Stuttgart	1786	90	fis''

69181 Leimen, evang. Mauritiuskirche

	Gießer	Gussjahr	kg	Schlagton
1	Georg von Guntheim	1470	630	g'
2	Grüninger	1951	550	a'
3	B. Lachamann, Heilbronn	1510	290	c''

78187 Leipferdingen, St. Michael

	Gießer	Gussjahr	kg	Schlagton
1	Grüninger	1951	2250	c'
2	Grüninger	1951	1250	es'
3	Grüninger	1951	850	f'
4	Grüninger	1951	600	g'
5	Grüninger	1951	350	b'

89340 Leipheim, evang. Veitskirche

	Gießer	Gussjahr	kg	Schlagton
1	Grüninger	1950	1300	d'
2	Grüninger	1950	750	f'
3	Grüninger	1950	550	g'
4	Wolfart, Lauingen	1920	350	a'

88693 Lellwangen (Deggenhausertal), St. Martin

	Gießer	Gussjahr	kg	Schlagton
1	Koch, Freiburg	1880	200	d''
2	Grüninger	1919	90	fis''

88699 Leustetten, St. Stephan

	Gießer	Gussjahr	kg	Schlagton
1	Rosenlecher, Konstanz	1757	100	f''
2	Grüninger	1951.	45	as''

77839 Lichtenau-Muckenschopf, Maria am Wege

	Gießer	Gussjahr	kg	Schlagton
1	Grüninger	1922	100	f''
2	Grüninger	1919	60	g''

78355 Liggersdorf, St. Cosmas und Damian

	Gießer	Gussjahr	kg	Schlagton
1	Karlsruher Glockengießerei	1996	1408	d'
2	F.W. Schilling	1958	1096	e'
3	Grüninger	1949	500	g'
4	Grüninger	1949	250	h'
5	Biberacher Gießhütte	um 1500	200	d''

78355 Liggersdorf, Friedhofskapelle

	Gießer	Gussjahr	kg	Schlagton
1	Grüninger	1949	70	as''

78120 Linach, St. Wendelin

	Gießer	Gussjahr	kg	Schlagton
1	Grüninger	1950	200	des''
2	Grüninger	1950	100	f''
3	Karl Rosenlächer, Konstanz	1863	70	as''

73463 Lippach, St. Katharina

	Gießer	Gussjahr	kg	Schlagton
1	Grüninger	1950	600	gis'
2	Grüninger	1950	375	h'
3	Grüninger	1950	250	cis''
4	Kurtz, Stuttgart	1956	168	dis''

79843 Löffingen, Wallfahrtskirche Schneekreuz

	Gießer	Gussjahr	kg	Schlagton
1	Glockengießerei Heidelberg	1981	63	gis''
2	Benedikt Benjamin (III) Grüninger	1853	40	h'''

72178 Lützenhardt, Herz Jesu

	Gießer	Gussjahr	kg	Schlagton
1	Grüninger	1905	1100	es'
2	Bachert, Kochendorf	1978	726	ges'
3	Bachert, Kochendorf	1981	651	as'
4	Bachert, Kochendorf	1981	376	ces''

97725 Machtilshausen, St. Jakobus d.Ä.

	Gießer	Gussjahr	kg	Schlagton
1	Czudnochowsky, Erding	1953	600	g'
2	unbezeichnet	1541	450	h'
3	Grüninger	1950	250	d''

78601 Mahlstetten, St. Konrad

	Gießer	Gussjahr	kg	Schlagton
1	Grüninger	1950	897	e'
2	Grüninger	1950	564	fis'
3	Grüninger	1950	356	a'
4	Grüninger	1950	251	h'
5	Bachert, Kochendorf	1921	rd. 180	cis''

63814 Mainaschaff, St. Margaretha

	Gießer	Gussjahr	kg	Schlagton
1	Grüninger	1950	500	g'
2	Grüninger	1950	300	b'
3	Grüninger	1950	200	c''

79429 Malsburg-Marzell, St. Marien

	Gießer	Gussjahr	kg	Schlagton
1	Bachert, Kochendorf	1983	111	f''
2	Grüninger	1905	55	as''

79429 Malsburg-Marzell, evang. Martinskirche

	Gießer	Gussjahr	kg	Schlagton
1	Grüninger	1911		d''
2	Karlsruher Glocken- und Kunstgießerei	1978		f''
3	Weitenauer, Basel	1696		a''

79429 Malsburg-Marzell-Kaltenbach, evang. Kirche

	Gießer	Gussjahr	kg	Schlagton
1	Grüninger	1950		cis''
2	Grüninger	1950		e''
3	Grüninger	1950		fis''

79669 Mambach, St. Antonius

	Gießer	Gussjahr	kg	Schlagton
1	Grüninger	1950	90	f''
2	Grüninger	1950	45	a''

97340 Marktbreit, St. Ludwig

	Gießer	Gussjahr	kg	Schlagton
1 (Weißbronze)	Grüninger	1949	757	fis'
2 (Weißbronze)	Grüninger	1949	451	a'
3	Klaus, Heidingsfeld	1925	355	h'
4 (Weißbronze)	Grüninger	1949	233	cis''

95509 Marktschorgast, St. Jakobus

	Gießer	Gussjahr	kg	Schlagton
1 (Weißbronze)	Grüninger	1949	700	f'
2 (Weißbronze)	Grüninger	1949	400	a'
3 (Weißbronze)	Grüninger	1949	200	c''
4 (Weißbronze)	Grüninger	1949	150	d''

88074 Meckenbeuren, St. Maria

	Gießer	Gussjahr	kg	Schlagton
1	Grüninger	1950	1100	dis'
2	Grüninger	1950	650	fis'
3	Grüninger	1950	500	gis'
4	Grüninger	1913	320	h'

88605 Menningen, St. Johannes d.T.

	Gießer	Gussjahr	kg	Schlagton
1	Volmer, Biberach	1565	900	e'
2	Grüninger	1949	400	as'
3	Grüninger	1949	300	b'
4	Grüninger	1949	200	des''
5	unbezeichnet	um 1300	155	g''

72469 Meßstetten, evang. Lamprechtskirche

	Gießer	Gussjahr	kg	Schlagton
1	Grüninger	1948	1600	es'
2	Grüninger	1948	801	ges'
3	Heroldt, Stuttgart	1658	600	as'
4	Kurtz, Stuttgart	1959	387	b'

88400 Mettenberg, St. Alban

	Gießer	Gussjahr	kg	Schlagton
1	Bachert, Heilbronn	1964	1500	d'
2	Grüninger	1949	866	e'
3	Grüninger	1949	575	fis'
4	Grüninger	1949	329	a'
5	unbezeichnet	1771	43	

88487 Mietingen, St. Laurentius

	Gießer	Gussjahr	kg	Schlagton
1	Grüninger	1949	1032	es'
2	Grüninger	1949	742	f'
3	Grüninger	1949	551	g'
4	Zoller, Biberach	1906	295	b'

55758 Mittelreidenbach, St. Christophorus

	Gießer	Gussjahr	kg	Schlagton
1 (Weißbronze)	Grüninger	1949	600	fis'
2 (Weißbronze)	Grüninger	1949	350	a'
3 (Weißbronze)	Grüninger	1949	250	h'

78532 Möhringen, St. Andreas

	Gießer	Gussjahr	kg	Schlagton
1	Grüninger	1949	1069	dis'
2	Rosenlächer, Konstanz	1733	562	gis'
3	Rosenlächer, Konstanz	1751	336	ais'
4	Gießhütte Klain	1431	170	dis''

72116 Mössingen, evang. Peter- und Paulskirche

	Gießer	Gussjahr	kg	Schlagton
1	Grüninger	1950	1170	e'
2	Kurtz, Stuttgart	1959	552	gis'
3	Grüninger	1950	320	h'
4	Kurtz, Stuttgart	1959	228	cis''

78345 Moos am Bodensee, Sieben Schmerzen Mariens

	Gießer	Gussjahr	kg	Schlagton
1	Grüninger	1950	304	b'
2	Grüninger	1950	158	d''
3	Grüninger	19. Jh.	100	f''

77815 Moos bei Bühl, St. Dionys

	Gießer	Gussjahr	kg	Schlagton
1	Grüninger	1949	600	g'
2	Grüninger	1950	350	b'
3	F.W. Schilling	1960	229	c''
4	Grüninger	1920	150	d''

79379 Müllheim, evang. Stadtkirche

	Gießer	Gussjahr	kg	Schlagton
1	Grüninger	1949	1600	cis'
2	Grüninger	1949	900	e'
3	Grüninger	1949	600	fis'
4	Grüninger	1949	350	a'

81241 München-Pasing, Maria Schutz

	Gießer	Gussjahr	kg	Schlagton
1	Grüninger	1950	3250	B
2	Grüninger	1950	1900	des'
3	Grüninger	1950	1200	es'
4	Grüninger	1950	900	f'
5	Grüninger	1950	450	as'

CH – 8596 Münsterlingen (Kanton Thurgau/Schweiz), St. Remigius

	Gießer	Gussjahr	kg	Schlagton
1	Grüninger	1923	700	ges'
2	Grüninger	1923	350	b'
3	Grüninger	1923	240	des''
4	Grüninger	1923	150	es''

79244 Münstertal, Kapelle Neuhof

	Gießer	Gussjahr	kg	Schlagton
1	Grüninger	1906	65	gis''
2	Grüninger	1928	40	h''

79244 Münstertal, Kapelle Rotenbuck

	Gießer	Gussjahr	kg	Schlagton
1	Grüninger	1913	40	h''

79244 Münstertal, Kapelle Spielweg

	Gießer	Gussjahr	kg	Schlagton
1	Bachert, Karlsruhe	1961	57	a''
2	Grüninger	1932	30	c'''

79112 Munzingen (Freiburg), St. Stephan

	Gießer	Gussjahr	kg	Schlagton
1	Bayer, Freiburg	1777	650	g'
2	Grüninger	1949	250	h'
3	Edel, Straßburg	1771	160	d''
4	F.W. Schilling	1966	69	a''

79112 Munzingen (Freiburg), Erentrudiskapelle

	Gießer	Gussjahr	kg	Schlagton
1	Grüninger	1949	38	b''

79730 Murg, St. Magnus

	Gießer	Gussjahr	kg	Schlagton
1	Grüninger	1950	1400	es'
2	Grüninger	1950	1000	f'
3	Grüninger	1950	600	as'
4	Grüninger	1950	400	b'
5	Grüninger	1919	325	c''

79730 Murg-Oberhof, St. Marien

	Gießer	Gussjahr	kg	Schlagton
1	Bachert, Karlsruhe	1922	180	d''
2	Grüninger	1904	60	gis'''

87719 Nassenbeuren, St. Vitus

	Gießer	Gussjahr	kg	Schlagton
1	Kraus, München	1774	1500	d'
2	Grüninger	1949	910	f'
3	Grüninger	1949	620	g'
4	Grüninger	1950	382	b'

72160 Neckarhausen (Horb), St. Ulrich

	Gießer	Gussjahr	kg	Schlagton
1	Grüninger	1949	58	a''
2	Karlsruher Glockengießerei	1999	35	c'''

88662 Nesselwangen, St. Peter und Paul

	Gießer	Gussjahr	kg	Schlagton
1	Grüninger	1950	400	as'
2	Grüninger	1950	300	b'
3	Grüninger	1950	220	c''
4	Grüninger	1950	130	es''

74196 Neuenstadt am Kocher-Buchhof, Marienkapelle

	Gießer	Gussjahr	kg	Schlagton
1	Grüninger	1920	218	cis''
2	Grüninger	1920	148	dis''

79232 Neuershausen, St. Vinzentius

	Gießer	Gussjahr	kg	Schlagton
1	Grüninger	1949	900	fis'
2	Grüninger	1949	500	ais'
3	Bachert, Karlsruhe	1922	250	cis''

72419 Neufra (Hohenzollern), St. Mauritius

	Gießer	**Gussjahr**	**kg**	**Schlagton**
1	Grüninger	1950	750	f'
2	Grüninger	1950	400	as'
3	Grüninger	1950	300	b'
4	Grüninger	1950	220	c''
5	Ulrich, Kempten	1924	160	es''

78234 Neuhausen bei Engen

	Gießer	**Gussjahr**	**kg**	**Schlagton**
1	Rosenlecher, Konstanz	1775	250	d''
2	Grüninger	1951	150	e''

75242 Neuhausen-Steinegg, Maria Rosenkranzkönigin

	Gießer	Gussjahr	kg	Schlagton
1	Grüninger	1935	361	h'

73491 Neuler, St. Benedikt

	Gießer	**Gussjahr**	**kg**	**Schlagton**
1	Arnold, Dinkelsbühl	1692	ca. 900	e'
2	Grüninger	1950	500	gis'
3	Grüninger	1950	350	h'
4	Grüninger	1950	250	cis''

89231 Neu-Ulm, evang. Petruskirche

	Gießer	**Gussjahr**	**kg**	**Schlagton**
1	Grüninger	1950		g'
2	Grüninger	1950		a'
3	Grüninger	1950		c''

78078 Niedereschach, St. Mauritius

	Gießer	**Gussjahr**	**kg**	**Schlagton**
1	Grüninger	1949	1400	es'
2	Grüninger	1949		ges'
3	Grüninger	1949		as'
4	Grüninger	1920	440	b'

61197 Niederflorstadt, evang. Kirche

	Gießer	**Gussjahr**	**kg**	**Schlagton**
1	Rincker, Sinn	1958	600	fis'
2	Grüninger	1949	350	a'
3	Grüninger	1949	250	h'

63843 Niedernberg, St. Cyriakus

	Gießer	Gussjahr	kg	Schlagton
1	Grüninger	1950		f'
2	unbezeichnet	1455		as'
3	Grüninger	1950		b'
4	Grüninger	1950		c''

79733 Niederwihl, St. Gregorius

	Gießer	Gussjahr	kg	Schlagton
1	F.W. Schilling	1967	736	g'
2	Grüninger	1951	296	b'
3	Grüninger	1951	188	c''
4	Grüninger	1927	154	d''

79297 Niederwinden, St. Leonard

	Gießer	Gussjahr	kg	Schlagton
1	Grüninger	1950	300	h'
2	Grüninger	1950	160	d''
3	Grüninger	1950	120	e''
4	Bachert, Kochendorf	1922	55	a''

79618 Nollingen, St. Felix und Regelua

	Gießer	Gussjahr	kg	Schlagton
1	Grüninger	1951	1200	e'
2	Grüninger	1951	700	g'
3	Grüninger	1951	450	a'
4	Grüninger	1928	300	h'

97647 Nordheim vor der Rhön, St. Johannes d.T.

	Gießer	Gussjahr	kg	Schlagton
1 (Weißbronze)	Grüninger	1949	1400	es'
2 (Weißbronze)	Grüninger	1949	700	g'
3 (Weißbronze)	Grüninger	1949	400	b'
4 (Weißbronze)	Grüninger	1949	300	c''
5	unbezeichnet	1770	120	

77787 Nordrach, St. Ulrich

	Gießer	Gussjahr	kg	Schlagton
1	Karlsruher Glockengießerei	1989	2220	c'
2	Grüninger	1950	1700	d'
3	Grüninger	1950	1000	f'
4	Grüninger	1950	700	g'
5	Grüninger	1921	480	a'
6	Karlsruher Glockengießerei	1989	310	c''

79238 Norsingen, St. Gallus

	Gießer	Gussjahr	kg	Schlagton
1	Grüninger	1950	300	b'
2	Grüninger	1950	200	des''
3	Gebr. Koch, Freiburg	1873	130	es''

78098 Nußbach bei Triberg, St. Sebastian

	Gießer	Gussjahr	kg	Schlagton
1	Grüninger	1950	700	g'
2	Grüninger	1950	450	a'
3	Grüninger	1921	220	c''

79761 Oberalpfen, St. Johannes d.T.

	Gießer	Gussjahr	kg	Schlagton
1	Grüninger	1927		e''
2	F.W. Schilling	1953.		fis''

86674 Oberbaar, St. Lorenz

	Gießer	Gussjahr	kg	Schlagton
1	Grüninger	1950	750	f'
2	Grüninger	1950	400	as'
3	Grüninger	1950	300	b'
4				des''

35423 Ober-Bessingen, evang. Kirche

	Gießer	Gussjahr	kg	Schlagton
1	Grüninger	1950		h'
2	Grüninger	1950		d''
3	Rincker, Sinn	1922		e''

87600 Oberbeuren, St- Dionysius

	Gießer	Gussjahr	kg	Schlagton
1	Grüninger	1949	1600	cis'
2	Grüninger	1949	900	e'
3	Grüninger	1949	600	fis'
4	Grüninger	1949	400	gis'
5	Grüninger	1949	250	h'

79871 Oberbränd, Herz Jesu

	Gießer	Gussjahr	kg	Schlagton
1 (Weißbronze)	Grüninger	1950	700	g'
2 (Weißbronze)	Grüninger	1938	480	a'
3 (Weißbronze)	Grüninger	1949	300	c''
4 (Weißbronze)	Grüninger	1950	200	d''

88085 Oberdorf bei Langenargen, St. Wendelin

	Gießer	Gussjahr	kg	Schlagton
1	Grüninger	1949	750	f'
2	Grüninger	1949	500	g'
3	Grüninger	1949	300	b'
4	Wolfart, Lauingen	1921	261	c''

88069 Obereisenbach, St. Margaretha

	Gießer	Gussjahr	kg	Schlagton
1	Grüninger	1951	1158	e'
2	Grüninger	1951	792	fis'
3	Grüninger	1951	576	gis'
4	Grüninger	1909	350	h'

69469 Oberflockenbach, Herz Jesu

	Gießer	Gussjahr	kg	Schlagton
1	Grüninger	1923	90	f''

78727 Oberndorf am Neckar, St. Michael

	Gießer	Gussjahr	kg	Schlagton
1	Bachert, Heilbronn	1956	3140	H
2	Bachert, Heilbronn	1952	1347	dis'
3	Franz Joseph Benjamin (I) Grieninger	1785	650	fis'
4	Bachert, Heilbronn	1952	549	gis'
5	Franz Joseph Benjamin (I) Grieninger	1785	350	h'

72364 Obernheim, St. Afra

	Gießer	Gussjahr	kg	Schlagton
1	Grüninger	1949	1600	des'
2	Grüninger	1949	1050	es'
3	Grüninger	1949	750	f'
4	Grüninger	1919	450	as'

97762 Obereschenbach, St. Georg

	Gießer	Gussjahr	kg	Schlagton
1	Grüninger	1949	750	f'
2	Grüninger	1949	350	a'
3	Klaus, Heidingsfeld	1901	245	c''

88436 Oberessendorf, St. Michael

	Gießer	Gussjahr	kg	Schlagton
1	Grüninger	1949	900	e'
2	Grüninger	1949	600	fis'
3	Grüninger	1949	400	gis'
4	Ulrich, Kempten	1923	300	h'

77784 Oberharmersbach, St. Gallus

	Gießer	Gussjahr	kg	Schlagton
1	F.W. Schilling	1953	2927	H
2	F.W. Schilling	1953	1697	d'
3	Grüninger	1949	1240	e'
4	Grüninger	1949	647	g'
5	Grüninger	1949	435	a'
6	Grüninger	1949	359	h'
7	Hamm, Augsburg	1922	190	cis''

77784 Oberharmersbach-Zuwald, St. Marien

	Gießer	Gussjahr	kg	Schlagton
1 (Weißbronze)	Grüninger	1949		c''
2	Rosenlächer, Konstanz	1883		e''

74214 Oberkessach, St. Johannes d.T.

	Gießer	Gussjahr	kg	Schlagton
1	Grüninger	1949		e'
2	Grüninger	1949		fis'
3	Grüninger	1949		gis'
4	Grüninger	1903		h'

77704 Oberkirch-Wolfhag, St. Barbara

	Gießer	Gussjahr	kg	Schlagton
1	Grüninger	1949		ges''
2	Rohr, Straßburg	1714		as''

87769 Oberrieden, St. Martin

	Gießer	Gussjahr	kg	Schlagton
1	Grüninger	1950	719	f'
2	Grüninger	1950	395	as'
3	Grüninger	1950	296	b'
4	Ulrich, Kempten	1922	210	c''

89249 Oberroth, St. Stephan

	Gießer	Gussjahr	kg	Schlagton
1	Grüninger	1949	1041	es'
2	Grüninger	1949	587	ges'
3	Maria Laach	2003	536	as'
4	Maria Laach	2003	373	b'

Die beiden kleinen Glocken wurden ursprünglich ebenfalls 1949 von Grüninger gegossen und 2003 durch die heutigen Glocken mit den gleichen Schlagtönen ersetzt. Die Glocken von 1949 kamen in eine Kirche in Novo Selo und eine Kirche in Sijekovac, beides in Bosnien und Herzegowina.

79713 Obersäckingen, St. Martin

	Gießer	Gussjahr	kg	Schlagton
1	Grüninger	1950	1200	e'
2	Grüninger	1950	700	g'
3	Grüninger	1950	450	a'
4	Grüninger	1927	300	c''

79263 Obersimonswald, St. Josef

	Gießer	Gussjahr	kg	Schlagton
1	F.W. Schilling	1958	459	as'
2	Grüninger	1951	300	b'
3	Grüninger	1951	220	c''
4	Bachert, Karlsruhe	1923	140	es''

79261 Oberspitzenbach, St. Barbara

	Gießer	Gussjahr	kg	Schlagton
1	Grüninger	1951	130	e''
2	Grüninger	1951	90	g''
3	unbezeichnet	1500	60	a''

72531 Oberstetten, Hl. Kreuz

	Gießer	Gussjahr	kg	Schlagton
1	Grüninger	1950	700	g'
2	Hans Eger, Reutlingen	1443	450	b'
3	Grüninger	1949	300	c''

77709 Oberwolfach, St. Bartholomäus

	Gießer	Gussjahr	kg	Schlagton
1	Grüninger	1949	1150	e'
2	Grüninger	1949	450	a'
3	Grüninger	1949	340	h'
4	Grüninger	1919	250	cis''

74847 Obrigheim, St. Laurentius

	Gießer	Gussjahr	kg	Schlagton
1	Bachert, Kochendorf	1956	786	fis'
2	Bachert, Kochendorf	1956	444	a'
3	Bachert, Kochendorf	1956	317	h'
4	Grüninger	1886	234	d''

61169 Ockstadt, St. Jakobus

	Gießer	Gussjahr	kg	Schlagton
1	Rincker, Sinn	1969	2477	H
2	Grüninger	1950	1500	d'
3	Grüninger	1950	750	fis'
4	Grüninger	1950	400	a'
5	Grüninger	1950	300	h'

77704 Ödsbach, St. Jakobus

	Gießer	Gussjahr	kg	Schlagton
1	Grüninger	1950	750	f'
2	F.W. Schilling	1959	538	g'
3	Grüninger	1950	350	a'
4	Grüninger	1950	220	c''
5	F.W. Schilling	1962	167	d''

97255 Oellingen, St. Vitus

	Gießer	Gussjahr	kg	Schlagton
1	Grüninger	1950		g'
2	Grüninger	1950		b'
3	Klaus, Heidingsfeld	1918		c''

88356 Ostrach, St. Pankratius

	Gießer	Gussjahr	kg	Schlagton
1	Kurtz, Stuttgart	1962	1940	cis'
2	Grüninger	1949	1110	e'
3	Grüninger	1949	650	fis'
4	Grüninger	1949	450	gis'
5	Grüninger	1906	340	h'

88356 Ostrach-Hahnennest, Kapelle St. Michael

	Gießer	Gussjahr	kg	Schlagton
1	Grüninger	1949	55	a''

88630 Otterswang bei Pfullendorf, St. Fidelis

	Gießer	Gussjahr	kg	Schlagton
1	Grüninger	1951	130	es''
2	Grüninger	1951	75	ges''
3	Grüninger	1951	50	as''

77833 Ottersweier-Hatzenweier, Antoniuskapelle

	Gießer	Gussjahr	kg	Schlagton
1	Edel, Straßburg	1764	80	gis''
2	Grüninger	1903	50	h''

86316 Ottmaring, St. Michael

	Gießer	Gussjahr	kg	Schlagton
1	Grüninger	1949	936	dis'
2	Grüninger	1949	600	fis'
3	Grüninger	1949	404	gis'
4	Grüninger	1949	278	h'

72401 Owingen bei Haigerloch, St. Jakobus (alte Kirche)

	Gießer	Gussjahr	kg	Schlagton
1	Grüninger	1950	1000	f'
2	Grüninger	1950	450	a'
3	unbezeichnet	13. Jh.	240	c''
4	Grüninger	1950	160	d''

72401 Owingen bei Haigerloch, Weilerkirche

	Gießer	Gussjahr	kg	Schlagton
1	Grüninger	1950	200	c''

78052 Pfaffenweiler bei Villingen-Schwenningen, Hl. Dreifaltigkeit

	Gießer	Gussjahr	kg	Schlagton
1	Grüninger	1950	450	a'
2	Grüninger	1950	250	cis''
3	Grüninger	1920	150	e''

78166 Pfohren, St. Johannes d.T.

	Gießer	Gussjahr	kg	Schlagton
1	Bachert, Karlsruhe	2001	1676	c'
2	Grüninger	1951	1100	es'
3	Grüninger	1951	750	f'
4	Grüninger	1951	500	g'
5	Grüninger	1951	300	b'

72539 Pfronstetten, St. Nikolaus

	Gießer	Gussjahr	kg	Schlagton
1	Grüninger	1950	500	g'
2	Grüninger	1950	250	h'
3	Grüninger	1922	140	d''

88630 Pfullendorf, St. Jakobus

	Gießer	Gussjahr	kg	Schlagton
1	Maurer/Ernst, Lindau	1673	1430	des'
2	Felix Koch, Salem	1795	820	f'
3	Grüninger	1950	600	as'
4	Grüninger	1950	400	b'
5	Grüninger	1950	300	c''
6	Grüninger	1950	175	es''

88630 Pfullendorf, Wallfahrtskirche Maria Schray

	Gießer	Gussjahr	kg	Schlagton
1	Grüninger	1907		f''

88630 Pfullendorf-Brunnhausen, Kapelle St. Georg

	Gießer	Gussjahr	kg	Schlagton
1	Grüninger	1936	45	as''

88630 Pfullendorf-Wattenreute, St. Florian

	Gießer	Gussjahr	kg	Schlagton
1	Grüninger	1929	80	a''

76661 Philippsburg, St. Maria

	Gießer	Gussjahr	kg	Schlagton
1	Franz Joseph Benjamin (I) Grieninger	1770	2000	cis'
2	Hamm, Frankenthal	1956	982	e'
3	Speck, Heidelberg	1809	391	fis'
4	Grüninger	1948	499	gis'

Die größte der Glocken wurde 1770 ursprünglich für die Klosterkirche in Schuttern gegossen. Nach der Säkularisierung des Klosters kam die Glocke 1809 nach Philippsburg.

94060 Pocking, St. Ulrich

	Gießer	Gussjahr	kg	Schlagton
1 (Weißbronze)	Grüninger	1949	1610	c'
2 (Weißbronze)	Grüninger	1949	991	es'
3 (Weißbronze)	Grüninger	1949	673	f'
4 (Weißbronze)	Grüninger	1949	386	as'
5	Drackh, Passau	1717	200	c'

73453 Pommertsweiler, Mariä unbefleckte Empfängnis

	Gießer	Gussjahr	kg	Schlagton
1	Grüninger	1950	780	f'
2	Grüninger	1950	450	as'
3	Grüninger	1950	300	b'

79674 Präg, St. Marien

	Gießer	**Gussjahr**	**kg**	**Schlagton**
1	Grüninger	1921		fis''

97279 Prosselsheim, St. Bartholomäus

	Gießer	**Gussjahr**	**kg**	**Schlagton**
1 (Weißbronze)	Grüninger	1948	1028	e'
2 (Weißbronze)	Grüninger	1948	583	g'
3 (Weißbronze)	Grüninger	1948	422	a'
4 (Weißbronze)	Grüninger	1948	262	c''

72365 Ratshausen, Friedhof

	Gießer	**Gussjahr**	**Durchmesser**
1	Franz Joseph Benjamin (I) Grieninger	1759	32 cm

79771 Rechberg (Klettgau), St. Franz Xaver

	Gießer	**Gussjahr**	**kg**	**Schlagton**
1	Petit & Gebrüder Edelbrock, Gescher	1954	150	cis''
2	Grüninger	1893	115	dis''

97453 Reichmannshausen, St. Georg

	Gießer	**Gussjahr**	**kg**	**Schlagton**
1 (Weißbronze)	Grüninger	1949	713	f'
2 (Weißbronze)	Grüninger	1949	312	a'
3				

89312 Reisensburg, St. Sixtus

	Gießer	**Gussjahr**	**kg**	**Schlagton**
1 (Weißbronze)	Grüninger	1949	277	b'
2 (Weißbronze)	Grüninger	1949	187	des''
3	Gottlieb Korn und Karl Frauenlob, Ulm	1746	150	es''

88348 Renhardsweiler, St. Georg

	Gießer	**Gussjahr**	**kg**	**Schlagton**
1	Grüninger	1950	960	e'
2	Grüninger	1950	550	g'
3	Grüninger	1950	370	a'
4	Wolfart, Lauingen	1920	228	h'

93191 Rettenbach, St. Laurentius

	Gießer	Gussjahr	kg	Schlagton
1 (Weißbronze)	Grüninger	1948	850	e'
2 (Weißbronze)	Grüninger	1948	450	fis'
3 (Weißbronze)	Grüninger	1948	320	gis'
4	Hamm, Regensburg	1929	200	cis''

88339 Reute bei Bad Waldsee, St. Peter und Paul

	Gießer	Gussjahr	kg	Schlagton
1	Kurtz, Stuttgart	1954	1950	cis'
2	Kurtz, Stuttgart	1951	1450	e'
3	Kurtz, Stuttgart	1951	1000	fis'
4	Grüninger	1913	600	a'
5	Kurtz, Stuttgart	1951	400	h'
6	Kurtz, Stuttgart	1954	230	cis''

76287 Rheinstetten-Forchheim, Kapelle Silberstreifen

	Gießer	Gussjahr	kg	Schlagton
1	Grüninger	1911		des'''

79736 Rickenbach, St. Gordian und Epimachus

	Gießer	Gussjahr	kg	Schlagton
1	Grüninger	1950	1360	es'
2	Grüninger	1950	800	ges'
3	Grüninger	1950	560	as'
4	Grüninger	1950	380	b'
5	Grüninger	1927	220	des''

97262 Rieden, St. Odilia

	Gießer	Gussjahr	kg	Schlagton
1 (Weißbronze)	Grüninger	1949	900	e'
2 (Weißbronze)	Grüninger	1949	600	g'
3 (Weißbronze)	Grüninger	1949	400	a'
4		1924	280	h'

79771 Riedern (Klettgau), St. Joseph

	Gießer	Gussjahr	kg	Schlagton
1	F.W. Schilling	1962		cis''
2	Grüninger	1950		e''

88499 Riedlingen an der Donau, St. Georg

	Gießer	Gussjahr	kg	Schlagton
1	Bachert, Heilbronn	1958	3018	H
2	Hans Reble	1590	1600	d'
3	Bachert, Heilbronn	1958	1194	e'
4	Johannes Rosier, Lothringen	1703	900	fis'
5	Hans Eger, Reutlingen	1424	600	a'
6	Bachert, Heilbronn	1958	332	h'
7	unbezeichnet	15. Jh.	60	a''

79400 Riedlingen (Kandern), evang. Kirche

	Gießer	Gussjahr	kg	Schlagton
1	Grüninger	1949		g'
2	Grüninger	1949		b'
3	Bachert, Karlsruhe	1922		c''

79359 Riegel, St. Franz Xaver

	Gießer	Gussjahr	kg	Schlagton
1	F.W. Schilling	1953		f''
2	Grüninger	1909		g''

78052 Rietheim bei Villingen-Schwenningen, St. Konrad

	Gießer	Gussjahr	kg	Schlagton
1	Grüninger	1951	331	a'
2	Grüninger	1951	180	cis''
3	Grüninger	1921	110	f''

88400 Ringschnait, Mariä Himmelfahrt

	Gießer	Gussjahr	kg	Schlagton
1	Joachim Volmer, Biberach	1576	880	f'
2	Grüninger	1950	450	a'
3	Grüninger	1950	300	c''
4	Ernst, Memmingen	1749	230	d''

61191 Rodheim vor der Höhe, evang. Kirche

	Gießer	Gussjahr	kg	Schlagton
1	Weule, Bockenem	1956		es'
2	Grüninger	1950		f'
3	Bach, Windecken	1777		as'
4	Schneidewind, Frankfurt	1735		c''
5	Schmid, Aßlar	1691		es''

63934 Röllbach, St. Peter und Paul

	Gießer	Gussjahr	kg	Schlagton
1	Otto, Hemelingen	1958	1350	es'
2	Otto, Hemelingen	1958	1000	f'
3 (Weißbronze)	Grüninger	1949	671	g'
4 (Weißbronze)	Grüninger	1949	384	b'
5	Ulrich, Apolda	1922	200	c''

88605 Rohrdorf bei Meßkirch, St. Peter und Paul

	Gießer	Gussjahr	kg	Schlagton
1	F.W. Schilling	1958	731	gis'
2	unbezeichnet	1513	350	h'
3	Grüninger	1924	300	cis''

87671 Ronsberg, Mariä Himmelfahrt

	Gießer	Gussjahr	kg	Schlagton
1	Maria Laach	2009	1225	es'
2	Grüninger	1950	750	ges'
3	Grüninger	1950	400	as'
4	Grüninger	1950	300	b'
5	Ulrich, Kempten	1932	185	des''

78628 Rottweil, St. Pelagius

	Gießer	Gussjahr	kg	Schlagton
1	Bachert, Heilbronn	1962	2778	H
2	Bachert, Heilbronn	1962	1615	d'
3	Bachert, Heilbronn	1962	1142	e'
4	Schalch und Ulrich, Schaffhausen	1746	828	fis'
5	Bachert, Heilbronn	1962	458	a'
6	Christoph Reble	1625	420	a'
7	Meinrad (I) Anton Grieninger	1725	246	h'

88512 Rulfingen, St. Ulrich

	Gießer	Gussjahr	kg	Schlagton
1	Grüninger	1950	350	a'
2	Grüninger	1950	220	c''
3	Grüninger	1950	160	d''
4	unbezeichnet	14. Jh.		f''

66119 Saarbrücken, Christkönig

	Gießer	Gussjahr	kg	Schlagton
1	Mabilon, Saarburg	1956	2800	H
2	Mabilon, Saarburg	1956	1650	d'
3	Mabilon, Saarburg	1996	1150	e'
4	Grüninger	1931	620	g'
5	Mabilon, Saarburg	1956	460	a'

72393 Salmendingen, St. Michael

	Gießer	Gussjahr	kg	Schlagton
1	Grüninger	1950	900	e'
2	Grüninger	1950	500	g'
3	Bachert, Kochendorf	1923		a'
4	Grüninger	1950	220	c''

72178 Salzstetten, St. Agatha

	Gießer	Gussjahr	kg	Schlagton
1	Grüninger	1950	1200	e'
2	Grüninger	1950	800	fis'
3	Grüninger	1950	600	gis'
4	Grüninger	1950	350	h'

79837 St. Blasien, Friedhofskapelle

	Gießer	Gussjahr	kg	Schlagton
1	Heinrich Hafengießer, Schaffhausen	1460		b''
2	Nikolaus Meinrad (II) und Severin Benjamin (II) Grüninger	1799		h''

77709 St. Roman bei Wolfach, St. Roman

	Gießer	Gussjahr	kg	Schlagton
1	Grüninger	1949		a'
2	Grüninger	1949		cis''
3	Grüninger	1949		e''
4	Grüninger	1949		fis''

79361 Sasbach a.K., Litzelbergkapelle St. Marien

	Gießer	Gussjahr	kg	Schlagton
1	Grüninger	1949		b''

77855 Sasbachried, St. Antonius von Padua

	Gießer	Gussjahr	kg	Schlagton
1	Grüninger	1951	334	a'
2	Grüninger	1951	183	c''
3	Grüninger	1921	150	d''
4	Otto, Hemelingen	1948	75	f''

88605 Sauldorf, St. Sebastian

	Gießer	Gussjahr	kg	Schlagton
1	Grüninger	1950	750	f'
2	Grüninger	1920	583	g'
3	Grüninger	1950	300	b'

27383 Scheeßel, evang. Lucas-Kirche

	Gießer	Gussjahr	kg	Schlagton
1	Bieber, Hamburg	1757	1150	e'
2	Bieber, Hamburg	1757	800	gis'
3	Grüninger	1950	325	h'

Glocke 3 wurde 1979 von der Kirchengemeinde gekauft.

89343 Scheppach, Mariä Himmelfahrt

	Gießer	Gussjahr	kg	Schlagton
1	Biberacher Gießhütte	1516	800	fis'
2	Grüninger	ca. 1950	450	a'
3	Grüninger	ca. 1950	350	h'
4	Grüninger	ca. 1950	200	d''

79238 Scherzingen, St. Michael

	Gießer	Gussjahr	kg	Schlagton
1	Grüninger	1950	350	b'
2	Grüninger	1925	180	d''

78337 Schienen, St. Genesius

	Gießer	Gussjahr	kg	Schlagton
1	Rosenlächer, Konstanz	1840	440	b'
2	Grüninger	1950	210	des''
3	Grüninger	1950	150	es''

89297 Schießen, Mariä Geburt

	Gießer	Gussjahr	kg	Schlagton
1	Arnoldt, Dinkelsbühl	1731	950	es'
2	Grüninger	1949	560	ges'
3	Grüninger	1949	380	as'
4	Grüninger	1949	275	b'

79837 Schlageten, Herz Jesu

	Gießer	Gussjahr	kg	Schlagton
1	Grüninger	1950	350	a'
2	Grüninger	1950	250	h'
3	Grüninger	1950	200	cis''
4	Grüninger	1913	110	e''

79859 Schluchsee, St. Nikolaus

	Gießer	Gussjahr	kg	Schlagton
1	Franz Joseph Benjamin (I) und Nikolaus Meinrad (II) Grieninger	1787	600	as'
2	Christoph Reble	1614	280	c''
3	Peter Füssli (VII), Zürich	1626	270	d''

89194 Schnürpflingen, Mariä Unbefleckte Empfängnis

	Gießer	Gussjahr	kg	Schlagton
1	Grüninger	1951	1500	d'
2	Grüninger	1951	850	f'
3	Grüninger	1951	600	g'
4	Grüninger	1951	350	b'

72355 Schömberg, Wallfahrtskirche Palmbühl

	Gießer	Gussjahr	Durchmesser
1	Hans Reble	1605	39 cm
2	sowie ein weiteres kleines Glöckchen		

72355 Schörzingen, St. Gallus

	Gießer	Gussjahr	kg	Schlagton
1	Otto, Hemelingen	1950	975	f'
2	Franz Joseph Benjamin (I) Grieninger	1768	385	as'
3	Otto, Hemelingen	1950	425	b'
4	Bachert, Heilbronn	1957	230	des''

78136 Schonach, St. Urban

	Gießer	Gussjahr	kg	Schlagton
1	Grüninger	1950	2520	c'
2	Grüninger	1950	1392	es'
3	Grüninger	1950	1003	f'
4	Jos Eger, Reutlingen	1501	820	g'
5	Grüninger	1950	402	b'
6	Grüninger	1950	260	c''

78136 Schonach, evang. Kirche

	Gießer	Gussjahr	kg	Schlagton
1 (Weißbronze)	Grüninger	1949	280	c''
2	Bachert, Karlsruhe	1958	169	es''
3	Bachert, Karlsruhe	1958	139	f''

Die größte Glocke wurde ursprünglich für die evangelische Stadtkirche in Hornberg (Schwarzwald) gegossen. In Hornberg wurde 1958 ein neues Geläute angeschafft. Die Glocke kam daraufhin nach Schonach.

78713 Schramberg-Sulgen, neue Kirche St. Laurentius

	Gießer	Gussjahr	kg	Schlagton
1	Grüninger	1950	1700	d'
2	Grüninger	1950	1000	f'
3	Grüninger	1950	700	g'
4	Grüninger	1950	400	b'
5	Zoller, Biberach	1879	200	d''

Die Glocken wurden ursprünglich 1950 für die alte St. Laurentiuskirche gegossen und 1974 in den Turm der neuen Pfarrkirche St. Laurentius umgehängt.

77978 Schuttertal, St. Antonius

	Gießer	Gussjahr	kg	Schlagton
1	Grüninger	1951	1000	e'
2	Grüninger	1951	600	gis'
3	Grüninger	1951	350	h'
4	Grüninger	1925	263	cis''

36115 Seiferts, St. Michael

	Gießer	Gussjahr	kg	Schlagton
1	Rincker, Sinn	1973		f'
2	Grüninger	1950		a'
3	Grüninger	1950		c''
4	Otto, Hemelingen	1922		d''

76571 Selbach, St. Nikolaus

	Gießer	Gussjahr	kg	Schlagton
1	Grüninger	1951	400	b'
2	unbezeichnet	13. Jh.		es''
3	Grüninger	1951	130	f''
4	Grüninger	1951	90	g''

79843 Seppenhofen, St. Bartholomäus

	Gießer	Gussjahr	kg	Schlagton
1	Grüninger	1950	300	b'
2	Grüninger	1950	220	c''
3	Grüninger	1950	130	es''

72488 Sigmaringen, St. Johann

	Gießer	Gussjahr	kg	Schlagton
1	Grüninger	1950	2600	B
2	Grüninger	1950	1700	des'
3	Grüninger	1950	1100	es'
4	Grüninger	1950	600	ges'
5	Volmer, Biberach	1621	550	as'
6	Grüninger	1950	360	b'
7	unbezeichnet	13. Jh.	220	as''

72517 Sigmaringendorf, St. Peter und Paul

	Gießer	Gussjahr	kg	Schlagton
1	Grüninger	1950	1400	es'
2	Grüninger	1950	1000	f'
3	Grüninger	1950	600	as'
4	Grüninger	1950	400	b'
5	Grüninger	1910	300	c''

88138 Sigmarszell, St. Gallus

	Gießer	Gussjahr	kg	Schlagton
1	Grüninger	1950	1100	e'
2	Grüninger	1950	650	g'
3	Grüninger	1950	430	a'
4	Grüninger	1950	260	c''

74214 Sindeldorf, Maria Himmelfahrt

	Gießer	Gussjahr	kg	Schlagton
1	Bachert, Heilbronn	2002	1398	es'
2	Grüninger	1950	550	g'
3	Grüninger	1950	350	b'
4	Grüninger	1950	220	c''
5	Grüninger	1927	160	d''

77704 Stadelhofen, St. Wendelin

	Gießer	Gussjahr	kg	Schlagton
1	Grüninger	1950		es'
2	Edel, Straßburg	1723	650	ges'
3	Grüninger	1950		as'
4	Grüninger	1950		b'

88400 Stafflangen, St. Remigius

	Gießer	Gussjahr	kg	Schlagton
1	Grüninger	1951	1400	es'
2	Grüninger	1951	1000	f'
3	Grüninger	1951	700	g'
4	Wolfart, Lauingen	1931	396	b'

77790 Steinach, Heilig Kreuz

	Gießer	Gussjahr	kg	Schlagton
1	Grüninger	1949	1100	d'
2	Grüninger	1949	500	fis'
3	Grüninger	1949	300	a'
4	Grüninger	1925	220	c''

77790 Steinach, Wendelinskapelle Niederbach

	Gießer	Gussjahr	Durchmesser
1	Franz Joseph Benjamin (I) Grieninger	1788	35 cm

89195 Steinberg, St. Pankratius

	Gießer	Gussjahr	kg	Schlagton
1	Grüninger	1949	700	g'
2	Grüninger	1949	400	b'
3	Grüninger	1949	300	c''

82297 Steindorf, St. Stefan

	Gießer	Gussjahr	kg	Schlagton
1	Grüninger	1950	1200	e'
2	Grüninger	1950	800	fis'
3	Grüninger	1950	600	gis'
4	Grüninger	1950	350	h'

72406 Steinhofen, St. Peter und Paul

	Gießer	Gussjahr	kg	Schlagton
1	Grüninger	1950	600	fis'
2	Hans Eger, Reutlingen	1512	700	a'
3	Grüninger	1950	250	h'
4	Racle, Lothringen	1631	150	d''

78256 Steißlingen, St. Remigius

	Gießer	Gussjahr	kg	Schlagton
1	Grüninger	1950	950	e'
2	Grüninger	1950	800	fis'
3	Grüninger	1950	400	gis'
4	Grüninger	1950	250	h'
5	Grüninger	1950	200	cis''
6	Grüninger	1950	100	e''

78256 Steißlingen, Kapelle Hl. Kreuz

	Gießer	Gussjahr	kg	Schlagton
1	Rosenlecher, Konstanz	1708	50	h''
2	Grüninger	1950	40	cis'''

72510 Stetten am kalten Markt, St. Mauritius

	Gießer	Gussjahr	kg	Schlagton
1	Grüninger	1950	1000	es'
2	Rozier, Lothringen	1652	750	f'
3	Rozier, Lothringen	1652	400	as'
4	Grüninger	1950	300	b'
5	Grüninger	1950	180	c''

79540 Stetten (Lörrach), St. Fridolin

	Gießer	Gussjahr	kg	Schlagton
1	Grüninger	1951	1100	e'
2	Grüninger	1951	600	g'
3	Grüninger	1951	400	a'
4	Grüninger	1951	300	h'
5	Grüninger	1920	210	d''

78234 Stetten bei Engen, St. Sebastian

	Gießer	Gussjahr	kg	Schlagton
1	Grüninger	1923	440	b'
2	Grüninger	1949	210	des''
3	Grüninger	1949	130	f''

72401 Stetten bei Haigerloch, St. Michael

	Gießer	Gussjahr	kg	Schlagton
1	Grüninger	1950	750	f'
2	Grüninger	1950	420	as'
3	Grüninger	1899	200	des''

79801 Stetten bei Hohentengen, St. Bernhard

	Gießer	Gussjahr	kg	Schlagton
1	Grüninger	1951	400	b'
2	Grüninger	1951	300	c''
3	Bachert, Karlsruhe	1925	170	es''

36358 Stockhausen, evang. Kirche

	Gießer	Gussjahr	kg	Schlagton
1	Grüninger	1950		g'
2	Rincker, Sinn	1969		h'
3		13. Jh. (?)		d''
4	Grüninger	1950		e''

72510 Storzingen, St. Zeno

	Gießer	Gussjahr	kg	Schlagton
1	Grüninger	1950	175	es'
2	Rosenlecher, Konstanz	1759	100	ges''
3	Grüninger	1924	55	as''

79733 Strittmatt, Herz Jesu

	Gießer	Gussjahr	kg	Schlagton
1	Glockengießerei Heidelberg	1980	548	gis'
2	Glockengießerei Heidelberg	1980	329	h'
3	Grüninger	1950	240	cis''
4	Grüninger	1885	120	e''

77933 Sulz bei Lahr, St. Peter und Paul

	Gießer	Gussjahr	kg	Schlagton
1	Grüninger	1950	900	f'
2	Grüninger	1950	500	b'
3	Grüninger	1950	300	c''
4	Bachert, Karlsruhe	1926	274	es''

86567 Tandern, St. Peter und Paul

	Gießer	Gussjahr	kg	Schlagton
1 (Weißbronze)	Grüninger	1949	2000	c'
2 (Weißbronze)	Grüninger	1949	1100	es'
3		1935	770	f'
4 (Weißbronze)	Grüninger	1949	450	as'

36142 Tann in der Rhön, evang. Stadtkirche

	Gießer	Gussjahr	kg	Schlagton
1 (Weißbronze)	Grüninger	1949	900	e'
2 (Weißbronze)	Grüninger	1949	500	g'
3 (Weißbronze)	Grüninger	1949	300	a'
4 (Weißbronze)	Grüninger	1949	200	c''

88069 Tannau, St. Martin

	Gießer	Gussjahr	kg	Schlagton
1	Grüninger	1951	1250	es'
2	Grüninger	1951	840	f'
3	Ernst, Lindau	1774	475	as'
4	Grüninger	1933	285	b'

78052 Tannheim, St. Gallus

	Gießer	Gussjahr	kg	Schlagton
1	Grüninger	1950	1000	f'
2	Grüninger	1950	600	as'
3	Grüninger	1950	400	b'
4	Grüninger	1899	323	c''

78144 Tennenbronn, evang. Christuskirche

	Gießer	Gussjahr	kg	Schlagton
1	Grüninger	1949	1062	dis'
2	Grüninger	1949	588	fis'
3	Grüninger	1949	368	a'
4	Grüninger	1924	212	c''

78144 Tennenbronn, Käppelehof

	Gießer	Gussjahr	Durchmesser
1	Benedikt Benjamin (III) Grüninger	1850	44 cm

78144 Tennenbronn, Oberer Friedhof

	Gießer	Gussjahr	Durchmesser
1	Benedikt Benjamin (III) Grüninger	1858	43 cm

72406 Thanheim, St. Ulrich

	Gießer	Gussjahr	kg	Schlagton
1	Grüninger	1950	130	es''
2	Grüninger	1950	90	f''
3	Zoller, Biberach			g''

86470 Thannhausen, Mariä Himmelfahrt

	Gießer	Gussjahr	kg	Schlagton
1	Grüninger	1949	1600	des'
2	Grüninger	1949	1100	es'
3	Grüninger	1949	750	f'
4	Grüninger	1949	400	as'
5	Hamm, Augsburg	1889	308	b''

79822 Titisee-Neustadt

Bauernhof	Gießer	Gussjahr	Durchmesser
Schildwende, Benediktenhof	Meinrad (I) Anton Grieninger	1718	48 cm
Schildwende, Knöpfleshof	Meinrad (I) Anton Grieninger	1721	29 cm
Jostal, Unterhöfenhof	Meinrad (I) Anton Grieninger	1721	29 cm
Unterschwärzenbach, Wilmeshof wegen eines Sprungs abgestellt	Meinrad (I) Anton Grieninger	1721	31 cm

79822 Titisee-Neustadt, Josenkapelle St. Jodokus

	Gießer	Gussjahr	kg	Schlagton
1	Grüninger	1901	260	cis''

89160 Tomerdingen, Mariä Himmelfahrt

	Gießer	Gussjahr	kg	Schlagton
1	Grüninger	1950	1600	des'
2	Grüninger	1950	1100	es'
3	Grüninger	1950	750	f'
4	Grüninger	1950	400	as'

72401 Trillfingen, St. Valentin

	Gießer	Gussjahr	kg	Schlagton
1	Grüninger	1950	800	fis'
2	Grüninger	1950	480	a'
3	Grüninger	1950	250	cis''
4	Grüninger	1920	150	e''

78609 Tuningen, evang. Kirche

	Gießer	Gussjahr	kg	Schlagton
1	Jakob Pelagius Grieninger	1755	1120	f'
2	Johann und Peter Rosier, Lothringen	1698	530	as'
3	Kurtz, Stuttgart	1960	389	b'
4	Grüninger	1922	277	c''

79777 Ühlingen-Birkendorf-Endermettingen, St. Marien

	Gießer	Gussjahr	kg	Schlagton
1	Grüninger	1932		g''

79224 Umkirch, Mariä Himmelfahrt

	Gießer	Gussjahr	kg	Schlagton
1	Grüninger	1951	700	g'
2	Grüninger	1951	450	a'
3	Grüninger	1951	350	h'
4	Grüninger	1906	231	d''

83112 Umrathshausen, Heilig Blut

	Gießer	Gussjahr	kg	Schlagton
1	Czudnochowsky, Erding	1954	1093	es'
2	Grüninger	1950	650	ges'
3	Kortler, München	1891	350	b'

78073 Unterbaldingen, St. Gallus

	Gießer	Gussjahr	kg	Schlagton
1	Grüninger	1950	800	fis'
2	Grüninger	1950	450	a'
3	Grüninger	1950	350	h'

79805 Untereggingen, St. Johannes d.T.

	Gießer	Gussjahr	kg	Schlagton
1 (Weißbronze)	Grüninger	1949		e''
2	N. Oberacker, Konstanz	1549		b''

72070 Unterjesingen, evang. Barbarakirche

	Gießer	Gussjahr	kg	Schlagton
1	Johann und Peter Rosier, Lothringen	1698	790	ges'
2	Grüninger	1951	400	b'
3	Grüninger	1951	250	des''

78089 Unterkirnach, St. Jakobus

	Gießer	Gussjahr	kg	Schlagton
1	Grüninger	1949	800	fis'
2	Grüninger	1949	600	gis'
3	Grüninger	1949	400	ais'
4	Grüninger	1903	250	cis''

87647 Unterthingau, St. Nikolaus

	Gießer	Gussjahr	kg	Schlagton
1	Schirmeister und Weingarten, Kempten	1696	1500	d'
2	Grüninger	1950	900	e'
3	Grüninger	1950	650	fis'
4	Grüninger	1950	400	a'

78147 Urach, Allerheiligen

	Gießer	Gussjahr	kg	Schlagton
1	Kurtz, Stuttgart	1951	1241	e'
2	Kurtz, Stuttgart	1951	613	gis'
3	Grüninger	1883	363	h'
4	Kurtz, Stuttgart	1951	261	cis''

88693 Urnau-Tepfenhardt (Degggenhausertal), St. Laurentius

	Gießer	Gussjahr	kg	Schlagton
1	Karlsruher Glockengießerei	1952		f''
2	Grüninger	1923		as''

83377 Vachendorf, Mariä Himmelfahrt

	Gießer	Gussjahr	kg	Schlagton
1 (Weißbronze)	Grüninger	1949	1300	d'
2 (Weißbronze)	Grüninger	1949	750	f'
3 (Weißbronze)	Grüninger	1949	500	g'
4 (Weißbronze)	Grüninger	1949	350	a'
5 (Weißbronze)	Grüninger	1949	220	c''

78050 Villingen-Schwenningen, Münster ULF

	Gießer	Gussjahr	
1 als Ausstellungsstück im Südturm	Johann Joachim Grieninger	1660	Durchmesser 48 cm
2 als Teil des Glockenspiels im Südturm	Grüninger	1909	Schlagton des'' Gewicht 257 kg

78050 Villingen-Schwenningen, ehem. Klosterkirche St. Klara am Bickentor

	Gießer	Gussjahr	kg	Schlagton
1	Christoph Reble	1615	175	es''

78050 Villingen-Schwenningen, St. Konrad Villingen

	Gießer	Gussjahr	kg	Schlagton
1	Grüninger	1950	900	f'
2	Grüninger	1950	500	as'

Die Glocken wurden ursprünglich für die Pfarrkirche St. Jakobus in Steinbach bei Baden-Baden gegossen. In Steinbach wurde 1966 ein neues Geläute angeschafft, diese beiden Glocken kamen in die damals neu erbaute Kirche St. Konrad in Villingen.

78054 Villingen-Schwenningen, evang. Stadtkirche Schwenningen

	Gießer	Gussjahr	kg	Schlagton
1	Kurtz, Stuttgart	1951	1650	d'
2	Kurtz, Stuttgart	1951	951	f'
3	Grüninger	1921	502	g'

78054 Villingen-Schwenningen, St. Franziskus Schwenningen

	Gießer	Gussjahr	kg	Schlagton
1	Kurtz, Stuttgart	1953	1146	e'
2	Kurtz, Stuttgart	1951	682	g'
3	Bachert, Neunkirchen	2023	620	a'
4	Grüninger	1893	312	h'

78667 Villingendorf, St. Gallus

	Gießer	Gussjahr	kg	Schlagton
1	Grüninger	1950	1100	es'
2	Grüninger	1950	600	ges'
3	Grüninger	1950	400	as'
4	Grüninger	1913	300	b'

72514 Vilsingen, St. Johannes und Paulus

	Gießer	Gussjahr	kg	Schlagton
1	Grüninger	1948	1200	e'
2	Grüninger	1948	700	g'
3	Grüninger	1948	450	a'
4	Grüninger	1948	300	h'

78147 Vöhrenbach, Kapelle St. Michael (Bruderkirchle)

	Gießer	Gussjahr	kg	Schlagton
1	Grüninger	1929		a''

74915 Waibstadt, Marienkapelle

	Gießer	Gussjahr	kg	Schlagton
1	Grüninger	1911		gis''

88639 Wald, St. Bernhard

	Gießer	Gussjahr	kg	Schlagton
1	F.W. Schilling	1961	692	fis'
2	Löffler, Innsbruck	1585	550	a'
3	Grüninger	1950	250	h'
4	Grüninger	1950	200	cis''

88289 Waldburg, St. Magnus

	Gießer	Gussjahr	kg	Schlagton
1	Grüninger	1951	1100	e'
2	Biberacher Gießhütte	1516	700	gis'
3	Grüninger	1951	350	h'
4	Ernst, Lindau	1626	250	cis''

79761 Waldshut-Tiengen, Allmutkapelle St. Wendelin

	Gießer	Gussjahr	kg	Schlagton
1	Grüninger	1886		c'''

79761 Waldshut-Tiengen-Gaiß, St. Michael

	Gießer	Gussjahr	kg	Schlagton
1	Grüninger	1935	90	g''
2	F.W. Schilling	1955	60	b''

89264 Wallenhausen, St. Mauritius

	Gießer	Gussjahr	kg	Schlagton
1 (Weißbronze)	Grüninger	1949	1200	es'
2 (Weißbronze)	Grüninger	1949	630	ges'
3	Biberacher Gießhütte	1495	650	as'
4	Claudius Rosier, Lothringen	1661	380	a'

72827 Wannweil, evang. Kirche

	Gießer	Gussjahr	kg	Schlagton
1	Grüninger	1950	670	g'
2	Grüninger	1950	400	b'
3	Grüninger	1950	270	c''
4	Kurtz, Stuttgart	1921	166	es''

73433 Wasseralfingen, St. Stephanus

	Gießer	Gussjahr	kg	Schlagton
1	Grüninger	1949	1600	des'
2	Grüninger	1949	1100	es'
3	Grüninger	1949	750	f'
4	Grüninger	1949	400	as'
5	Grüninger	1949	300	b'

79664 Wehr, St. Martin

	Gießer	Gussjahr	kg	Schlagton
1	Grüninger	1950	1749	d'
2	Grüninger	1950	1039	f'
3	Grüninger	1950	701	g'
4	Grüninger	1950	470	a'
5	Roth/Weitenauer, Basel	1686	400	b'
6	Grüninger	1926	200	c''

79664 Wehr, Kapelle St. Josef

	Gießer	Gussjahr	kg	Schlagton
1	Grüninger	1950	43	a''

79664 Wehr, Kapelle St. Wolfgang

	Gießer	Gussjahr	kg	Schlagton
1	Grüninger	1950	80	gis''

78056 Weigheim, St. Otmar

	Gießer	Gussjahr	kg	Schlagton
1	Kurtz, Stuttgart	1957	1100	es'
2	Jakob Pelagius Grieninger	1756	645	f'
3	Grüninger	1950	500	g'
4	Grüninger	1950	300	b'

78126 Weiler (Königsfeld), evang. Kirche

	Gießer	Gussjahr	kg	Schlagton
1	Grüninger	1949	350	a'
2	Grüninger	1949	220	c''
3	Grüninger	1924	165	d''

78345 Weiler (Moos am Bodensee), St. Leonhard

	Gießer	Gussjahr	kg	Schlagton
1	Rosenlecher, Konstanz	1833	450	a'
2	Grüninger	1949	250	h'
3	Oberacker, Konstanz	1536	130	f''

78052 Weilersbach, St. Hilarius

	Gießer	Gussjahr	kg	Schlagton
1	F.W. Schilling	1961	1402	d'
2	F.W. Schilling	1961	783	f'
3	Grüninger	1949	500	g'
4	Grüninger	1949	400	a'
5	Grüninger	1949	200	c''

78604 Weilheim, St. Georg

	Gießer	Gussjahr	kg	Schlagton
1	Bachert, Heilbronn	1984	683	g'
2	Grüninger	1949	350	a'
3	Grüninger	1949	220	c''
4	Grüninger	1949	160	d''

79809 Weilheim-Bannholz, St. Sebastian

	Gießer	Gussjahr	kg	Schlagton
1	Grüninger	1950	50	a''
2	F.W. Schilling	1952	30	d'''
3	unbezeichnet	1645	13	f'''

89264 Weißenhorn, Mariä Himmelfahrt

	Gießer	Gussjahr	kg	Schlagton
1	Grüninger	1949	1600	cis'
2	Grüninger	1949	870	e'
3	Grüninger	1949	600	fis'
4	Grüninger	1949	355	a'
5	Wolfart, Lauingen	1919	320	h'
6	Grüninger	1949	180	cis''

87480 Weitnau/Allgäu, St. Pelagius

	Gießer	Gussjahr	kg	Schlagton
1	Grüninger	1951	2635	H
2	Grüninger	1951	1350	dis'
3	Grüninger	1951	800	fis'
4	Grüninger	1951	600	gis'
5	Grüninger	1951	300	h'

79848 Wellendingen (Bonndorf), St. Nikolaus

	Gießer	Gussjahr	kg	Schlagton
1	Grüninger	1950	400	gis'
2	Schnitzer, Birkendorf	1873	250	h'
3	Grüninger	1920	140	dis''

77790 Welschensteinach, St. Peter und Paul

	Gießer	Gussjahr	kg	Schlagton
1	Grüninger	1949	1200	e'
2	Grüninger	1949	700	g'
3	Grüninger	1949	450	a'
4	Grüninger	1949	350	h'

82405 Wessobrunn, St. Johannes Baptist

	Gießer	Gussjahr	kg	Schlagton
1	Grüninger	1950	1280	d'
2	Grüninger	1950	900	e'
3	Grüninger	1950	600	fis'
4	Grüninger	1950	350	a'

65439 Wicker, St. Katharina

	Gießer	Gussjahr	kg	Schlagton
1 (Weißbronze)	Grüninger	1949	1100	es'
2 (Weißbronze)	Grüninger	1949	600	ges'
3	Rincker, Sinn	1922	497	as'

97859 Wiesthal, St. Andreas

	Gießer	Gussjahr	kg	Schlagton
1 (Weißbronze)	Grüninger	1949	1200	e'
2 (Weißbronze)	Grüninger	1949	600	gis'
3 (Weißbronze)	Grüninger	1949	350	h'

77652 Windschläg, St. Pankratius

	Gießer	Gussjahr	kg	Schlagton
1	Bachert, Karlsruhe	1967	1692	des'
2	Grüninger	1950	1100	es'
3	Grüninger	1950	680	ges'
4	Grüninger	1950	400	as'
5	Grüninger	1950	300	b'

77960 Wittelbach, St. Peter und Paul

	Gießer	Gussjahr	kg	Schlagton
1	Grüninger	1950		c''
2	Grüninger	1950		es''
3	Edel, Straßburg	1761		ges''

79848 Wittlekofen, Nikolauskapelle

	Gießer	Gussjahr	Durchmesser
1	Franz Joseph Benjamin (I) und Nikolaus Meinrad (II) Grieninger	1783	54 cm

77709 Wolfach, St. Laurentius

	Gießer	Gussjahr	kg	Schlagton
1	F.W. Schilling	1954	2200	des'
2	F.W. Schilling	1954	1500	es'
3	Christoph Reble	1624	550	ges'
4	F.W. Schilling	1954	600	as'
5	F.W. Schilling	1954	400	b'
6	Schaffhauser Gießhütte	1432	450	ces''
7	Peter Speck, Mainz	1658	40	ces'''

77709 Wolfach, Jakobuskapelle

	Gießer	Gussjahr	kg	Schlagton
1	F.W. Schilling	1959	75	g'''
2	F.W. Schilling	1959	45	b'''
3	Benedikt Benjamin (III) Grüninger	1859	40	c'''

79227 Wolfenweiler, evang. Kirche

	Gießer	Gussjahr	kg	Schlagton
1	Roost, Lörrach	1759	800	fis'
2	Grüninger	1949	450	a'
3	Grüninger	1949	350	h'
4	Grüninger	1949	250	d''

86441 Wollbach, St. Stephan

	Gießer	Gussjahr	kg	Schlagton
1	Grüninger	1950	580	g'
2	Grüninger	1950	340	b'
3	Grüninger	1950	220	c''

78579 Worndorf, St. Mauritius

	Gießer	Gussjahr	kg	Schlagton
1	Grüninger	1923	160	des''
2	Karl Blersch, Überlingen	1841	100	f''
3	unbezeichnet	14. Jh.	50	c'''

79879 Wutach-Münchingen, St. Bartholomäus

	Gießer	Gussjahr	kg	Schlagton
1	Grüninger	1821	150	d''
2	Grüninger	1950	110	e''
3	Grüninger	1923	80	fis''
4	Grüninger	1950	45	a''

79199 Zarten, St. Johannes

	Gießer	Gussjahr	kg	Schlagton
1	Grüninger	1950		f''
2	Grüninger	1922		as''

88630 Zell am Andelsbach, St. Peter und Paul

	Gießer	Gussjahr	kg	Schlagton
1	Grüninger	1950	400	gis'
2	Grüninger	1950	250	h'
3	Grüninger	1927	200	cis''

77767 Zimmern bei Appenweier, St. Martin

	Gießer	Gussjahr	kg	Schlagton
1	Karlsruher Glockengießerei	1965	650	gis'
2	Grüninger	1922	365	h'
3	Karlsruher Glockengißerei	1965	270	cis''

73485 Zipplingen, St. Martin

	Gießer	Gussjahr	kg	Schlagton
1	Grüninger	1949	1246	d'
2	Grüninger	1949	703	f'
3	Grüninger	1949	502	g'
4	Nikolaus Arnold, Dinkelsbühl	1762	425	a'
5	Grüninger	1949	204	c''

73485 Zöbingen, St. Mauritius

	Gießer	Gussjahr	kg	Schlagton
1	Bachert, Heilbronn	1963	800	fis'
2	Grüninger	1949	600	gis'
3	Grüninger	1949	350	h'
4	Grüninger	1949	250	cis''

Weitere Glocken von Grüninger

Insbesondere aus der Zeit zwischen um 1900 und 1939 sind noch viele kleinere Glocken aus früheren Grüninger-Geläuten erhalten geblieben, die den beiden Weltkriegen zum Opfer gefallen sind. Diese Glocken läuten auf den Türmen heute oft zusammen mit Glocken anderer Gießer. Die nachfolgende Aufstellung umfasst einzelne Glocken, die noch von früheren Grüninger-Geläuten vorhanden sind. Heute sind sie Teil von Geläuten, deren übrige Glocken von anderen Glockengießereien stammen. Auch diese Aufstellung ist sicherlich nicht vollständig, gibt aber ebenfalls einen guten Einblick, wieviele Kirche einst komplette Geläute aus Villingen hatten. Weiterhin sind zudem noch einige einzelne Glocken aufgeführt, die nach dem Zweiten Weltkrieg gegossen wurden als Einzelglocken zur Vervollständigung eines Bestandes anderer Gießereien.

Ort / Kirche	Schlagton	Gussjahr	kg
88699 Altheim bei Frickingen, St. Pankratius	des''	1925	200
79669 Atzenbach, Mariä Himmelfahrt	f''	1929	
78166 Aufen, St. Vitus	f''	1939	140
76532 Baden-Baden-Sandweier, St. Katharina	h'	1922	300
74747 Ballenberg, St. Johann	h'	1913	275
79282 Ballrechten-Dottingen, St. Erasmus	e''	1923	
78183 Behla, St. Georg	as''	1935	75
88450 Berkheim, St. Konrad und Willebold	c''	1949	230
79872 Bernau, St. Johannes d.T.	e''	1905	130
78073 Biesingen, evang. Kirche	cis''	1905	
74842 Billigheim, St. Michael	es''	1927	
76297 Blankenloch, St. Josef	gis'	1935	
79336 Bleichheim, St. Hilarius	c''	1925	300
78351 Bodman-Ludwigshafen, St. Otmar	a'	1936	381
78199 Bräunlingen, St. Maria vom Berge Karmel	f''	1921	120
97953 Brehmen (Königheim), St. Kilian	g''	1936	
79541 Brombach, St. Josef	fis''	1924	120
74722 Buchen, St. Oswald	a'	1899	450
78250 Büßlingen, St. Martin	g'	1926	
78199 Döggingen, St. Mauritius	cis''	1923	250
76684 Eichelberg, St. Jakobus	d''	1925	
88356 Einhart, St. Nikolaus	c''	1922	260
72535 Ennabeuren, Mutter Maria	e''	1935	132
88048 Ettenkirch, St. Peter und Paul	c''	1929	240
72501 Feldhausen, St. Nikolaus	cis''		200
79100 Freiburg-Günterstal, Liebfrauen	e''	1920	120
78567 Fridingen an der Donau, St. Martin	h'	1924	320
72510 Frohnstetten, St. Silvester	c''	1950	268
78120 Furtwangen, Piuskapelle Katzensteig	f''	1904	
79733 Görwihl, Kapelle Herz Jesu Rüßwihl	b''	1903	
79286 Glottertal, St. Blasius	h'	1907	350
76676 Graben-Neudorf, St. Wendelin	d''	1922	165
79685 Häg-Ehrsberg, St. Antonius	e''	1927	
79685 Häg-Ehrsberg, St. Michael	e''	1920	140
74736 Hardheim, St. Alban	d''	1930	215
79189 Hausen an der Möhlin, St. Johannes	ges''	1925	90
69124 Heidelberg-Kirchheim, St. Peter	c''	1909	200
69118 Heidelberg-Peterstal, St. Peter	g''	1925	65
74838 Heidersbach, St. Wendelin	c''	1931	
74722 Hettigenbeuren, St. Johannes und Paulus	f'	1922	105
74722 Hettingen, St. Peter und Paul	cis''	1921	200
97723 Hetzlos, Mariä Himmelfahrt	g''	1949	150
78253 Heudorf (Eigeltingen), St. Blasius	es''	1930	175
68766 Hockenheim, St. Georg	h''	1911	350

Ort / Kirche	Schlagton	Gussjahr	kg
74746 Höpfingen, St. Ägidius	h'	1908	375
77716 Hofstetten, St. Erhard	c''	1921	250
77749 Hofweier, St. Gallus	h'	1920	350
69469 Hohensachsen, St. Jakobus	es''	1900	
78658 Horgen, St. Martin	c''	1920	230
78132 Hornberg, St. Johannes d.T.	cis''	um 1900	
78166 Hubertshofen, St. Sebastian	dis''	1922	175
78078 Kappel, St. Otmar	cis''	1920	
77876 Kappelrodeck, St. Nikolaus	cis''	1929	240
77815 Kappelwindeck, St. Maria	c''	1921	250
74842 Katzental, St. Katharina	es''	1922	120
74366 Kirchheim am Neckar	h'	1950	
74677 Laibach, St. Pius X.	f''	1949	
79853 Lenzkirch, St. Nikolaus	c''	1935	280
88682 Leutkirch (Salem), Mariä Himmelfahrt	c''	1928	250
76351 Linkenheim, evang. Kirche	gis'	1904	440
79807 Lottstetten, St. Valentin	h'	1898	350
79843 Löffingen, St. Michael	gis'	1922	
88356 Magenbuch, St. Pankratius	g''	1925	90
68159 Mannheim, Liebfrauenkirche	c''	1909	250
74214 Marlach, St. Georg	c''	1923	
79780 Mauchen, St. Gallus	cis''	1924	200
78087 Mönchweiler, evang. Kirche	h'	1922	350
79395 Neuenburg am Rhein, Mariä Himmelfahrt	fis''	1922	100
78126 Neuhausen (Königsfeld), St. Martin	c''	1906	317
79341 Nordweil, St. Barbara	e''	1924	175
78073 Oberbaldingen, evang. Kirche	cis''	1902	
71720 Oberstenfeld, Herz Jesu (bis 1962 in Wurmlingen bei Tuttlingen)	c''	1920	209
78073 Öfingen, evang. Kirche	h'	1923	350
79238 Offnadingen, Hl. Kreuz	es''	1936	
77797 Ohlsbach, Hl. Dreifaltigkeit	h'	1904	300
78359 Orsingen-Nenzingen, St. Peter und Paul	cis''	1923	268
76571 Ottenau, St. Jodokus	h'	1928	267
75175 Pforzheim, St. Franziskus	h'	1922	375
75180 Pforzheim-Dillweißenstein, Liebfrauen	h'	1911	307
78315 Radolfzell, Waldfriedhof (ehem. im Münster)	c''	1939	244
79365 Rheinhausen-Oberhausen, St. Ulrich	e''	um 1925	
78239 Rielasingen-Worblingen-Arlen, St. Stephan	h'	1904	270
74850 Schefflenz, St. Kilian	c''	1928	
79235 Schelingen, St. Gangolf	es''	1926	
75242 Schellbronn, St. Nikolaus	d''	1920	
77743 Schutterzell, St. Michael	d''	1926	210
74743 Seckach, St. Sebastian	c''	1906	
77889 Seebach, Herz Jesu	c''	1924	225

Ort / Kirche	Schlagton	Gussjahr	kg
78655 Seedorf, St. Georg	c''	1920	227
72379 Sickingen, St. Amtonius	g''		65
76547 Sinzheim, St. Martin	des''	1900	260
78549 Spaichingen, St. Peter und Paul	h'	1900	357
76275 Spessart, St. Antonius	d''	1925	154
77836 Stollhofen, St. Erhard	c''	1921	225
88637 Thalheim (Leibertingen), St. Laurentius	d''	1926	
79189 Tunsel, St. Michael	c''	1920	220
78224 Überlingen am Ried, Hl. Kreuz	c''	1923	
89171 Unterkirchberg, St. Martin	cis''	1935	270
88693 Untersiggingen, Maria Königin	b'	1950	330
74747 Unterwittstadt, St. Michael	e''	1926	150
88693 Urnau (Deggenhausertal), Hl. Drei Könige	d''	1923	122
78050 Villingen-Schwenningen, evang. Johanneskirche	b'	1949	370
74722 Waldhausen, St. Michael	c''	1920	250
79761 Waldkirch bei Waldshut, St. Marien	cis''	1927	237
74842 Waldmühlbach, St. Nikolaus	cis''	1927	200
79761 Waldshut-Tiengen, Liebfrauen	e''	1925	150
79576 Weil am Rhein, St. Peter und Paul	g''	1926	
76599 Weisenbach, St. Wendelin	h'	1923	375
79695 Wieden, Allerheiligen	es''	1923	
69259 Wilhelmsfeld, St. Bonifatius	g''	1909	65
78737 Winzeln, St. Mauritius	b'	1927	398
75045 Wössingen, Maria Königin	es''	1922	150
88284 Wolpertswende, St. Gangolf	b'	1951	380
77736 Zell am Harmersbach, Maria zu den Ketten	c''	1901	
88499 Zell bei Riedlingen, St. Gallus	f''	1925	
78234 Zimmerholz, St. Ulrich	c''	1925	250
77704 Zusenhofen, St. Joseph	b'	1934	

BILDTEIL: GELÄUTE UND GLOCKEN DER FIRMA GRÜNINGER

Der nachfolgende Bildteil umfasst ausschließlich Glocken von Grüninger. Sofern in machen Orten zudem noch Glocken anderer Gießer zum Geläute gehören, sind diese hier nicht abgebildet. Die im jeweiligen Bildtext angegebene Numerierung bezieht sich auf die Nummer der Glocke im entsprechenden Geläute.

Albbruck, St. Josef Fotos: B. Grammer

Glocke 1.

Glocke 2.

Glocke 3.

Glocke 4.

Glocke 5.

Glocke 6.

Glocke 7.

Alttann, St. Nikolaus Fotos: B. Grammer

Glocke 1.

Glocke 2.

Glocke 3.

Augsburg, St. Anton Historisches Foto: Archiv J. Schultheiß | Alle übrigen: B. Grammer

Glocke 1.

Glocke 2.

Glocke 3.

Glocke 4.

Glocke 5.

Bad Dürrheim, St. Johann Baptist

Außenaufnahme der Kirche: J. Schultheiß | Foto der Glocken: B. Grammer

Blick in den Glockenstuhl der Pfarrkirche St. Johann in Bad Dürrheim.

Ballingshausen, St. Bartholomäus und Dionysius

Fotos: Hermann Fleischmann, Ballingshausen

Die Weißbronzeglocken im Kirchturm von Ballingshausen.

Berg bei Ravensburg, St. Peter und Paul

Fotos: B. Grammer

Glocke 1.

Glocke 2.

Glocke 3.

Glocke 4.

Bergatreute, St. Philippus und Jakobus Fotos: B. Grammer

Glocke 1.

Glocke 3.

Glocke 4.

Biberbach, St. Jakobus, Laurentius und Hl. Kreuz Fotos: B. Grammer

Dieses Geläute gehört nun der Vergangenheit an. Ab Herbst 2024 werden die fünf Weißbronzeglocken durch fünf neue Bronzeglocken ersetzt. Dann haben diese Bilder gleichsam historischen Wert und sollen deshalb trotzdem in dieses Buch mit aufgenommen werden.

Blick in den Glockenstuhl mit dem größten Weißbronzegeläut der Firma Grüninger.

Glocke 1.

Glocke 2.

Glocke 3.

Glocke 4.

Glocke 5.

Bodnegg, St. Magnus und Ulrich Fotos: B. Grammer und J. Schultheiß (Blick durch die Natur den Kirchenhügel hinauf)

Glocke 1.

Glocke 2.

Glocke 4.

Böttingen, St. Martinus Fotos: B. Grammer

Glocke 1.

Glocke 2.

Glocke 3.

Glocke 4.

Burladingen, St. Fidelis Fotos: B. Grammer

Glocke 1.

Glocke 2.

Glocke 3.

Glocke 4.

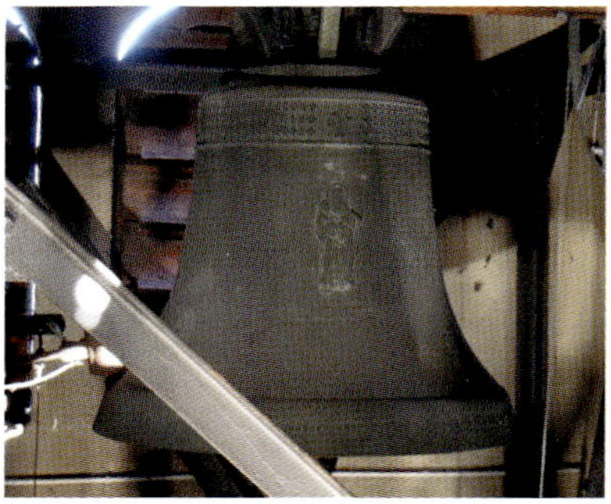

Glocke 5.

Glocke 6.

Egesheim, Mariä Himmelfahrt Fotos: B. Grammer

Glocke 3.

Glocke 4.

Emmingen ab Egg, St. Silvester Fotos: B. Grammer

Glocke 1.

Glocke 2.

Glocke 3.

Glocke 4.

Fleischwangen, St. Felix und Auductus Fotos: B. Grammer

Glocke 1.

Glocke 3.

Glocke 4.

Fronhofen, St. Konrad Fotos: B. Grammer

Glocke 2.

Glocke 4.

Glocke 5.

Glocke 6.

Gengenbach, St. Marien Fotos Außenansichten der Kirche: J. Schultheiß | Alle übrigen: B. Grammer

Glocke 1.

Glocke 2.

Glocke 3.

Glocke 4.

Glocke 5.

Glocke 8.

Gottmadingen, Christkönig Fotos: B. Grammer

Glocke 4.

Glocke 5.

Karlsruhe, St. Bernhard Fotos Außenansichten der Kirche: J. Schultheiß | Alle übrigen: J. Rennspieß

Impressionen aus dem Glockenstuhl von St. Bernhard in Karlsruhe, in welchem heute acht Glocken hängen, darunter sechs der Gießerei Grüninger.

Impressionen aus dem Glockenstuhl von St. Bernhard in Karlsruhe, in welchem heute acht Glocken hängen, darunter sechs der Gießerei Grüninger.

Glocke 1.

Glocke 2.

Glocke 3.

Glocke 5.

Glocke 6.

Glocke 8.

Kempten-Lenzfried, St. Magnus Fotos: B. Grammer

Glocke 1.

Glocke 2.

Glocke 3.

Glocke 4.

Glocke 5.

Glocke 6.

Glocke 7.

Kirchdorf bei Bad Wörishofen, St. Stephan Fotos: B. Grammer

Glocke 1.

Glocke 2.

Glocke 3.

Glocke 4.

Glocke 5.

Glocke 6.

Kirchzarten, St. Gallus Foto Außenansicht der Kirche: J. Schultheiß | Alle übrigen: J. Wittekind, Glockeninspektion des Erzbistums Freiburg

Glocke 1.

Glocke 2.

Glocke 3.

Glocke 5.

Krumbach bei Tettnang, St. Georg Fotos: B. Grammer

Glocke 1.

Glocke 2.

Glocke 3.

Glocke 4.

Langenenslingen, St. Konrad Fotos: B. Grammer

Glocke 1.

Glocke 2.

Glocke 3.

Glocke 4.

Leipferdingen, St. Michael Fotos: B. Grammer | Kostenvoranschlag für das neue Geläute: Archiv der Kirchengemeinde St. Michael Leipferdingen.

Glocke 1.

Glocke 2.

Glocke 3.

Glocke 4.

Glocke 5.

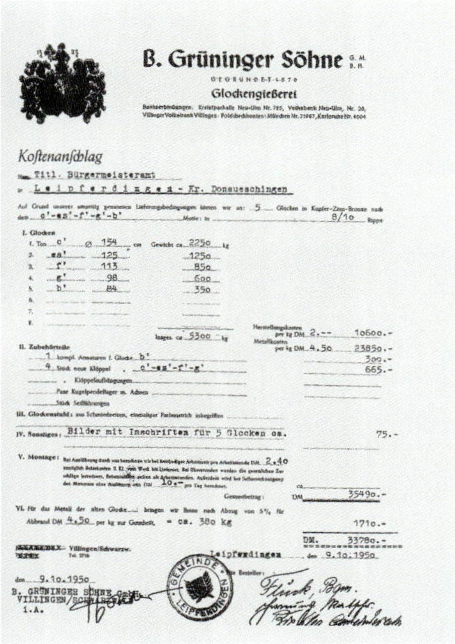

B. Grüninger Söhne G. m. b. H.

Gegründet 1570

Glockengießerei

Bankverbindungen: Kreissparkasse Neu-Ulm Nr. 795, Volksbank Neu-Ulm, Nr. 20, Villinger Volksbank Villingen · Postscheckkonten: München Nr. 71967, Karlsruhe Nr. 4004

Kostenanschlag

Titl. Bürgermeisteramt

in Leipferdingen - Kr. Donaueschingen

Auf Grund unserer umseitig genannten Lieferungsbedingungen bieten wir an: 5 Glocken in Kupfer-Zinn-Bronze nach dem c'-es'-f'-g'-b' Motiv: in 8/10 Rippe

I. Glocken

	Ton	Ø cm	Gewicht ca. kg
1.	c'	154	2250
2.	es'	125	1250
3.	f'	113	850
4.	g'	98	600
5.	b'	84	350
6.			
7.			
8.			

Insges. ca. 5300 kg

Herstellungskosten per kg DM 2.-- 10600.-

Metallkosten per kg DM 4.50 23850.-

II. Zubehörteile

1 kompl. Armaturen f. Glocke b' 300.-

4 Stück neue Klöppel , c'-es'-f'-g' 665.-

. Klöppelaufhängungen

Paar Kugelpendellager m. Achsen

Stück Seilführungen

III. Glockenstuhl: aus Schmiedeeisen, einmaliger Farbanstrich inbegriffen

IV. Sonstiges: Bilder mit Inschriften für 5 Glocken ca. 75.-

V. Montage: Bei Ausführung durch uns berechnen wir bei beständiger Arbeitszeit pro Arbeitsstunde DM 2.40 zuzüglich Reisekosten 3. Kl. vom Werk bis Lieferort. Bei Überstunden werden die gesetzlichen Zuschläge berechnet. Reisestunden gelten als Arbeitsstunden. Außerdem wird bei Selbstbeköstigung des Monteurs eine Auslösung von DM 10.- pro Tag berechnet.

Gesamtbetrag: ca. DM 35490.-

VI. Für das Metall der alten Glocke bringen wir Ihnen nach Abzug von 5 % für Abbrand DM 4.50 per kg zur Gutschrift. = ca. 380 kg 1710.-

DM. 33780.-

Villingen/Schwarzw.

den 9.10.1950

B. GRÜNINGER SÖHNE GmbH.
VILLINGEN/SCHWARZW.
i.A.

Leipferdingen, den 9.10.1950

Gemeinde Leipferdingen

Die Besteller:

Kostenvoranschlag der Firma Grüninger vom 9. Oktober 1950 für das neue Geläute.

Meckenbeuren, St. Maria Fotos: B. Grammer

Glocke 1.

Glocke 2.

Glocke 3.

Glocke 4.

München-Pasing, Maria Schutz Foto der Kirche bei Nacht: B. Miehle, München-Pasing | Alle übrigen: B. Grammer

Glocke 1.

Glocke 2.

Glocke 3.

Glocke 4.

Glocke 5.

Obereisenbach, St. Margaretha Fotos: B. Grammer

Glocke 1.

Glocke 2.

Glocke 3.

Glocke 4.

Ostrach, St. Pankratius Fotos: B. Grammer

Glocke 2.

Glocke 3.

Glocke 4.

Glocke 5.

Pfullendorf, St. Jakobus Fotos: B. Grammer

Glocke 3.

Glocke 4.

Glocke 5.

Glocke 6.

Rettenbach, St. Laurentius Historisches Foto: Archiv J. Schultheiß | Alle übrigen: Prof. Martin Kellhuber, Glockensachverständiger des Bistums Regensburg

Drei Weißbronzeglocken lieferte Grüninger 1948 nach Rettenbach im Bayerischen Wald, nicht weit von Regensburg entfernt. Die beiden Bilder zeigen Glocke 1, also die größte der Glocken, in ihrem heutigen Zustand.

Glocke 2.

Glocke 3.

Schonach, St. Urban Fotos Außenansichten der Kirche: J. Schultheiß | Alle übrigen: B. Grammer

Glocke 1.

Glocke 2.

Glocke 3.

Glocke 5.

Glocke 6.

Sigmaringen, St. Johann Fotos Außenansichten der Kirche: J. Schultheiß | Alle übrigen: B. Grammer

Glocke 1.

Glocke 2.

Glocke 3.

Glocke 5.

Glocke 6.

Sigmarszell, St. Gallus Fotos: B. Grammer

Glocke 1.

Glocke 2.

Glocke 3.

Glocke 4.

Steißlingen, St. Remigius Fotos: B. Grammer

Glocke 1.

Glocke 2.

Glocke 3.

Glocke 4.

Glocke 5.

Glocke 6.

Tannau, St. Martin Fotos: B. Grammer

Glocke 1.

Glocke 2.

Glocke 4.

Tomerdingen, Mariä Himmelfahrt Fotos: Kirchengemeinde Mariä Himmelfahrt Tomerdingen

Blick in den Glockenstuhl der Pfarrkirche in Tomerdingen, wo seit 1950 vier Glocken aus der Werkstätte der Gießerei Grüninger hängen.

Vilsingen, St. Johannes und Paulus Fotos: B. Grammer

Glocke 1.

Glocke 2.

Glocke 3.

Glocke 4, seit der jüngsten Sanierung der Läuteanlage stillgelegt.

Waldburg, St. Magnus Fotos: B. Grammer

Glocke 1.

Glocke 3.

Weißenhorn, Mariä Himmelfahrt Fotos: B. Grammer

Glocke 1.

G.ocke 2.

Glocke 3.

Glocke 4.

Glocke 6.

Weitnau, St. Pelagius Fotos: B. Grammer

Glocke 1.

Glocke 2.

Glocke 3.

Glocke 4.

Glocke 5.

Worndorf, St. Mauritius Fotos: B. Grammer

Glocke 1.

Glocke 1. Die größte der Glocken wurde 1924 in Villingen als „Kriegerglocke“ gegossen und nennt alle Gefallenen des Ersten Weltkriegs aus Worndorf namentlich.

LITERATUR UND QUELLEN

Archive

Stadtarchiv Villingen-Schwenningen:
Signaturen 1.16:3492 / 1.42.0:125 / 1.42.03:98 / 1.42.51:56 / 1.42.91:72 / 2.02:4691 / 2.11:124 / 2.11:125 / 2.11:127 / 1.16:4157 / 5.22. Stadtchronik Sign. 1542 / SAVS 4.8 Nr. 462, 442, 446, 447, 448).

Erzbischöfliches Archiv Freiburg: Diverse Ortsakten (Faszikel Glocken), Meldebögen zur Erfassung von Bronzeglocken im Zweiten Weltkrieg:
Signaturen B2-38/19, B22-1945/14479, B22-957, B22-1945/9347, B22-1945/206, B22-1945/2245, B22-1945/4427, B22-1945/8272, B22-1945/8495.

Diözesanarchiv Rottenburg: Diverse Ortsakten (Faszikel Glocken), Meldebögen zur Erfassung von Bronzeglocken im Zweiten Weltkrieg.

Glockeninspektion des Erzbistums Freiburg.

Evang. Orgel- und Glockenprüfungsamt Karlsruhe.

Stadtarchiv Neu-Ulm: Sig. A26 Nr. 7 Gewerbeakten, A9 Meldekarte.

Pfarrarchive Mariä Schutz München-Pasing, Weißenhorn, Kempten-Lenzfried, Schonach im Schwarzwald, St. Bernhard Karlsruhe, Oberbeuren, Oberrieden, Biberbach.

Literatur zur Glockengießerei Grüninger

380 Jahre Glockenguss B. Grüninger Söhne KG Neu-Ulm/Donau und Villingen/Schwarzwald 1570 – 1950, hrsg. von der B. Grüninger Söhne KG, 1950.

Gott grüß die Kunst, hrsg. von der B. Grüninger Söhne KG, Villingen o.J. (um 1938).

Grüninger, Benjamin: Der Werdegang einer Bronzeglocke, Villingen 1927.

Ein Ruhmesblatt deutschen Gewerbefleißes. Bronceglockengießerei Benjamin Grüninger Söhne, ohne Ort und Jahr (um 1927).

Bronceglockengießerei Benjamin Grüninger Söhne, gegründet 1570. Firmenbroschüre mit zahlreichen Glockengutachten und Liste der ab 1900 gelieferten Glocken, ohne Ort und Jahr (um 1927).

Die Meistergießer vom Schwarzwald, in: Die Gartenlaube Nr. 47, 1925.

Kling, Wilhelm: Kunsthandwerk in Villingen, in: Badische Heimat – Zeitschrift für Volkskunde, ländliche Wohlfahrtspflege, Heimat- und Denkmalschutz, 8. Jahrgang 1921, S. 122 ff, Karlsruhe 1921.

Heimatbücher, Ortschroniken

Angele, Josef: Ringschnait 1083 – 1983, Biberach an der Riß 1983.

Berkheim, Heimatbuch zum 750jährigen Todesjahr des Heiligen Willebold, hrsg. von der katholischen Kirchengemeinde Berkheim, 1980.

Blessing, Elmar: Irndorf in der ehemaligen Herrschaft Mühlheim. Geschichte eines Dorfes auf dem Hardt, 2009.

Bronnenmaier, Hans: Thannhauser Heimatbuch, Thannhausen-Augsburg, 1955.

Broy, Erich: Leipheim – Heimatbuch einer schwäbischen Stadt an der Donau, Weißenhorn 1991.

Bubsheim: Heimatbuch Bubsheim, hrsg. von der Gemeinde Bubsheim, Horb 2002.

Burgstahler, Harald: Glocken der evangelischen Kirche Linkenheim: Geschichte und Geschichten durch Jahrzehnte, in: Anno dazumal Heft 12 (2020), hrsg. vom Freundeskreis Heimatgeschichte Linkenheim-Hochstetten.

Deilingen: Beiträge zur Geschichte, hrsg. von der Gemeinde Deilingen, Deilingen 1985.

Frittlingen 797 – 1997 – Geschichte und Gegenwart, hrsg. von der Gemeinde Frittlingen, Horb 1996.

Fuchs, Josef: Kurze Kunstgeschichte Villingens, in: Brüstle, Hans: Villingen – Aus der Geschichte der Stadt, Villingen 1971.

Gunningen 797 – 1997 – Beiträge zur Geschichte der Gemeinde unter dem Hohenkarpfen, hrsg. von der Gemeinde Gunningen, 1997

Gutach, Gemeindebote der evangelischen Kirchengemeinde Gutach/Schwarzwald Nr. 3/2019.

Haldenwang, hrsg. von der Gemeinde Haldenwang, 2002.

Hamm, Werner: Chronik der Gemeinde Schonach im Schwarzwald, hrsg. von der Gemeinde Schonach, Karlsruhe 1981.

Heigl, Josef: Geschichte von Falkenstein/Opf. und Umgebung mit besonderer Berücksichtigung der Kirchengeschichte, 1954.

Hochdorf an der Riss, 1200 Jahre 805 – 2005, hrsg. von der Gemeinde Hochdorf, 2005.

Krombach 1237 bis 1993. Aus der Geschichte einer Spessartgemeinde, hrsg. von der Gemeinde Krombach/Ufr., 1993.

Kühnel, Monica: Die Glocken der Wallfahrtskirche Biberbach, in: Biberbachensis, Blick in die Vergangenheit unserer Dörfer, 5. Jahrgang 2020.

Löhle, Ernst: Unsere Heimat Rohrdorf bei Meßkirch, 1962.

Mietingen: Dorfchronik Mietingen, hrsg. von der Gemeinde Mietingen, 2012.

Reime, Rudolf: Ortsgeschichte Holzen, 1975.

Revellio, Paul: Beiträge zur Geschichte der Stadt Villingen, hrsg. von der Stadt Villingen, Villingen 1964.

Riede, Gerold: Heimat-Chronik Ratshausen. Beiträge zur Ortsgeschichte, 1999.

Weber, Theodor: Die Geschichte der Pfarrgemeinden Krumbach und Obereisenbach, Tettnang, 1968.

Weber, Theodor: Orts- und Pfarreigeschichte von Tannau, Tettnang 1991.

Kirchenführer, Festschriften

Böttingen: St. Martinus Böttingen. Festschrift zur Kirchweihe am 9. und 10. Juli 1966.

Bräun, Wolfgang: 100 Jahre Aussichtsturm Villingen, 1988.

Brüderlein, Alfred: Die Glocken von Burtenbach (1950), Festschrift zur Glockenweihe, 1950.

Frank, Otto und Kistner, Rudi (Hrsg.): 1000 Jahre Kirche in Baden-Baden 987 bis 1987. Zum Jubiläum der Stiftskirchengemeinde, Baden-Baden 1987.

Gauggel, Georg: Der Kirchturm von St. Johann Sigmaringen, Sigmaringen 1982.

Hörden: 100 Jahre Pfarrkirche Sankt Johannes Nepomuk Hörden, hrsg. von der Kath. Pfarrgemeinde Hörden, 1995.

Kalka, Reinhold: Pfarr- und Wallfahrtskirche St. Michael Leipferdingen. Eine kleine Katechese anlässlich des 900-jährigen Jubiläums 1111 bis 2011.

Katholische Pfarrgemeinde St. Bernhard Karlsruhe (Hrsg.): 100 Jahre Pfarrkirche und Pfarrgemeinde St. Bernhard in Karlsruhe 1901 – 2001/2002, Karlsruhe 2002.

Katholische Münsterpfarrei Villingen, Die Rekonstruktion der Silbermann-Orgel von 1752 in der Benediktinerkirche Villingen – Eine Dokumentation von Hans Musch, Stephan Rommelspacher und Marc Schaefer, Villingen-Schwenningen 2002.

Koban, Thomas und Schultheiß, Jochen: Katholische Pfarrkirche St. Urban Schonach im Schwarzwald, Karlsruhe 1999.

Konstanz-Wollmatingen: 50 Jahre Christuskirche Wollmatingen, hrsg. von der evangelischen Kirchengemeinde Wollmatingen, 1984.

Läufer, Josef: Pfarreichronik St. Peter, Beitrag zur 900-Jahr-Feier 1993, Freiburg 1992.

Lauf: 100 Jahre Pfarrkirche St. Leonhard Lauf 1884 – 1984, hrsg. vom Katholischen Pfarramt Lauf, 1984.

Legelshurst: 250 Jahre Evangelische Kirche Legelshurst 1743 – 1993, Legelshurst 1993.

Leipferdingen: St. Michaels-Pfarrei Leipferdingen 1111 bis 2011. Jubiläumsausgabe zur 900-Jahrfeier von Otto Riedmüller, Agnes Stihl und Franz Urban Stihl, 2001.

Löffler, Hermann: Die Kirche Sankt Brigitta in Niederschopfheim, hrsg. vom Historischen Verein Hohberg und der Pfarrgemeinde St. Brigitta Niederschopfheim, 2003.

Manz, Dieter und Schaupp, Willi: St. Stephanus in Eutingen – Bau- und Kunstgeschichte der Pfarrkirche – Geschichte der Pfarrei, Horb 1998.

Oberessendorf: 100 Jahre St. Michael Oberessendorf 1904 – 2004, hrsg. von der Kirchengemeinde Oberessendorf, 2004.

Radolfzell. Katholischer Pfarrführer für das Jahr 1940, Freiburg 1940.

Salzstetten: 100 Jahre St. Agatha-Kirche Salzstetten 1894 – 1994, hrsg. von der Kirchengemeinde Salzstetten, 1994.

Schultheiß, Jochen: Die Glocken, in: Fritsch, Susanne (Hrsg.): 150 Jahre Evangelische Lorenzkirche St. Georgen im Schwarzwald 1867 – 2017, Horb 2017.

Schwarz, Reinhold: Zur Geschichte der Pfarrei Rehling, 1987.

Weber, Max: Geschichte der Pfarrei Kirchzarten, Nachtragsband zum Festbuch zur Zwöfhundertjahrfeier, 1967.

Windschläg: St. Pankratius Windschläg 1837 – 1987, Festschrift zum 150. Jahrestag der Kirchweihe, hrsg. vom Kath. Pfarramt St. Pankratius Windschläg, 1987.

Glocken, Glockenkunde

Das Schicksal der deutschen Kirchenglocken. Denkschrift über den Glockenverlust im Kriege und die Heimkehr der geretteten Kirchenglocken. Hrsg. vom Ausschuss für die Rückführung der Glocken, Hannover 1952.

Brunner, Thomas: Glockenlandschaft Uri: unerwartete Vielfalt im Bergkanton, in: Kunst und Architektur in der Schweiz, Band 58 (2007), Heft 2.

Emmerich, Manfred: Der Ruf der Glocken. Wenn in Tiengen die Glocken erklangen/erklingen, Waldshut-Tiengen 2013.

Foersch, Hubert und Nickel, Wolfgang: Limburger Glockenbuch – Glocken und Geläute im Bistum Limburg, Ordinariat Limburg 2017.

Kramer, Kurt: Die Glockenlandschaft der Baar. Die Glockengießerdynastie der Grüninger, in: Almanach 93, Heimatjahrbuch des Schwarzwald-Baar-Kreises, 17. Folge 1993, hrsg. vom Landratsamt des Schwarzwald-Baar-Kreises.

Lederer, Winfried: Benediktinerabtei und Reichsstadt Gengenbach, Band 4, Die Glocken von St. Marien, Gengenbach 2009.

Müller, Ralf: Münchner Glockenbuch, München 2019.

Preiser, Hermann: „gloggen slahen und sturm lüten" – Villinger Glockengeschichte von den Anfängen bis heute, in: Geschichts- und Heimatverein Villingen, Jahresheft IX, 1984/85.

Rolli, Hans: Zur Geschichte des Geläutes der Kath. Stadtkirche St. Stephan in Karlsruhe, in: Badische Heimat, Jahrgang 1981, Heft 1.

Schapka, Christoph: Die Glocken im Landkreis Tübingen, Band 1: Die Evangelischen Kirchen, Ostfildern 2010, Band 2: Die katholischen Kirchen, Ostfildern 2019.

Schmidt, Dieter: Friedrich Wilhelm Schilling – Leben und Werk, Nürnberg 1992.

Schultheiß, Jochen: Zur Ehre Gottes und zur Freude der Menschen – Die Glocken des Villinger Münsters in Vergangenheit und Gegenwart, in: Geschichts- und Heimatverein Villingen e. V., Jahresheft 46, 2023.

Sutter, Konrad: Glocken – Begleiter durch die Klostergeschichte, in: Heidegger, Heinrich und Ott, Hugo (Hrsg.): St. Blasien. Festschrift aus Anlass des 200jährigen Bestehens der Kloster- und Pfarrkirche, München und Zürich 1983.

Thurm, Sigrid: Deutscher Glockenatlas, Band 1 – Württemberg und Hohenzollern, München – Berlin 1959.

Thurm, Sigrid: Deutscher Glockenatlas. Band 4 – Baden, München 1985.

Walter, Karl: Glockenkunde, New York und Cincinnati 1913.

Sonstiges

Bischöfliches Ordinariat Würzburg (Hrsg.): Realschematismus der Diözese Würzburg, bearbeitet von Thomas Wehner, diverse Bände, Würzburg 1991 ff.

Erzbischof Martin Tritschler von Yucatan in Mexiko und seine Erzdiözese unter der mexikanischen Kirchenverfolgung, in: Sonntagsfriede, Beilage zum Echo vom Hochfirst, Nummern 21 bis 23/1930, o.V.

Helm, Johannes: Kirchen und Kapellen im Markgräflerland, 2. Auflage Müllheim 1989.

Hirsch, Dr. Fritz: 100 Jahre Bauen und Schauen – Ein Buch für jeden, der sich mit Architektur aus Liebe beschäftigt, oder weil sein Beruf es so will, Karlsruhe 1928.

Tritschler, Edgar Hermann: Ebenmoos. Hof- und Familiengeschichte Tritschler, hrsg. vom Verfasser, 1984.

Auskünfte von Glockensachverständigen

Herzlich gedankt sei den Glockensachverständigen für wertvolle Auskünfte und Informationen:

Roman Schmid, Amt für Kirchenmusik der Diözese Rottenburg-Stuttgart

Johannes Wittekind, Glockensachverständiger des Erzbistums Freiburg

Pater Stefan Kling, Glockensachverständiger des Bistums Augsburg

Thomas Pangritz, Glockensachverständiger i.R. der evangelischen Landeskirche in Baden

Herbert Deininger, Glockensachverständiger der evangelischen Landeskirche in Baden

Thomas Wilhelm, Glockensachverständiger der evangelischen Landeskirche in Hessen-Nassau

Notizen

Notizen

Notizen